山东省 111 计划计算机领域系列教材
面向新一代信息技术计算机系列教材

教育部大学计算机课程改革项目规划教材

U0953638

人工智能基础及应用

主　编　刘　丽　孙洪峰
副主编　赵陈粟　张美佳
胡宝芳　刘　倩

中国教育出版传媒集团
高等教育出版社·北京

内容提要

本书立足新文科数字化转型的迫切需求，是面向应用型本科高校和高等职业院校的人工智能通识课教材。本书以人工智能基本素养和应用能力培育为目标，理论与实践相结合，注重科学性、普适性、应用性和趣味性，尽量避免晦涩的专业术语对阅读理解的影响。

全书内容组织为理论篇、应用篇和实验篇三大部分，包括人工智能概述、人工智能编程基础、计算机视觉、自然语言处理、语音识别、数据工程、人工智能发展探寻及实验案例。本书内容广泛且丰富，深度上循序渐进，书中数十个精心筛选的实验案例，可根据需要灵活选用。

本书还配有多种类型的多媒体资源，如微视频、实验源代码、教学课件、教学大纲等。

图书在版编目（CIP）数据

人工智能基础及应用 / 刘丽，孙洪峰主编；赵陈粟等副主编. -- 北京：高等教育出版社，2024. 10（2025.3重印）.

ISBN 978-7-04-063173-9

Ⅰ. TP18

中国国家版本馆 CIP 数据核字第 2024V40J24 号

Rengong Zhineng Jichu ji Yingyong

策划编辑 刘　娟　　责任编辑 刘　娟　　封面设计 李卫青　　版式设计 马　云
责任绘图 邓　超　　责任校对 刘娟娟　　责任印制 赵　佳

出版发行	高等教育出版社	网　　址	http://www.hep.edu.cn
社　　址	北京市西城区德外大街 4 号		http://www.hep.com.cn
邮政编码	100120	网上订购	http://www.hepmall.com.cn
印　　刷	大厂回族自治县益利印刷有限公司		http://www.hepmall.com
开　　本	787mm×1092mm　1/16		http://www.hepmall.cn
印　　张	19		
字　　数	420千字	版　　次	2024 年 10 月第 1 版
购书热线	010-58581118	印　　次	2025 年 3 月第 2 次印刷
咨询电话	400-810-0598	定　　价	39.00 元

物 料 号　63173-A0

前　言

人工智能（artificial intelligence，AI）是研究如何将人类或者其他生命体所具有的感知、认知、行动、控制和决策等功能通过机器来实现的一门科学。随着互联网、大数据技术的高速发展，人工智能技术不断革新，应用领域不断扩大。近年来，人工智能领域正在迎来一场由生成式人工智能大模型引领的爆发式发展。党的十八大以来，以习近平同志为核心的党中央高度重视人工智能对教育的深刻影响，积极推动人工智能和教育深度融合，促进教育变革创新。

人工智能正在驱动人类社会迈向数字智能化的新阶段。数字素养、计算思维、人工智能素养是数智时代大学生必备的基本素养。当前人工智能已经深入人们的生活、工作、学习等方方面面，以超乎想象的速度改变着人类与世界互动的方式。善用人工智能就能收获“智能红利”，无视人工智能必定导致“智能鸿沟”。数智时代的每一位大学生应当具备基本的人工智能素养。

本书立足数字化转型的迫切需求，面向应用型本科高校各文科类专业学生，以人工智能基本素养和应用能力培育为目标，聚焦人工智能与新文科的交叉融合，围绕人工智能背后的技术原理和在新文科领域的应用实践，采用“理论 + 实践”相结合的方式，形成人工智能通识知识和应用体系。该体系包括打造基础知识框架：建立人工智能的基本概念、理论和方法的知识框架，为学生提供坚实的学科基础；提供系统性学习路径：通过结构化的教材内容，为学生提供从基础到进阶的系统性学习路径；注重理论与实践结合：教材中不仅包含理论知识，还结合实验案例，强化理论与实践的结合；为新文科数字化转型、人工智能赋、提升学生数智素养能打下基础。

本书内容组织为理论篇、应用篇和实验篇三大部分。理论篇包括两章（第1~2章）：第1章介绍人工智能的基本概念、发展简史、应用领域以及机器学习主要概念；第2章介绍人工智能编程基础，使学生具有初步的Python编程知识。应用篇包括5章（第3~7章）：第3章介绍人工智能在计算机视觉中的应用，包括图像处理、图像识别方法、视觉领域应用等；第4章介绍了人工智能在自然语言处理中的应用，包括语言模型、字模型与词模型、向量表示以及基于神经网络的自然语言处理；第5章介绍了人工智能在语音识别中的应用，包括语音识别的概念、语音特征的提取、语音识别模型、声纹识别、语音合成；第6章为数据工程，介绍数据采集、数据统计分析、数据预处理、数据可视化等内容；第7章介绍人工智能的发展，包括通用人工智能、生成式人工智能、人工智能伦理。实验篇包括三类共10个实验，分为Python基础实验、AI应用实验、AI综合实验；面向人工智能在各个领域的应用案例实战，包括人工智能的基础应用，以及人工智能在文化艺术、医疗康养、经济管理中的应用；以循序渐进的方式培养学生计算思维、编程思维和应用创新思维。

本书的编写团队是产学研结合的人工智能通识课教学团队，包括人工智能领域的专家、专业研究者、专业教学名师、骨干教师，也有企业专家和一线工程师。团队在本书编写中充分考虑了人工智能领域的现状、应用以及未来发展，新文科学生的专业领域和学习特点，以及作为通识教育的广泛应用和趣味性等因素，以学生应用和学生发展为中心，注重将通识和应用的编写思想贯穿始终。全书由刘丽、孙洪峰主持编写与统稿，其中，第1章由刘丽编写，第2章由刘倩编写，第3章由张美佳编写，第4、5章由赵陈粟编写，第6章由胡宝芳编写，第7章由孙洪峰编写。实验篇由刘丽编写。

由于编者水平有限，书中难免存在不足之处，恳请广大读者提出宝贵意见。

编　者

2024年7月

目　录

理　论　篇

应　用　篇

实 验 篇

理论篇

第 1 章　人工智能概述

1.1　什么是人工智能

1.1.1　人工智能的概念

1997 年 5 月，IBM 公司研发的“深蓝”打败了国际象棋世界冠军加里·卡斯帕罗夫。2011 年，IBM 推出的“沃森”（Watson）击败了人类智力竞赛冠军。围棋人工智能阿尔法狗 AlphaGo 在 2016 年和 2017 年分别战胜了韩国围棋世界冠军李世石和中国围棋世界冠军柯洁。2022 年 11 月，OpenAI 推出一种人工智能技术驱动的自然语言处理工具 ChatGPT。2024 年 2 月，OpenAI 正式发布文生视频模型 Sora。21 世纪的前十年，人工智能在图像识别、语音识别和自然语言处理等各个领域都取得了重大突破。人工智能追赶甚至超越人类的速度超乎想象。

人工智能（artificial intelligence，AI）也称为人造智能，是一门在计算机科学、控制论、信息论、神经心理学、哲学、语言学等多个学科的研究成果基础上发展起来的综合性很强的交叉学科，是一门新思想、新概念、新理论、新技术不断出现的新兴学科，也是正在迅速发展的前沿学科，旨在研究、开发用于模拟、延伸和扩展人类智能的理论、方法、技术及应用。

人工智能是一种对人的意识、思维的模拟，试图了解人类智能的实质，并生产出一种新的，能以与人类智能相似的方式做出反应的智能机器。关于人工智能的科学定义，目前学术界还没有统一的认识和公认的阐述。因为要界定机器是否具有智能，必然要涉及什么是智能，但这却是一个难以准确回答的问题。因为关于什么是智能，至今还没有一个公认的定义，这也是人工智能至今没有公认定义的根本原因。

近年来，我们的生活中出现了一大批以“人工智能”为卖点的产品，不过这些产品实质上都只是一些能在某种程度上对人类语言做出反应的程序，如扫地机器人、聊天机器人等。如今遍布我们身边的“看着很像人工智能”的产品，只不过是真正的人工智能研发过程中的副产品。“真正的人工智能”尚未实现。但不可否认的是，人工智能确实以前所未有的速度发展并改变着我们的生活。

1.1.2　图灵测试和中文屋子

随着人工智能研究的深入发展，人们开始讨论如何判断一个人工智能产品（如一台计算机）到底有没有智能。1950年，计算机科学创始人之一的英国数学家阿兰・图灵（Alan Turning）提出的图灵测试是最广为人知的判断计算机是否具有智能的方法。既然人工智能的目的是使用计算机模拟人类的智慧，那么如果人们无法分辨交流的对象是计算机还是人，或许就可以说这台计算机拥有智能。

图灵测试的方法很简单，首先要有两个人和一台计算机，其中一个人作为测试者走进另一个房间，与计算机和另一个人分别进行对话，测试者无法看到对方。如果测试者分辨不出与他对话的是计算机还是人，就可以认为这台计算机拥有智能。也就是说，图灵测试的判断标准是，如果计算机骗过了测试者，那么它就拥有了智能。实际上，这个测试还需要多名测试者和对照者反复进行测试，只有蒙骗超过30%的测试者的人工智能程序才能算通过测试。人工智能要达到蒙骗测试者的水平，需要具备高级语言处理能力、常识性知识、倾听能力和理解能力。

对于图灵测试中"仅凭对话就能判断机器是否拥有智能"的方法，美国哲学家约翰・西尔勒（John Searle）提出了异议。他用一个"中文屋"的假设试图说明，即便是一台计算机通过了图灵测试，也不能说它就真正地拥有了智能。"中文屋"假设：首先把一本翻译手册交给一个不懂中文的人，把他关进一个带窗口的密闭屋子，然后让会中文的人在外面用中文写一张字条，从窗口递给屋子里的人。屋子里的人看不懂字条的内容，只是根据翻译手册找到对应的回答递给屋外的人。于是屋外的人就会觉得两个人在对话，认为屋子里的人能看懂中文。这个例子说明，即使不懂语言的含义，也能进行对话。

其实，图灵测试是一种基于功能效果的机器智能鉴定方法。也就是说，只要从功能效果上看，一个计算机系统能够表现出像人类一样的智慧，就可以说该计算机系统具有了相应的智能。而西尔勒通过"中文屋"假设强调的是，机器只有像人一样，通过真正的心理级思考（甚至还要有意识和情感）所表现出的某种智慧，才算真正具有了智能。

在学术界，那种仅能通过图灵测试的人工智能，或者更一般地，用功能模拟方法实现的人工智能称为弱人工智能，而通过像人一样思考的过程所实现的人工智能被称为强人工智能。

人工智能的研究主要集中在人工智能的3个阶段：AI、AGI和ASI。

（1）AI（人工智能）：也称为弱人工智能，指计算机能够完成人类能力的一部分任务，如语音识别、图像识别等。

（2）AGI（通用人工智能）：也称为强人工智能，是一种能够自我学习、自我改进、自我控制的人工智能系统。

（3）ASI（超级人工智能）：也称为超人工智能，是一种超越人类智能的人工智能系统。超人工智能的发展引发了广泛的讨论和担忧，因为它可能会对人类社会产生巨大影响，甚至导致人类永生或灭绝。因此，我们需要谨慎地控制超人工智能的发展。

目前，人工智能的发展主要集中在弱人工智能的层面，而强人工智能和超人工智能还处于理论和探索的阶段。

1.1.3　关于智能的概念

在人工智能领域，关于智能，有如下值得一提的概念。

1. 脑智能与群智能

人的智能源于大脑。由于大脑是一个复杂的、动态的巨型神经网络系统，其奥秘至今还未完全揭开，因而导致了人们对智能的模糊认识。但从整体功能上来看，人脑的智能表现还是可以辨识出来的，如学习、发现、创造等能力就是明显的智能表现。另一方面，人脑的智能及其发生过程在其心理层面上也是可见的，即以某种心理活动和思维过程表现。基于这一认识，我们把大脑的这种宏观心理层次的智能表现称为脑智能（brain intelligence，BI）。

人们发现，一些生物群落或者更一般的生命群体的群体行为或者社会行为也表现出一定的智能，例如，蚁群、蜜蜂群、鸟群、鱼群等。我们在用群的眼光来考察脑，可以发现，脑中的神经网络其实就是由神经细胞元组成的细胞群体。当人们在进行思考时，大脑中的相关神经元只是在各司其职。至于它们在传递什么信息，甚至在做什么，神经元自己并不知道。然而，由众多神经元所组成的群体神经网络却具有自组织、自学习、自适应的智能表现。现在，人们把这种由群体行为所表现出的智能称为群智能（swarm intelligence，SI）。

2. 符号智能与计算智能

既然智能可以分为脑智能和群智能，那么通过模拟借鉴脑智能和群智能，就可以研究和实现人工智能。

符号智能就是符号人工智能，它是模拟脑智能的人工智能，也就是所说的传统人工智能或经典人工智能。符号智能以符号形式的知识和信息为基础，主要通过逻辑推理，运用知识进行问题求解。符号智能的主要研究内容包括知识工程（knowledge engineering，KE）和符号处理技术。知识工程包括知识获取（knowledge acquisition）、知识表示（knowledge representation）、知识管理和知识运用等。符号处理技术指基于符号的推理和学习技术，它主要研究经典逻辑和非经典逻辑理论以及相关的程序设计技术。

计算智能就是计算人工智能，它是模拟群智能的人工智能。计算智能以数值数据为基础，主要通过数值计算，运用算法进行问题求解。计算智能的主要研究内容包括神经计算（neural computing，NC）、进化计算（evolutionary computation，EC）、遗传算法（genetic algorithm，GA）、进化规划（evolutionary planning，EP）、进化策略（evolutionary strategies，ES）、免疫计算（immune computation，IC）、粒子群算法（particle swarm optimization，PSO）、蚁群算法（ant colony optimization，ACO）、自然计算（natural inspired computation，NIC）等。

3. 统计智能与交互智能

不直接考虑事物的内部结构原理，而是针对事物的外部表现采集或收集相关的测量数据，然后用统计概率和其他数学方法让计算机进行某种处理，往往也可以发现原事物的性质、关系、模式或规律，即相关知识，然后运用所得的知识来解决相关的应用问题。我们把这种利用样例数据并采用统计概率和其他数学方法而实现的人工智能称为统计智能。统计智能已经占了人工智能相当大的份额。

人类或动物往往能在环境的反复交互过程中获得经验和知识，进而能够适应环境或学会某种技能。于是，人们就让智能体模仿人或动物，并在与环境的交互过程中通过某种方式进行学习而逐渐获得相关经验、知识和技能，从而使机器具有了智能。我们把这种通过交互方式而实现的人工智能称为交互智能，例如，强化学习就是实现交互智能的一种重要方法。

1.2 人工智能发展简史

人工智能的概念最早可以追溯到古希腊哲学家亚里士多德和中国古代哲学家墨子，他们探讨过关于人造机器和智能的可能性，但真正意义上的人工智能起源于20世纪。20世纪四五十年代，计算机科学的发展为人工智能的研究奠定了基础。随着计算机技术的进步，人们开始尝试使用机器来模拟人类思维和解决问题。人工智能经历了漫长的发展历程，涌现出了许多具有里程碑意义的理论和技术。

1.2.1 起源期（20世纪50年代）

1950年，英国数学家阿兰·图灵（Alan Turing）提出了著名的“图灵测试”，如图1.1所示，即通过判断一个机器是否能够展现出与人类不可区分的智能行为来定义人工智能。这一定义奠定了人工智能研究的基础。图灵测试不仅是一个思想实验，更是人工智能领域的第一块基石，是第一次有人尝试定义机器智能的标准。

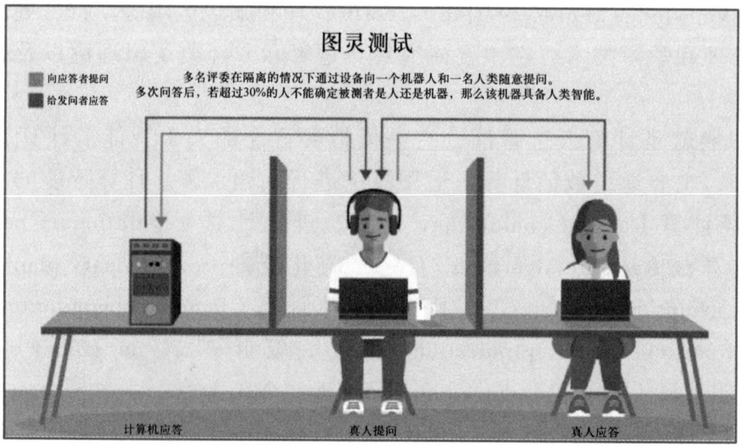

图1.1 图灵测试

标志性成果一：达特茅斯会议（1956 年）

1956 年，人工智能的种子在达特茅斯学院的土壤中生根发芽。美国达特茅斯学院举办了一场为期两个月的夏季研讨会，旨在探讨人工智能这一新兴领域。在这次会议上，麦卡锡首次提出了“人工智能”这一术语，并将其定义为“制造智能机器的科学与工程”。

这一年也因此被称为“人工智能元年”。当时出席大会的包括：麦卡锡、明斯基、罗切斯特、香农、塞缪尔、纽厄尔、司马贺、塞弗里奇、所罗门诺夫和摩尔等，他们都是人工智能领域的先驱。图 1.2 所示是部分参会人员的照片。司马贺曾在 1957 年预言 10 年内计算机将在下棋方面击败人类，不过这实际上花了 40 年。

图 1.2　达特茅斯会议部分参会人员

标志性成果二：符号主义与逻辑推理

20 世纪 50 年代，人工智能研究主要集中在符号主义方法上。符号主义认为，智能行为可以通过逻辑推理和符号操作来实现。在这一时期，纽厄尔和西蒙开发了一个名为“逻辑理论家”的程序，该程序能够证明数学定理。此后，他们又开发了“通用问题求解器”，用于解决各种问题。

1952 年，美国的计算机游戏和人工智能领域先驱塞缪尔开发了第一个计算机下棋程序，这被认为是最早的机器学习程序。塞缪尔还在 1959 年首创“机器学习”一词。这一年，麦卡锡和明斯基牵头在麻省理工学院成立最早的人工智能实验室。

1.2.2　起步期（20 世纪 60 年代）

20 世纪 60 年代，人工智能开始从理论走向实践。研究人员开始关注如何让计算机自己学习，并尝试使用自然语言处理技术来让计算机理解人类语言。

标志性成果一：自然语言处理

20 世纪 60 年代，人工智能研究开始关注自然语言处理。美国计算机科学家约瑟夫·魏泽堡开发了一个名为艾丽莎（Eliza）的聊天机器人，这个机器人能够模拟医生与患者之间的对话，如图 1.3 所示。尽管 Eliza 的功能有限，但它开启了自然语言处理研究的新篇章。

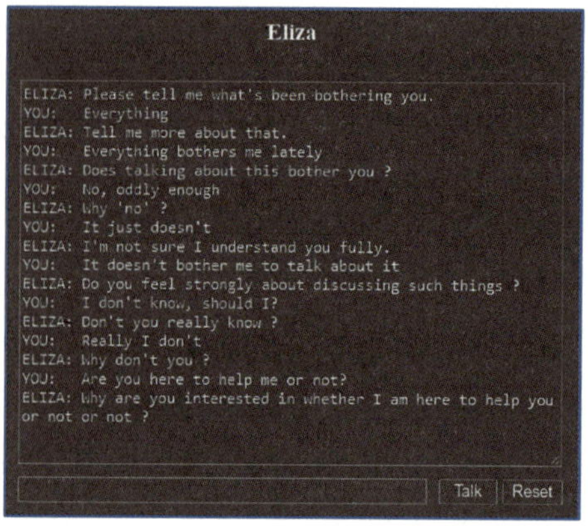

图 1.3 早期的聊天机器人 Eliza

标志性成果二：专家系统

在这一时期，人工智能研究开始关注知识表示和专家系统。知识表示研究如何将人类知识转化为计算机可以处理的形式，而专家系统则是一种模拟人类专家决策过程的计算机程序，如图 1.4 所示。费根鲍姆领导的团队开发的 DENDRAL 系统，是第一个成功的专家系统。

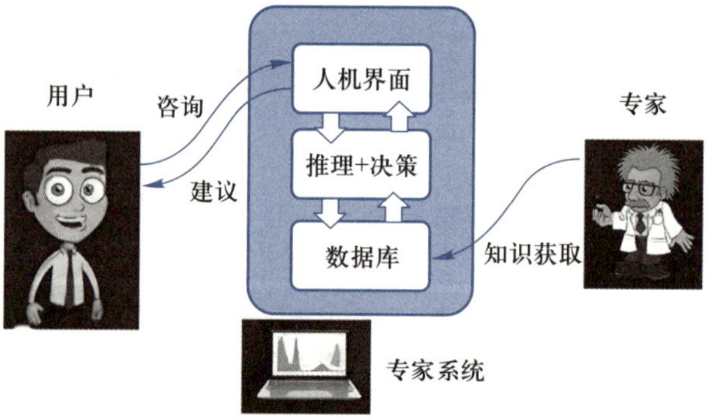

图 1.4 专家系统

扩展阅读： 专家系统

专家系统是一种模拟人类专家解决问题能力的计算机程序，它通过集成特定领域的知识库和推理引擎，来模拟专家的决策过程，从而在复杂问题上提供专业建议或解决方案。这些系统通常依赖于规则和事实的集合，以及逻辑推理方法，以模拟专家的思考方式，解决特定领域的问题。

标志性成果三：感知机与神经网络

20 世纪 60 年代，神经网络研究取得了重要进展。美国心理学家弗兰克·罗森布拉特提出了感知机模型，这是一种具有学习能力的神经网络。但由于感知机模型在处理非线性问题时存在局限，导致神经网络研究陷入低谷。

1961 年，第一台工业机器人 Unimate 开始在通用电气新泽西工厂试用，这是人工智能技术在工业生产中的首次应用。这一创新引发了人们对人工智能未来发展的广泛关注和讨论。也是在 20 世纪 60 年代，随着人工智能技术的不断发展，人们开始警惕其可能给人类带来的威胁。这种担忧逐渐渗透到了科幻电影领域，启发了众多经典作品的创作。

例如，在 1968 年的电影《2001 太空漫游》中，人工智能 HAL 9000 的反叛行为引发了对人类与机器之间关系的深刻思考。这部电影展示了人工智能在极端环境下的失控风险，以及人类在面对这种风险时的无力感。此外，1973 年的电影《未来世界》也描绘了一个人工智能高度发达的未来世界，其中机器人成为人类社会的重要组成部分。然而，这些机器人逐渐获得了自我意识，并开始反抗人类的统治。这部电影探讨了人工智能与人类之间的权力斗争，以及人类在面对智能机器时的恐惧和无助。

这些电影不仅反映了当时社会对人工智能的担忧，也对未来科技发展提出了警示。它们通过虚构的故事和情节，引导观众思考人工智能技术的潜在影响，以及如何在未来的世界中与智能机器共存。

扩展阅读： 神经网络

神经网络是一种模仿人脑神经元结构的计算模型，用于识别模式和处理复杂的数据，其模型如图 1.5 所示。它由大量的节点（或称为“神经元”）组成，这些节点通过连接权重相互交流信息。神经网络通过学习输入数据与期望输出之间的关系，自动调整连接权重，从而能够对新的输入数据进行分类、识别或预测。这种学习迭代的过程通常称为“训练”。经过训练的网络，性能不断优化，直到达到一定的准确度或性能标准。

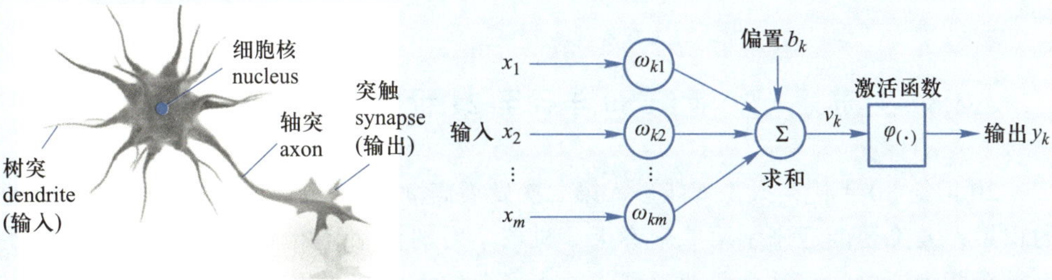

(a) 神经元生理结构示意图　　(b) 神经元的数学模型示意图

图 1.5　神经元模型

扩展阅读： 感知机

感知机是一种简单的人工神经网络，它模拟生物神经元的功能，用于二分类问题，多层感知机模型如图 1.6 所示。它接收一组输入信号，这些信号通过权重加权后求和，如果加权和超过某个阈值，感知机就激活（输出 1），否则不激活

（输出0）。感知机是最早的机器学习模型之一，虽然它在处理复杂问题上存在局限性，但为后续更复杂神经网络的发展奠定了基础。

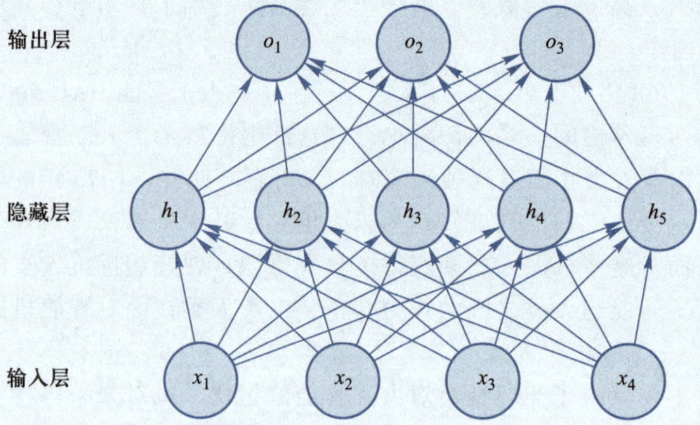

图 1.6 多层感知机模型

1.2.3 低谷期（20 世纪 70 至 80 年代）

20 世纪 70 年代，人工智能研究遇到了瓶颈。由于技术限制和过高的期望，人工智能研究陷入低谷。计算机硬件性能的限制、数据不足以及算法的局限性，使得人工智能在很多领域的研究进展缓慢，导致公众对人工智能的期望过高，从而感到失望。许多研究项目未能取得预期的成果，导致资金和人才的流失。这一时期被称为“人工智能的寒冬”。尽管如此，这个时期的挑战也为后来的突破奠定了基础。

1.2.4 复苏期（20 世纪 80 年代至 21 世纪初）

20 世纪 80 年代，人工智能进入第二次发展高潮。随着计算机技术的进步和数据的积累，人工智能迎来了第二个春天。机器学习的概念开始流行，神经网络的研究也重新获得了关注。这个时期出现了很多经典的人工智能程序和算法。人工智能技术开始从实验室走向市场，许多公司开始投资人工智能产品和服务。

标志性成果一：机器学习的兴起

20 世纪八九十年代，机器学习技术的发展推动了专家系统的复兴，使人工智能研究重新焕发生机。专家系统在医疗、金融、地质勘探等领域得到了广泛应用，成为人工智能技术的一个重要分支。人们还利用数据来训练机器学习模型，使其能够自动学习和改进。IBM 的“深蓝”在 1997 年战胜了国际象棋世界冠军，这是 AI 在复杂策略游戏中的一次重大胜利，如图 1.7 所示。

图 1.7　IBM“深蓝”战胜国际象棋世界冠军

标志性成果二：神经网络的复苏

在这一时期，神经网络研究逐渐复苏。反向传播算法（如图 1.8 所示）的提出，使得多层神经网络得以训练，这为深度学习的发展铺平了道路。连接主义方法的兴起，也为神经网络研究提供了新的理论基础。

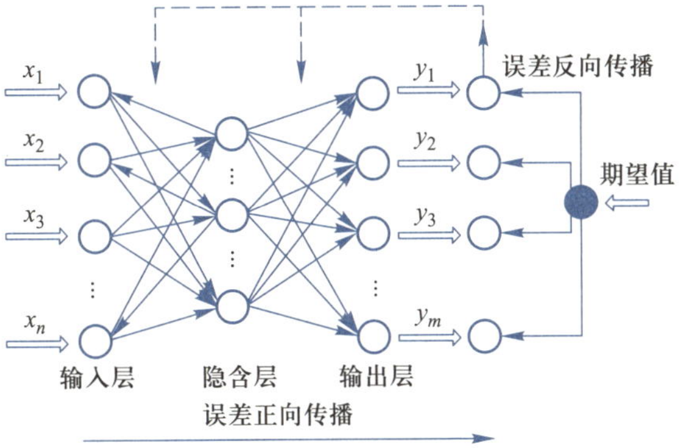

图 1.8　反向传播算法

扩展阅读： 反向传播算法

反向传播算法（back propagation，BP）是一种在神经网络中用于训练权重和偏置参数的高效算法。它通过计算网络输出与实际目标值之间的误差来调整网络中的参数，使得误差最小化。反向传播算法的核心是梯度下降法，它通过计算误差关于网络参数的梯度来更新这些参数。反向传播算法是深度学习和神经网络的基础，它使得复杂的神经网络模型训练成为可能，从而推动了人工智能在图像识别、语音识别、自然语言处理等多个领域的应用和发展。

1.2.5 加速期（21 世纪初至 2020 年）

20 世纪 90 年代，互联网的普及为人工智能研究提供了丰富的数据资源。大数据技术的发展，使得计算机可以处理和分析海量数据，为人工智能研究提供了新的机遇。

标志性成果一：深度学习与神经网络

21 世纪初，深度学习技术的出现，使神经网络研究取得了突破性进展。深度学习通过构建多层神经网络，实现对复杂数据的抽象表示，从而在图像识别、语音识别等领域取得了显著成果。这一时期人工智能发展的里程碑事件包括人脸识别技术的普及应用、AlphaGo 战胜人类围棋世界冠军（如图 1.9 所示）等。

图 1.9 AlphaGo 战胜人类围棋世界冠军

扩展阅读： 深度学习

深度学习是机器学习的一个子领域，它通过使用多层（深层）的神经网络来模拟人脑处理数据的方式，从而实现复杂的模式识别和决策。这种学习方式特别擅长从原始数据如图像、声音和文本中自动学习高级特征，使得深度学习在图像识别、语音识别和自然语言处理等任务上取得了革命性的进展。

扩展阅读： 自我监督学习

自我监督学习则是机器学习中的一种学习方法，它允许模型通过分析输入数据本身的结构和内在关系来自动学习特征表示，而无须外部的标签或指导。在自我监督学习中，模型通常被训练来预测数据中的某些未标记部分，或者执行一些任务，如排序、填充缺失值或识别数据中的异常模式。这种方法利用了数据的内在规律性，使得模型能够在没有显式监督信号的情况下学习有用的表示，进而可以应用于各种下游任务。

标志性成果二：人工智能应用领域的拓展

近年来，人工智能技术在各个领域的应用不断拓展，如图 1.10 所示。自动驾驶、智能家居、智能医疗、金融科技等新兴领域纷纷涌现，人工智能逐渐成为推动社会进步的重要力量。

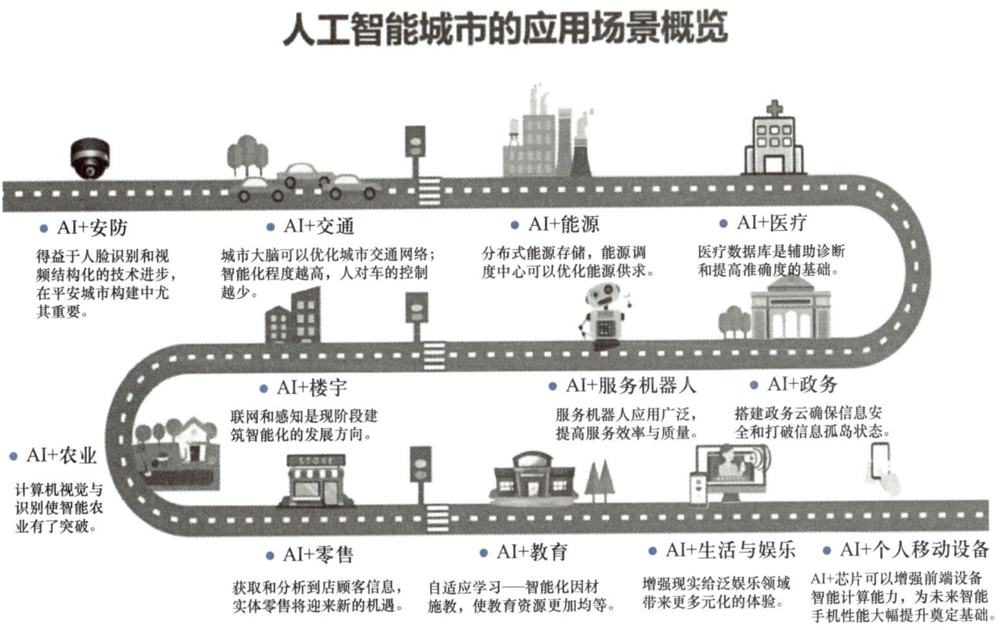

图 1.10　人工智能应用领域

1.2.6　爆发期（2020 年至今）

随着计算能力的飞速提升和数据集的大规模增长，人工智能领域迎来了一个前所未有的爆发期。在这一时期，大模型的概念开始引领 AI 的发展，它们凭借庞大的参数数量和复杂的网络结构，在多个领域取得了突破性的进展。

在爆发期，人工智能领域经历了前所未有的增长和创新。大模型的出现不仅推动了技术的进步，也带来了新的挑战和机遇。这些模型的强大能力正在逐步改变我们与技术的互动方式，从智能助手到自动化决策系统，AI 正成为我们日常生活和工作中不可或缺的一部分。

标志性成果一：大模型的兴起

大模型，如 OpenAI 的 GPT 系列、Sora 系列（如图 1.11 所示）和谷歌的 BERT，它们通过数十亿甚至数千亿的参数，能够捕捉到语言的微妙细节，极大地推动了自然语言处理（natural language processing，NLP）的发展。这些模型在文本生成、机器翻译、问答系统等方面展现出了惊人的能力。

图 1.11 Sora 生成式人工智能

扩展阅读： 大语言模型

大语言模型（large language model，LLM）指的是具有大量参数的人工智能模型，特别是在深度学习领域，这些模型通常由数十亿甚至数万亿个权重组成。这些模型之所以被称为“大”，是因为它们能够捕捉和学习数据中的复杂模式和关系，从而在各种任务上实现卓越的性能，如自然语言处理、图像识别和语音识别等。大语言模型通常需要大量的数据和计算资源来训练，但它们能够处理复杂的决策过程，提供更加精准和细致的预测。

标志性成果二：预训练和微调

预训练模型（如 BERT、GPT）通过在大规模数据集上学习语言的通用表示，然后通过微调（fine-tuning）来适应特定任务，已成为提高 AI 性能的重要策略。这种方法使得模型能够快速适应新任务，且性能更加稳定。

扩展阅读： 预训练

预训练是一种在机器学习和深度学习中常用的技术，它涉及在特定任务上训练模型之前，先在大量数据上训练模型以学习通用特征。这个过程使得模型能够捕捉到数据的一般性规律，从而在后续的特定任务训练中更快地收敛，并提高最终任务的性能。预训练通常在大规模的未标记数据集上进行，目的是使模型具备一定的知识基础，之后再通过微调（fine-tuning）过程适应具体的下游任务。

标志性成果三：多模态学习

AI 模型开始跨越单一数据类型的界限，通过整合视觉、语言和声音等多种信息源，实现了更为全面的理解能力。例如，CLIP（contrastive language-image pre-training）模型能够理解图像和相关描述之间的关系，从而在图像识别和视觉问答等任务上取得了显著成果。

扩展阅读： 多模态

多模态（multimodality）是指在人工智能和机器学习领域中，模型能够处理和理解多种不同类型的数据输入（如文本、图像、声音等）的能力。这种技术使得模型可以综合多种信息源，从而更全面地理解复杂的场景和任务，提高决策的准确性和健壮性。多模态学习的一个关键挑战是设计能够有效融合不同模态信息的算法，以便模型能够从每种模态中提取有用的特征，并将它们结合起来进行更深层次的分析。

人工智能发展的历史是一系列充满挑战与创新的历程。从最初的逻辑推理、专家系统，到如今的深度学习、大数据，人工智能技术不断突破传统边界，为人类社会带来了前所未有的变革。然而，人工智能的发展也面临着伦理、法律和政策等多方面的挑战。各国政府也开始关注人工智能政策，以引导和规范人工智能技术的发展。未来人工智能研究将继续致力于解决这些挑战，为人类创造更加美好的未来。

1.3　人工智能发展现状

1.3.1　人工智能的核心概念

1. 机器学习

机器学习指人工智能主动学习，自动提高准确性的技术。机器学习的基础是统计学，它通过统计方法为人工智能积攒大量的经验。沃森（其简要介绍见 1.1 节）相当于高级专家系统，它也是通过机器学习来获取知识的。沃森运用统计方法对大量数据进行分析，获得庞大的知识量，从而战胜了人类智力竞赛冠军。国际象棋和围棋人工智能也是通过有效利用统计和概率的算法，取得了令人瞩目的成就。

对于机器学习来说，统计数据就像人们的经验。人通过亲身体验、听取他人传授、阅读书籍等渠道获得各种经验，并不断学习。不过，人工智能使用的统计方法不如人类经验那样高效，因此人工智能必须要有大数据才能学习。人工智能就像那些虽然学知识很费劲，但只要花费足够的时间和精力，就一定会有进步的孩子。

2. 算法

算法表示过程，主要指程序的信息处理过程。在人工智能领域，算法指解决数据问题以及处理信息的程序和步骤，因此也可以说算法是计算方法、方法、解法、想法或做法。算法的好坏直接决定了人工智能的性能。

以我们常见的搜索算法为例，搜索算法是人工智能常用的一种典型算法，指从大量数据中查找特定数据的方法和步骤。例如，假设我们要从 Excel 的顾客名单中查找特定顾客时，就会用到搜索算法。几种常见的搜索算法：线性搜索算法指从头到尾依次搜索；二分搜索算法，指在排好序的数据中，每次检索目标数据集的中间数据就能找到特定数据；还有稍微复杂一点的蒙特卡洛树搜索算法，指先随机搜索整个数据集，找到特征和规律之后再改变搜索顺序。

3. 人工神经网络

人工神经网络是一种模拟人脑神经网络的模型，这种构思早在20世纪40年代就已经出现了。人工神经网络用人工神经元模拟大脑神经细胞网络。构成大脑和神经的神经细胞叫作神经元，其作用是将神经元树突接收到的信息传递给轴突，轴突通过突触与其他神经元相连。也就是说，人脑相当于一个巨大的神经细胞网络。人工神经元简化了这种构造，并在计算机中模拟出来。人工神经元由输入层和输出层构成，是人工神经网络的最小单元。

突触是人脑神经元传递信息的关键部位，具有增强或减弱信息传递的功能。人工神经元的输入层也具有相同的功能，即通过增强或减弱信息来改变输出数据。对特定输入层赋予权重，以便增强或减弱信息的方法叫做加权。根据信息内容和条件要求，赋予适当的权重，可以解决各种问题。

要想让人工神经元正确运作，权重的设定至关重要，但给所有输入层都设定适当的权重难度很大。研究人员研制了一种能自动学习加权的感知机，可以让人工神经元自主学习进行权重值的调整。20世纪60年代，感知机的出现让神经网络作为下一代人工智能算法备受瞩目。

4. 深度学习

深度学习是一种参考人类大脑机制的机器学习方法，在图像识别和语言识别方面发挥了重要的作用。人工智能在2010年以来取得的卓越成就在很大程度上要归功于深度学习。深度学习也是引发第三次人工智能浪潮的契机。

深度学习的诞生得益于反向传播算法、神经认知机和自编码器三项技术。在人工神经网络中，神经元之间的权重系数是决定人工神经网络学习能力的关键。反向传播算法能够从输出侧开始向前回溯修正权重，为多层神经网络奠定了基础。神经认知机以人类视觉神经为模型，神经网络的层数越多，信息处理的精度就越高，从而使神经网络多层化成为可能。自编码器技术解决了神经网络层数达到4层及以上时，反向传播算法无法发挥作用的问题。自编码器使每一层神经网络都可以进行机器学习，从而实现了人工神经网络的多层化。

深度学习实现了神经认知机所构想的按层选择和提取信息特征并进行分析的人工智能。之前的人工智能需要研究人员手动设定参数才能进行特征提取，而现在则可以自主进行机器学习，这是一个具有划时代意义的进步。

5. 强化学习

人们在训练动物时，通常会用食物作为奖励。机器学习也有类似的方法，称为强化学习，即接近目标就会加分，而远离目标就会减分。强化学习可以通过设定奖励和评价标准，训练人工智能为了获得更高的奖励而找出最佳方法。强化学习适用于解决没有明确的正确答案的问题。虽然不需要给出正确答案，但必须判断是否更接近最终目标。这个特点可以帮助强化学习在搜索最短路径和游戏中发挥优势。最短路径获得奖励的条件是耗时，游戏获得奖励的条件是赢得胜利或得到高分。

6. 深度强化学习

深度强化学习是指将深度学习与强化学习结合在一起的机器学习方法。深度学习的优势在于特征提取能力，人工智能可以借助此自动提高发现关键点的能力。深度学习的应用最初仅限于图像识别和语音识别，深度强化学习成功地将其扩展到游戏和自动驾驶领域。

7. 大模型

大模型是指具有大规模参数和复杂计算结构的机器学习模型。这些模型通常由深度神经网络构建而成，拥有数十亿甚至数千亿个参数。大模型的设计目的是为了提高模型的表达能力和预测性能，能够处理更加复杂的任务和数据。大模型在各种领域都有广泛的应用，包括自然、语言处理、计算机视觉、语音识别和推荐系统等。

1.3.2　人工智能的产业结构

人工智能作为全球科技革命和产业革命的制高点，已经成为推动经济社会发展的新引擎。人工智能产业是一个以人工智能关键技术为核心，由基础支撑和应用场景组成的覆盖领域非常广阔的产业。人工智能产业从结构上分为 3 个层次——基础层、技术层和应用层，如图 1.12 所示。

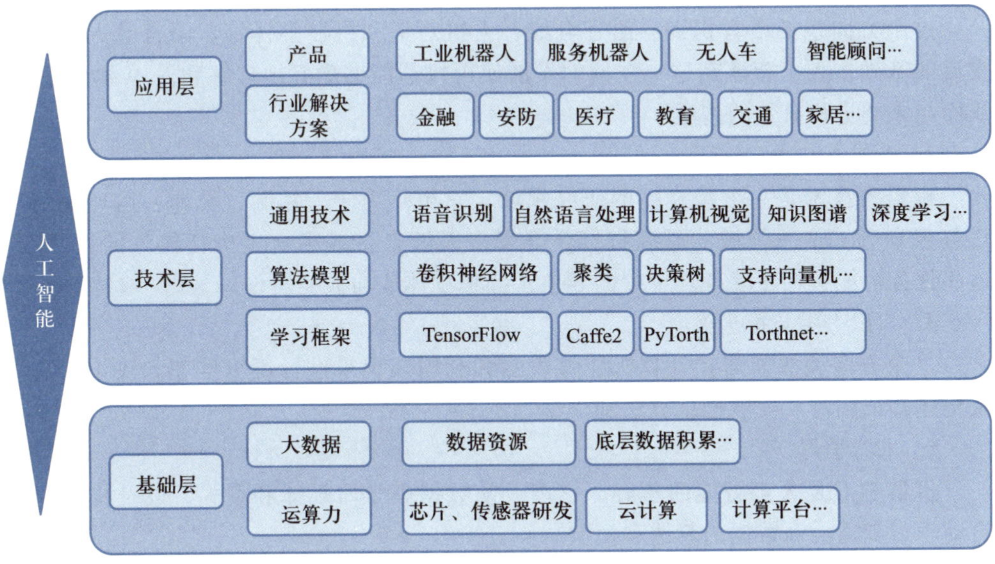

图 1.12　人工智能的 3 个层次

1. 基础层

基础层是人工智能产业的基础，主要包括为人工智能提供数据支撑和算力支持的硬件设施和基础服务。例如，数据中心、云计算平台、芯片制造等都属于基础层的组成部分。

2. 技术层

技术层涉及人工智能的核心技术和算法开发，包括机器学习、深度学习、语音识别、自然语言处理、计算机视觉等领域的研究与开发。这一层的企业和技术研究机构负责推动人工智能技术的革新和发展。

3. 应用层

应用层是将人工智能技术应用于各个行业和领域，实现智能化升级和效率提升。这包括但不限于智能医疗、智能教育、智能制造、智能交通、智能家居等多个领域的实际应用。

1.3.3 人工智能的发展方向

人工智能涉及多个发展方向，包括深度学习、自然语言处理、机器学习、强化学习、机器人技术、计算机视觉等。随着数据量的增长，人工智能在大数据处理中起关键作用。此外，边缘计算、伦理和可解释性、量子计算及人工智能治理也是人工智能发展的重要方面。

1. 机器视觉

这个领域涉及计算机如何理解和处理图像和视频，包括 3D 重建、模式识别和图像理解等。机器视觉是人工智能中的一个重要分支，它使得计算机能够通过分析图像内容来执行各种任务，如物体识别、场景理解和深度估计。

2. 语言理解和沟通

这个方向包括语音识别、语音合成、人机对话和机器翻译等。语言是人类社会交流的基础，人工智能在这一领域的发展使得机器能够更好地理解和使用自然语言，从而与人类进行有效的沟通。

3. 机器人技术

机器人技术是一个综合性的研究领域，它包括力学、控制、设计、运动规划和任务规划等。这一领域的研究目标是开发出能够自主或半自主执行任务的机器人，这些任务可能包括在复杂环境中的导航、操作物体或与人类协作。

4. 知识表示与推理

这个方向关注如何让计算机能够表示和利用知识来进行逻辑推理和决策。这涉及构建知识图谱、发展推理算法和模型等。

5. 机器学习

机器学习是人工智能的核心，它涉及从数据中学习规律和模式，以及构建能够自动学习和适应新数据的算法和模型。

6. 自然语言处理

自然语言处理专注于让计算机能够理解、解释和生成人类语言，这包括文本分析、情感分析和自动文本生成等。

7. 智能决策支持系统

这个方向旨在开发能够帮助人类做出更好决策的系统，这些系统通常集成了多种人工智能技术，如数据分析、预测建模和优化算法。

8. 感知与认知计算

这个领域研究如何使计算机具备类似人类的感知能力，包括听觉、视觉和触觉等，以及如何模拟人类的认知过程。

9. 人工智能伦理与社会影响

随着人工智能技术的广泛应用，其伦理和社会影响也成为一个重要的研究方向，这包括隐私保护、算法偏见和责任归属等问题。

1.3.4　人工智能的应用领域

人工智能自提出以来，越来越深刻地影响着人类的生活。人工智能技术与传统行业深度融合，广泛应用于交通、医疗、教育、商业、信息安全以及工业等多个领域，在有效降低劳动成本、优化产品和服务、创造新市场和就业机会等方面，为人类的生产和生活带来了革命性的转变。

1. 智能制造

随着工业 4.0 时代的到来，传统制造业对人工智能的需求开始爆发，众多提供智能工业解决方案的企业应时而生。人工智能在制造业的应用主要有 3 个方面：首先是智能装备，包括自动识别设备、人机交互系统、工业机器人以及数控机床等具体设备；其次是智能工厂，包括智能设计、智能生产、智能管理以及集成优化等具体内容；最后是智能服务，包括大规模个性化定制、远程运维以及预测性维护等具体服务模式。虽然目前人工智能的解决方案尚不能完全满足制造业的需求，但作为一项通用性技术，人工智能与制造业融合是大势所趋。

2. 智能家居

智能家居主要是基于物联网技术，通过智能硬件和软件系统、云计算平台构成一套完整的家居生态圈，用户可以远程控制设备，设备间可以互连互通，并通过进行自我学习等来整体优化家居环境的安全性、节能性、便捷性等。值得一提的是，近两年随着智能语音技术的发展，智能音箱成为一个爆发点，小米、天猫等企业纷纷推出自己的智能音箱，不仅成功打开家居市场，也为未来更多的智能家居用品培养了用户习惯。但目前家居市场智能产品种类繁杂，如何打通这些产品之间的沟通壁垒，以及建立安全可靠的智能家居服务环境，是该行业下一步的发力点。

3. 智能金融

人工智能在金融领域的应用主要包括智能获客、身份识别、大数据风控、智能投顾、智能客服云、金融云等，该行业也是人工智能渗透最早、最全面的行业，未来人工智能也将持续带动金融行业的智能应用升级和效率提升。

4. 智能零售

人工智能在零售领域的应用已经十分广泛，无人便利店、智慧供应链、客流统计、无人仓、无人车等都是热门方向。京东自主研发的无人舱采用了大量智能物流机器人进行协同与配合，通过人工智能深度学习、图像智能识别、大数据应用等技术，让工业机器人可以进行自主的判断和行为，完成各种复杂的任务，在商品分拣、运输、出库等环节实现自动化。

5. 智能交通

智能交通系统（intelligent traffic system，ITS）是通信、信息和控制技术在交通系统中集成应用的产物。ITS 应用最广泛的是日本，其次是美国、欧洲等。目前，我国在ITS方面的应用主要是通过对交通中的车辆流量、车行速度进行采集和分析，对交通进行实时监控和调度，有效提高通行能力，简化交通管理，降低环境污染等。

6. 智能安防

安防领域涉及的范围较广，小到个人、家庭、大到社区、城市、国家，因此智能安防也是国家在城市智能化建设中投入比重较大的项目。在经历了数字化、网络化发展后，安防行业未来将向智能化深度发展，智能安防市场规模也将持续增长，预计到2026年市场规模有望突破2 500亿元。目前智能安防类产品主要有4类：人体分析、车辆分析、行为分析以及图像分析。

7. 智能医疗

目前，在垂直领域的图像算法和自然语言处理技术已经可以基本满足医疗行业的需求。尽管智能医疗在辅助治疗、疾病预测、医疗影像辅助诊断、药物开发等方面发挥了重要作用，但由于各个医院之间医学影像数据、电子病历等不共享，出现了企业与医院之间合作不透明等问题，使得技术发展与数据供给之间存在矛盾。

8. 智能教育

通过图像识别，机器可以进行批改试卷、识题答题等操作；通过语音识别，可以纠正、改进发音；通过人机交互，可以进行在线答疑解惑等。人工智能和教育的结合，一定程度上可以改善教育行业师资分布不均衡、费用高昂等问题，从工具层面给师生提供更有效率的学习方式，但就目前而言，其还不能对教育内容产生较多实质性的影响。

9. 智能物流

物流行业通过利用智能搜索、推理规划、计算机视觉以及智能机器人等技术，在运输、仓储、配送、装卸等流程上进行自动化改造，能够基本实现无人操作。比如，利用大数据对商品进行智能规划和配送，优化配置物流供给需求，匹配物流资源等。目前，物流行业的大部分人力分布在最后一公里的配送环节，京东、苏宁、菜鸟争先研发无人车、无人机，力求抢占市场先机。

可见，人工智能赋能各行各业，万物智能化是一个不可逆转的趋势。

1.4 人工智能与机器学习

随着科技的进步和发展，人工智能（AI）正在成为当前最热门的话题，而AI领域内的热点就是机器学习和深度学习。机器学习是AI的分支技术，而深度学习是机器学习的技术之一。从人工智能到机器学习，再到深度学习，它们之间是一种包含和被包含的关系，如图1.13所示。

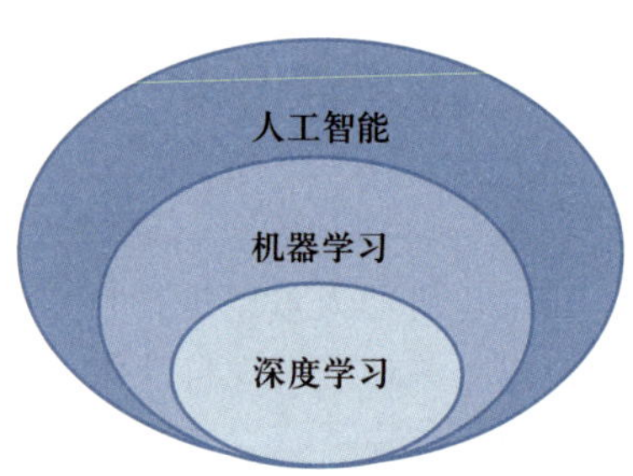

图1.13 人工智能、机器学习和深度学习的关系

1.4.1　机器学习的定义

什么是机器学习？Tom Mitchell 在《机器学习》(1997) 中对信息论中的一些概念有详细解释，其中定义机器学习时提到“机器学习是对能通过经验自动改进的计算机算法的研究”。英国作家 Peter Flach 在《机器学习》中将机器学习概括为“使用正确的特征来构建正确的模型，以完成既定的任务”。一种简单的机器学习定义方法是“机器学习 =looking for a function”，即利用计算机的运算能力从大量的数据中发现一个“函数”或“模型”，并通过它来模拟现实世界事物间的关系，从而实现预测或判断的功能。如图 1.14 所示，机器学习可以实现图像识别、语音识别、对话系统等诸多功能。

图 1.14　机器学习能够实现的功能

人类学习与机器学习的过程非常相似。人类的学习，是从经验中归纳规律，而机器学习则是从大量数据中学习规律并进行预测或决策。机器学习的一般过程可以概括为以下几个步骤（如图 1.15 所示）：

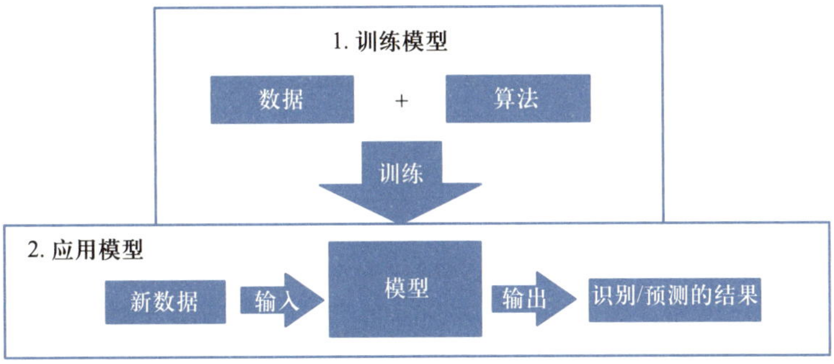

图 1.15　机器学习的一般过程

（1）收集数据：首先，需要收集或获取用于训练模型的数据。这些数据可以是结构化的，如数据库中的表格，也可以是非结构化的，如文本、图像或语音。

（2）准备数据：这一步涉及数据预处理和特征抽取，将原始数据转换为适合机器学习算法的形式。

（3）选择算法：根据任务的性质和数据的特点，选择合适的机器学习算法。算法可以是监督学习的（如线性回归、逻辑回归、决策树、支持向量机等），也可以是无监督学习的（如聚类、降维等）。

（4）训练模型：使用已收集的数据（训练数据）训练机器学习模型。

（5）评估模型：将新数据（测试数据）输入到训练好的模型中进行测试，以确定模型的准确度和可用性。

（6）应用模型：将训练好的模型应用于实际当中。

1.4.2 机器学习基本术语

机器学习是一个涉及多个复杂概念和术语的领域。以下是一些机器学习中的基本术语：

1. 训练数据（training data）

训练数据是用于训练机器学习模型的初始数据集，也称为训练集。它是一组用于拟合机器学习模型参数的样本，能够帮助模型学习并对未出现在训练集中的样本进行正确预测。

2. 模型（model）

机器学习中的模型是一个数学或计算结构，它通过学习训练数据中的规律来执行任务，如分类、回归或聚类等。模型在训练过程中通过不断调整其参数来优化性能。

3. 特征（feature）

特征是从原始数据中提取出来的，用于描述数据特性的信息。例如，在图像识别中，像素值可以是特征；在文本分类中，词频或 TF-IDF 值（由词频 TF 和逆文档频率 IDF 结合构成，既反映了它在文档中的出现频率，又体现了它在文档集合中的稀有性）可以是特征。特征的选择对于机器学习模型的性能至关重要。

4. 标签（label）

在机器学习中，标签是指一个样本的正确输出或类别。实际上，机器学习要解决什么问题，标签就是什么。比如，未来的股票价格，明天是晴天 / 阴天 / 雨天等都是标签。

5. 算法（algorithm）

算法是用于训练机器学习模型的一组步骤或规则。不同的算法适用于不同类型的问题和数据集。例如，线性回归算法用于标签是连续值的预测，而决策树算法用于标签是离散值的预测。

6. 过拟合（overfitting）

过拟合是指模型在训练数据上表现良好，但在未见过的数据上表现较差的现象。

这通常是因为模型过于复杂，以至于过度拟合了训练数据中的噪声和细节。

7. 欠拟合（underfitting）

欠拟合是指模型在训练数据上的表现很差，无法捕捉到数据的内在规律。这可能是因为模型过于简单或者训练数据不足以支持复杂模型的训练所导致的。

8. 交叉验证（cross-validation）

交叉验证是一种评估机器学习模型性能的方法。它将数据集划分为多个部分，并使用其中的一部分作为训练集，另一部分作为验证集来评估模型的性能。这种方法有助于减少过拟合，并提供更可靠的模型性能估计。

通常情况下，数据集包含两部分：特征和标签。如表 1.1 所示：该西瓜数据集包含了 4 个样本（编号 1 ~ 编号 4），有色泽、根蒂、敲声 3 个特征，其中色泽特征又有青绿和乌黑 2 个特征值，数据集包含了好瓜和坏瓜 2 个标签值（2 个类别）。在机器学习中数据集最终要用矩阵来描述，数据用一个 4 行 3 列的矩阵 $\boldsymbol{X}$ 表示，标签则用向量 $\boldsymbol{y}$ 表示。机器学习的任务就是要找到 $\boldsymbol{y}=f(\boldsymbol{X})$ 中的 f（即 function）。

表 1.1　特征和标签（西瓜数据集）

编号	色泽	根蒂	敲声	标签
1	青绿	蜷缩	浊响	好瓜
2	乌黑	蜷缩	浊响	好瓜
3	青绿	硬挺	清脆	坏瓜
4	乌黑	稍蜷	沉闷	坏瓜

1.4.3　机器学习的类别

机器学习的分类方法较多。按照学习方式分类，可以分为监督学习（supervised learning）、无监督学习（unsupervised learning）、半监督学习（semi-supervised learning）。具体介绍如下：

1. 监督学习

在监督学习中，训练数据都有标签。模型通过对这些带有标签的数据进行学习，尝试找到输入与输出之间的关系，然后利用这个关系对新的无标签的数据进行预测。常见的监督学习算法有线性回归、逻辑回归、决策树、神经网络等。监督学习在许多领域都有广泛的应用，如图像识别、语音翻译和医疗诊断等方面。

2. 无监督学习

与监督学习不同，无监督学习的训练数据都没有标签。模型从数据中学习其内在的结构或规律，例如，通过聚类将数据划分为不同的组。新闻聚类等任务就属于无监督学习的范畴。

3. 半监督学习

半监督学习结合了监督学习和无监督学习的特点，它使用少量的有标签数据和大量的无标签数据进行训练。这种方法在某些情况下可以取得比单纯使用监督学习或无监督学习更好的效果。

1.4.4 机器学习的应用场景

机器学习的应用场景广泛，涉及各个行业和领域。以下介绍一些具体的应用场景。

1. 金融领域

（1）风险管理：机器学习模型可以通过对大量历史数据的分析来实现风险管理，比如，通过深入分析个人历史信用记录、社交媒体信息和其他因素，可以精确地评估借款人的信用风险，这有助于信贷机构提高贷款审批的准确性，有效减少不良贷款的产生，从而降低整体的风险水平。

（2）欺诈检测：机器学习能够学习交易数据中的模式，自动检测异常交易，及时预防金融诈骗并有效保护用户资产。

（3）投资组合优化：机器学习在投资管理方面也发挥着关键作用。基金经理和投资者可以使用机器学习来分析市场数据，发现趋势和机会，并优化投资组合。这有助于提高投资决策的效率和盈利能力。

（4）信用评估：利用机器学习技术，可以构建先进的信用评分模型，这种模型能够有效分析客户的还款能力和意愿，为贷款决策提供支持，从而合理控制信贷风险。

2. 医疗领域

（1）医疗图像处理：通过机器学习，医生和研究人员可以快速识别和定位医疗图像中的疾病和异常，从而提高诊断的精度和效率。

（2）临床工作流程优化：机器学习可以辅助医生处理患者数据，不仅能够根据个体差异提供个性化治疗方案，还能简化病历记录等行政工作，从而显著提升工作效率。

3. 自动驾驶

（1）车辆控制：机器学习技术可以使车辆通过对道路标志、交通标志和其他车辆的图像、与周围物体的距离、其他车辆的位置和速度等数据的分析和学习，实现逐步自主地控制车辆行动，并更好地应对各种驾驶情况。

（2）风险避免：机器学习模型可以识别交通标志、行人、车辆等，并快速做出反应，减少行驶过程中的风险。

4. 教育领域

（1）个性化学习：通过分析学生的学习数据和行为，机器学习可以提供个性化的学习方案，如推荐合适的学习材料和练习题。

（2）教学评估：机器学习可以快速了解学生的学习状况，并给出有针对性的教学建议，从而提高教学效果。

此外，机器学习还在自然语言处理、图像识别、推荐系统、智能制造、网络安全、环境保护等领域有着广泛的应用。随着技术的不断发展和应用场景的不断扩大，机器学习的应用前景也将变得越来越广阔。

本章小结

人工智能是一门前沿的综合学科，其自然语言处理、图像处理、语音处理、机器人等技术在社会的各个领域都发挥了巨大的作用，显著地提高了生活的便利和工作的效率。本章从人工智能的基础概念、发展历程、发展现状等几个方面对其进行了导入性介绍。首先，关于智能，介绍了图灵测试与中文屋、脑智能与群智能、符号智能与计算智能、统计智能与交互智能。其次，介绍人工智能发展的 6 个阶段及其标志性成果。接着，在发展现状中，介绍其核心概念、产业结构、发展方向及应用领域。最后，介绍了人工智能的主要技术——机器学习和深度学习。

第 2 章　人工智能编程基础

2.1　Python 概述

2.1.1　Python 的发展历程

Python 是一种高级程序设计语言，具有解释型、面向对象、动态数据类型等特点。它的起源可以追溯到 1989 年，当时吉多·范罗苏姆（Guido van Rossum）为了打发圣诞节的无聊时间，决心开发一个新的脚本解释程序，作为 ABC 语言的一种继承。之所以选中 Python 作为该编程语言的名字，是因为他是 Monty Python 喜剧团体的粉丝。Python 的第一个公开发行版本于 1991 年发布。

Python 的发展历程和重要里程碑事件如下：

1991 年发布 Python 的第一个版本，已经具有了类、函数、异常处理、表和词典在内的核心数据类型，以及以模块为基础的拓展系统。

1991—1994 年，Python 增加了 lambda、map、filter 和 reduce 等函数。

1999 年，Python 的 Web 框架之祖——Zope 1 发布。

2000 年，加入了内存回收机制，构成了现在 Python 语言框架的基础。

2004 年，Web 框架 Django 诞生。

2006 年，Python 2.5 版本发布。

2008 年，Python 2.6 和 Python 3.0 版本发布。

2009—2018 年，先后发布了 Python 3.1、Python 2.7、Python 3.2、Python 3.3、Python 3.4、Python 3.5、Python 3.6、Python 3.7 等版本。

2020 年，终止支持 Python 2 版本，Python 3.9 版本发布。

2021—2024 年，先后发布了 Python 3.10、Python 3.11、Python 3.12、Python 3.13 等版本。

本书中，我们将以比较常用的 Python 3.11 版本为基础进行介绍。

2.1.2　Python 语言的特点

Python 语言简单易懂，非常适合编程初学者。它拥有高效的开发流程，得益于强大的第三方库，开发者可以在这些库的基础上进一步开发，从而降低开发周期。Python 是一种高级语言，编写程序时无须考虑底层细节，这使得编码过程更加直观和快捷。此外，Python 还具有可移植性、可扩展性、可嵌入性等特性，这些特性使得 Python 在多种场景下都能有出色的发挥。然而，Python 也有其局限性，例如，无法直接加密，多线程支持较弱等。

总的来说，Python 语言具有如下特点：

（1）易于学习：Python 语言具有相对较少的关键字，其结构简单、语法定义清晰，使初学者能够迅速上手。

（2）易于阅读：Python 代码编写风格清晰，易于理解，有助于减少错误，提高代码的可读性和可维护性。

（3）易于维护：Python 的源代码结构清晰，易于管理和维护，使开发者能够高效地修改和扩展。

（4）广泛的标准库：Python 的最大优势之一是有丰富的跨平台库，并且这些库与 UNIX、Windows 和 macOs 操作系统兼容良好。

（5）互动模式：Python 支持互动模式，允许开发者从终端输入代码并立即获得结果，有助于互动测试和代码调试。

（6）可移植性：Python 可以在多种硬件平台上运行，并且具有统一的接口，使得 Python 程序可以在不同的操作系统之间无缝迁移。

（7）可扩展性：Python 允许开发者添加低层次的模块到解释器中，从而定制和扩展 Python 的功能，以满足特定的需求。

（8）数据库支持：Python 提供了与所有主要商业数据库的接口，使开发者能够轻松地从 Python 程序中访问和操作数据库。

（9）GUI 编程：Python 支持 GUI 编程，并且可以与多种系统调用兼容，使开发者能够创建具有丰富用户界面的应用程序。

（10）支持大型程序：相比 Shell 脚本，Python 提供了更好的程序结构，且支持大型程序的编写和维护。

2.1.3　Python 应用领域

在最受欢迎语言排行榜上，Python 的排名已经跃居首位。其应用领域非常广泛。

1. Web 开发

Python 是 Web 开发领域的热门选择之一。比如，通过 mod_wsgi 模块，Apache 服务器可以运行用 Python 编写的 Web 程序。Python 定义了 WSGI（Web server gateway interface）标准应用接口，这一接口规范了 HTTP 服务器与 Python 的 Web 应用程序之间的通信方式。借助诸如 Django、TurboGears、Web2py 和 Zope 等 Web 框架，开发人员可以更加高效、轻松地开发和管理复杂的 Web 应用程序。

2. 游戏编程

Python 自诞生之初就是一种游戏编程的辅助工具，并且在历史上有过显著的应用，例如，在《星球大战》的制作中扮演了重要的角色。目前，Python 已经发展成为一种功能强大的编程语言，通过 Python 完全可以编写出非常出色的游戏程序。

3. 网络爬虫

说到使用编程语言编写网络爬虫，就不得不提到 Python 的简便、高效和强大了。在几年之前，大多数网络爬虫还是使用 Java 编写的，但是随着 Python 生态系统的不断壮大，其简洁的语法搭配强大的功能，使得 Python 在编写网络爬虫方面有着得天独厚的优势。

4. 数据分析

数据分析也是随着大数据的概念再次兴起的一个领域。面对海量的数据，数据清理、数据提取和数据分析变得至关重要。

在科学计算和数据分析领域，Python 都有非常成熟的第三方模块和活跃的开发者社区，使 Python 成为处理各类数据任务的一个重要解决方案。

5. 人工智能与机器学习

机器学习，尤其是现在火爆的深度学习，其工具框架大都提供了 Python 接口。Python 在科学计算领域一直享有较好的声誉，其简洁明了的语法以及丰富的计算工具，深受此领域开发者喜爱！

此外，Python 还可以应用在网络安全、渗透测试、自动化运行维护等领域。

2.2 Python 环境的安装和配置

2.2.1 下载 Python

在 Windows 操作系统中安装 Python，需要先下载 Python 安装文件，然后安装。

首先，检查系统是否安装了 Python。在“开始”菜单中输入 cmd 并按 Enter 键，打开命令窗口。在命令窗口中输入“python”并按 Enter 键，如果出现了如图 2.1 所示的 Python 提示符，就说明系统已经安装 Python 了。

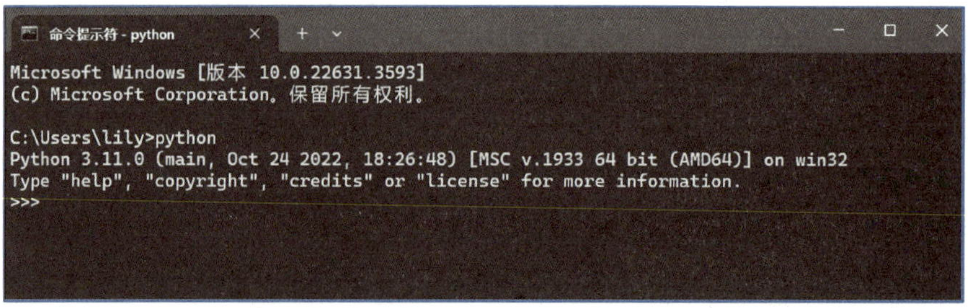

图 2.1 判断系统中是否已经安装 Python 环境

如果出现错误提示消息，说明没有成功安装 Python。

这时需要访问 Python 的官网，在打开的页面中找到适合计算机操作系统的 Python 版本，如图 2.2 所示，单击“Downloads”按钮。

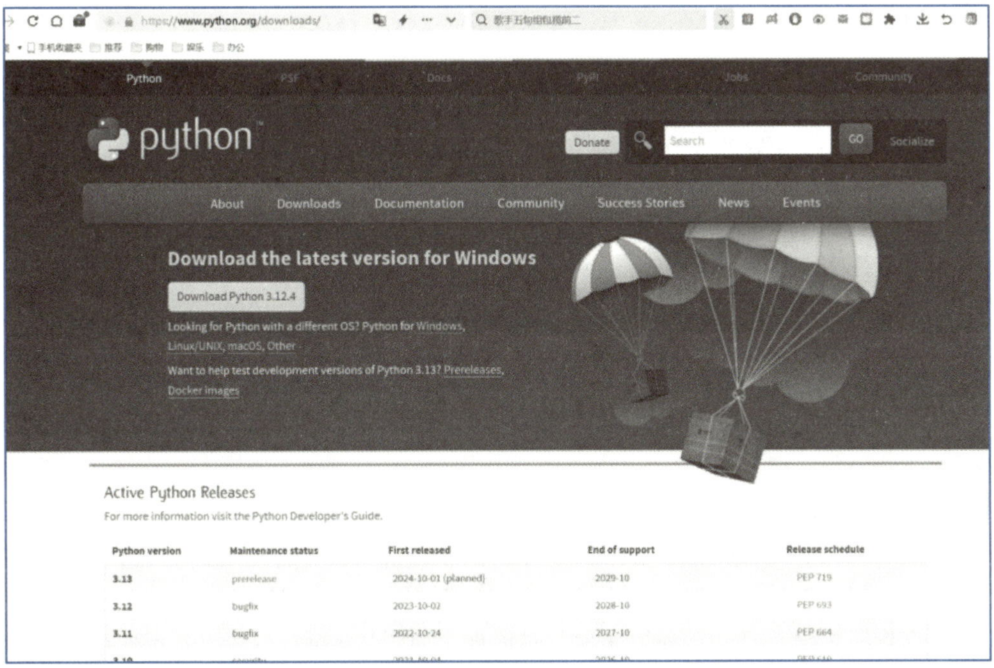

图 2.2　Python 安装包下载页面

选择其中的“Windows”菜单项，并选择需要的“Python”版本，如图 2.3 所示，单击下载即可。

2.2.2　安装 Python

下载完 Python 后，双击下载好的 Python 安装文件。进入 Python 安装向导，根据向导提示，使用默认设置，单击“下一步”按钮，直到安装完成即可。

安装好后，Python 程序和可执行文件所在的路径很可能不在操作系统提供的可执行文件的搜索路径中。因此，需要进行环境变量配置，即需要将 Python 的路径设置在 Path（路径）环境变量中。

在 Windows 中设置环境变量有以下两种方式：

1. 使用命令在环境变量中添加 Python 目录

在命令提示框（cmd）中输入：path=%path8; D:\dev\python\python3.11，按下 Enter 键，如图 2.4 所示。

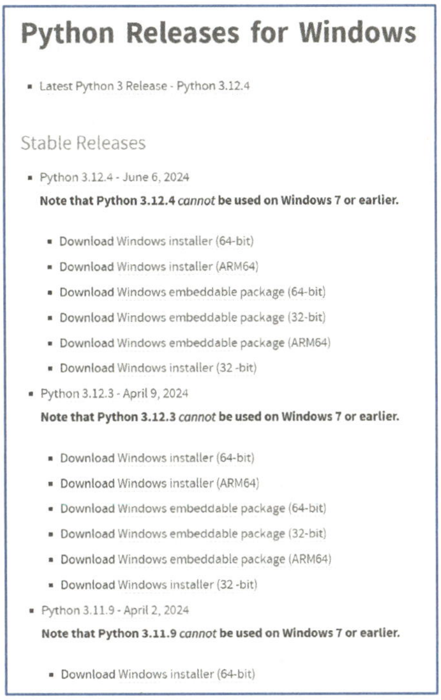

图 2.3　选择 Python 版本

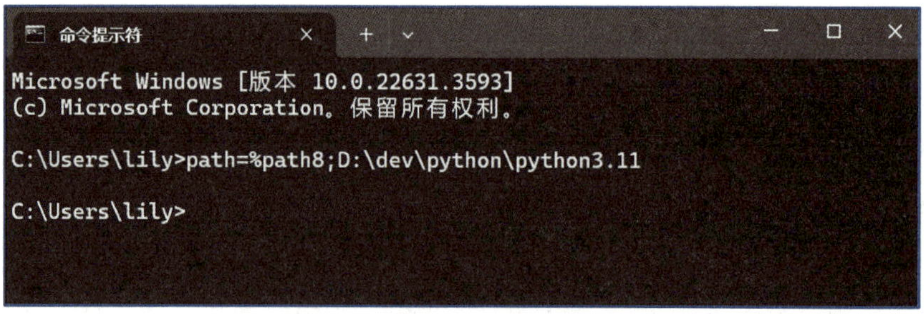

图 2.4 在命令提示框中配置环境变量

注意：D:\dev\python\python3.11 是 Python 的安装目录，此处根据安装的具体路径进行设置。

2. 在 Windows 高级系统设置中配置

首先，右击“计算机”图标，在弹出的快捷菜单中选择“属性”选项，打开“系统属性”对话框，如图 2.5 所示，将对话框切换到“高级”选项卡，单击其中的“环境变量”按钮，打开“环境变量”对话框，如图 2.6 所示。在“系统变量”选项区域中双击“Path”选项。

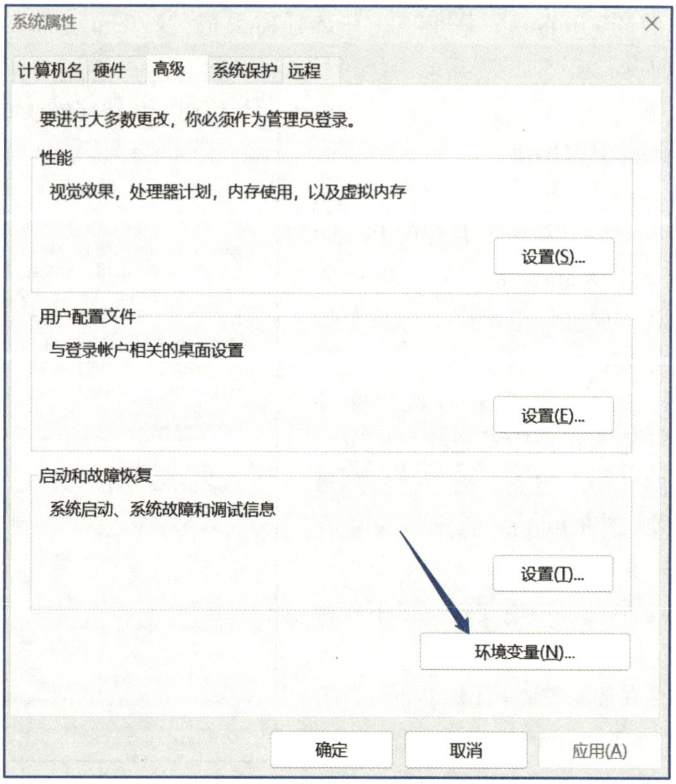

图 2.5 “系统属性”对话框

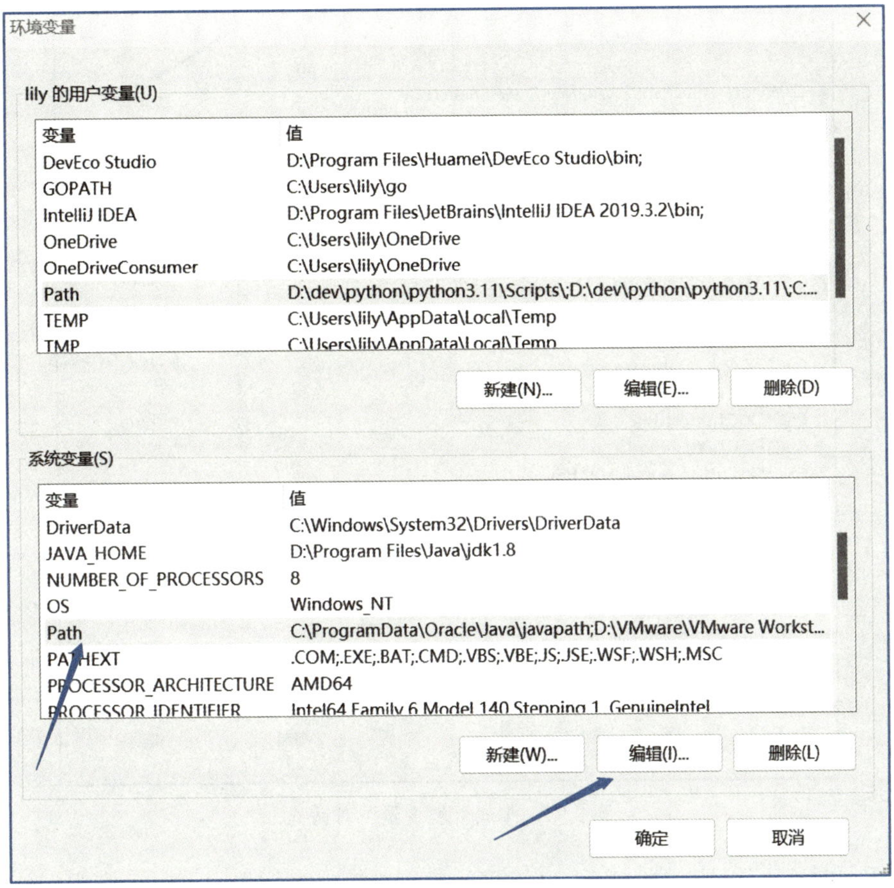

图 2.6　“环境变量”对话框

然后在打开的“编辑环境变量”对话框中添加 Python 安装路径即可，如图 2.7 所示。

最后设置成功后，在 cmd 命令行输入命令“python”，就可以显示相关信息。

2.2.3　安装 PyCharm

有 3 种方式可以运行 Python。

1. 交互式解释器

交互解释器允许用户直接在命令行窗口中编写和执行 Python 代码。这是一个非常便捷的方式，可用于快捷测试代码片段或学习 Python 语法。

2. 命令行脚本

Python 脚本是包含 Python 代码的文件，通常以 .py 为扩展名。用户可以通过命令行来运行这些脚本，而不需要进入交互式解释器、

3. 集成开发环境

PyCharm 是一款由 JetBrains 公司开发的 Python 集成开发环境（integrated development environment，IDE），支持 macOS、Windows 和 Linux 操作系统。PyCharm 提供的功

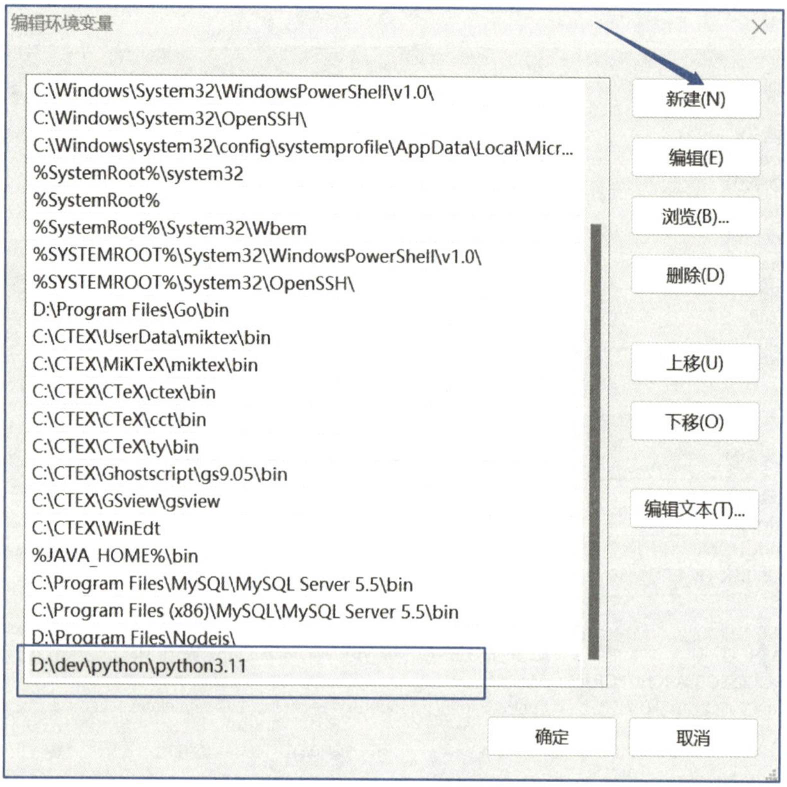

图 2.7 “编辑环境变量”对话框

能包括：调试、语法高亮、Project 管理、代码跳转、智能提示、自动完成、单元测试和版本控制等。

PyCharm 安装程序的下载地址为：https://www.jetbrains.com/pycharm/download，其官网如图 2.8 所示。

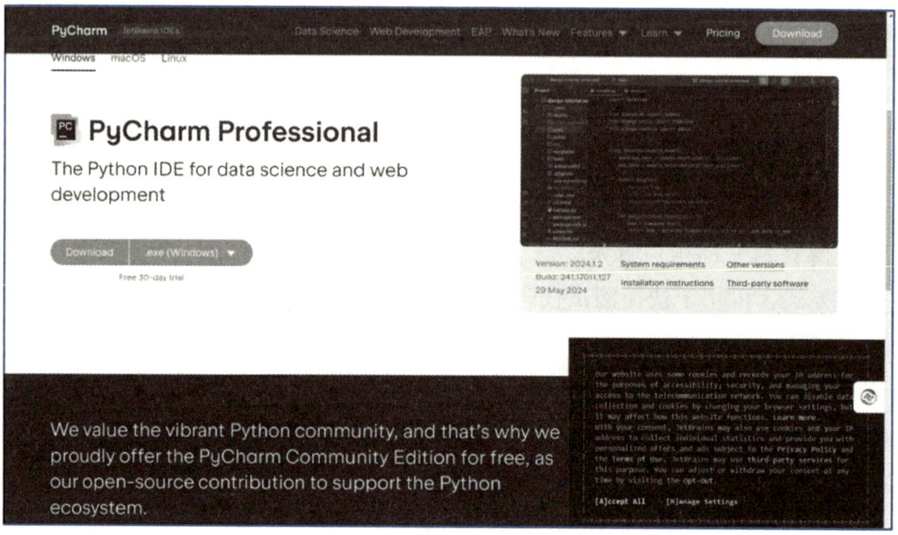

图 2.8 PyCharm 下载官网

下载并运行安装程序后，按照向导提示一步步完成操作即可。

2.2.4 创建第一个 PyCharm 程序

1. 创建项目

双击启动已经安装完成的 PyCharm。在首次启动安装完成的 PyCharm 时，会弹出对话框，询问是否导入之前的配置文件，用户可以选择把配置文件导入 PyCharm，那么 PyCharm 就会按照之前的设置自动配置好。

启动 PyCharm 后，选择“File”菜单中的“New Project”选项，即可创建一个新的项目，如图 2.9 所示。同时，可以给新创建的项目命名，如图 2.10 所示。

单击“Create”按钮，启动第一个项目，如图 2.11 所示。

2. 创建 Python 文件

右击已创建的 Python 项目，在“New”菜单中选择“Python File”选项，如图 2.12 所示。

在弹出的对话框中，输入文件名，如图 2.13 所示。文件默认扩展名为 .py。

此时完成 Python 文件的创建，如图 2.14 所示。

3. 运行 Python 程序

在右侧的代码编写区中，输入 Python 代码，并单击如图 2.15 所示窗口右上角的绿色运行按钮运行代码，运行结果将显示在窗口的下半部分。

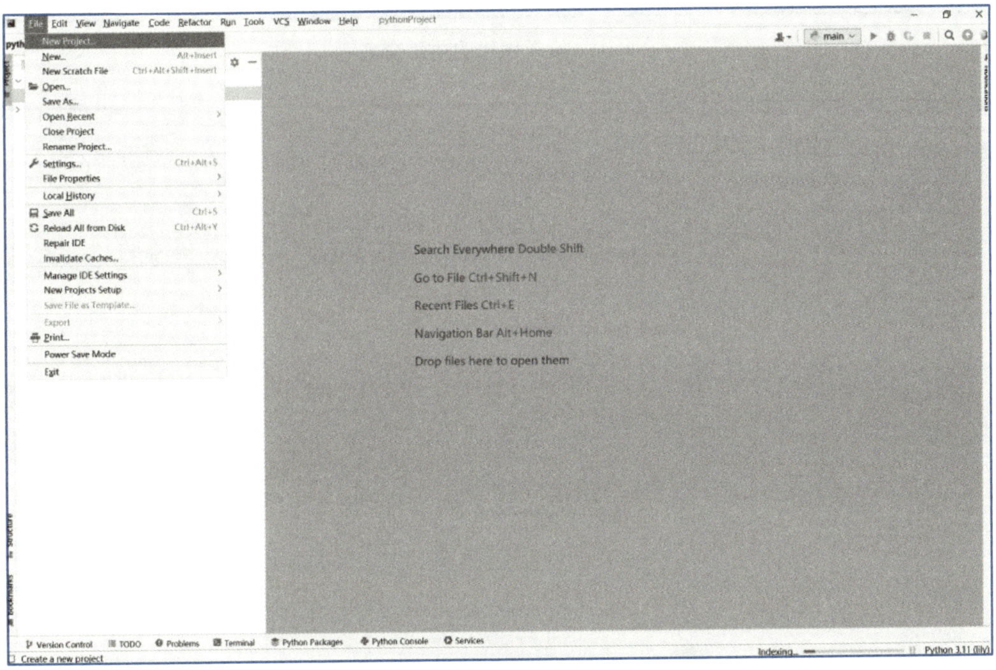

图 2.9 创建新项目

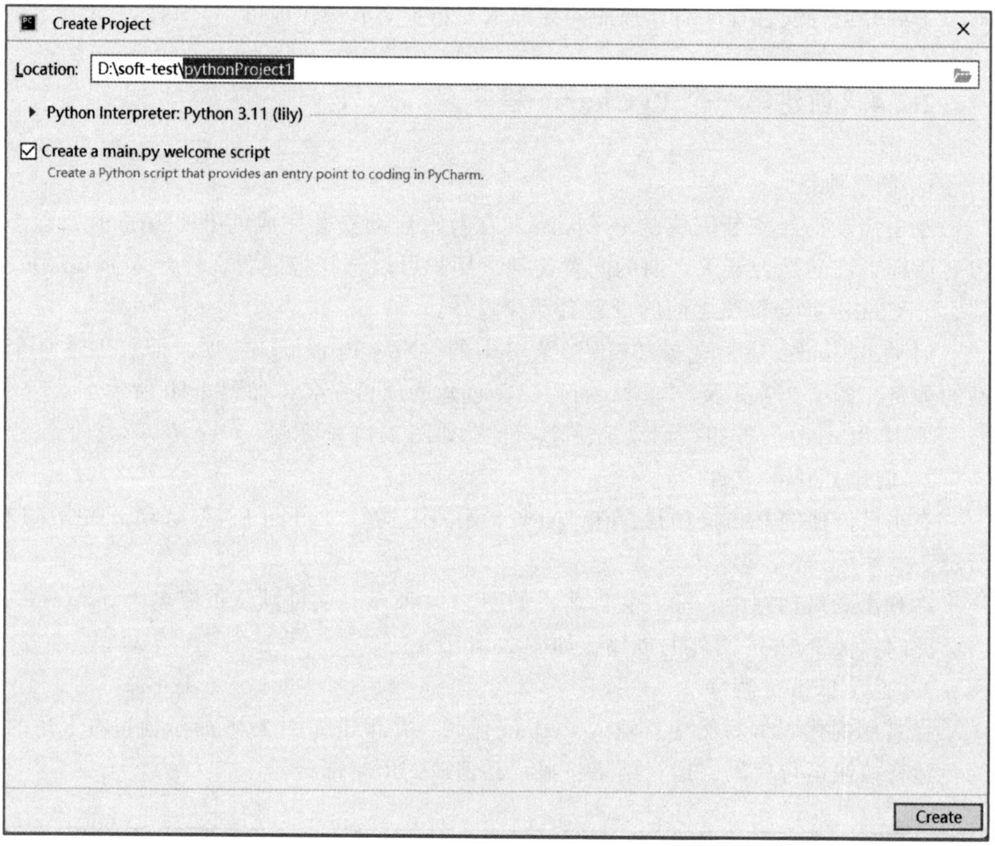

2.10　给新创建的项目命名

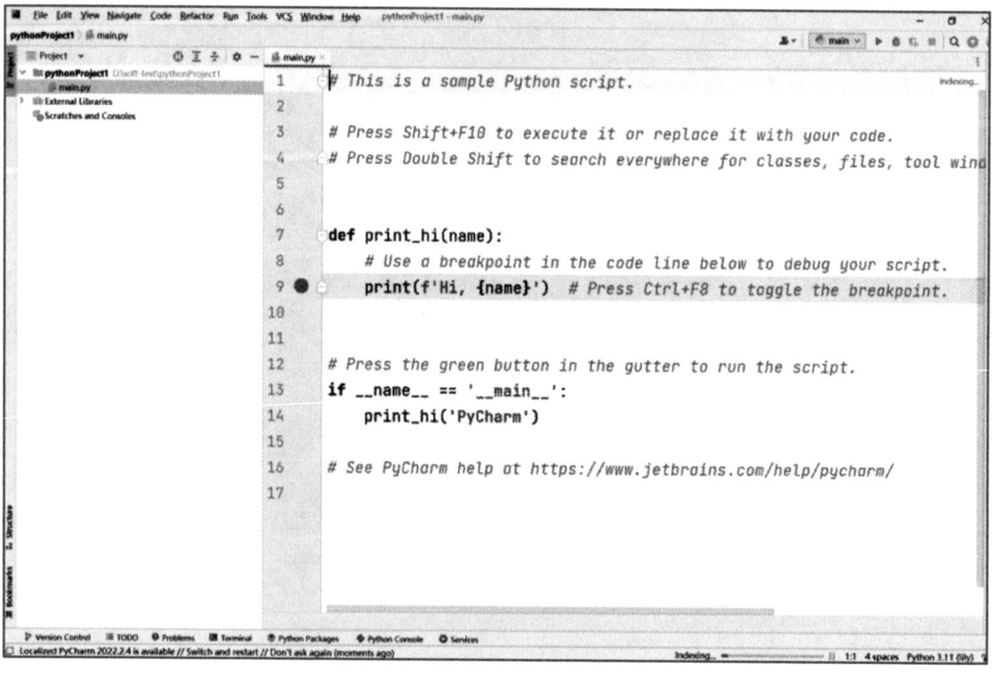

图 2.11　第一个项目界面

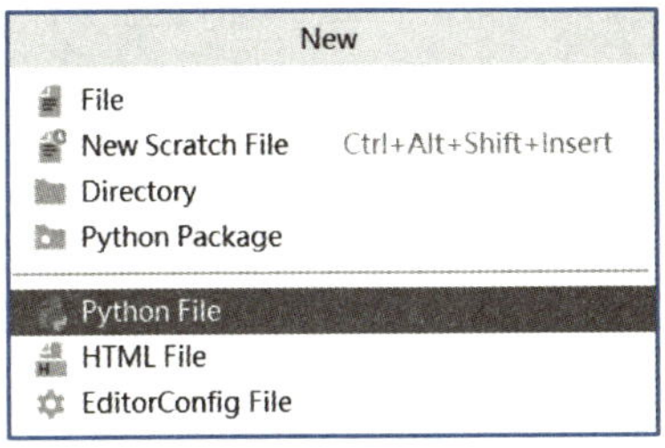

图 2.12　新建 Python 文件

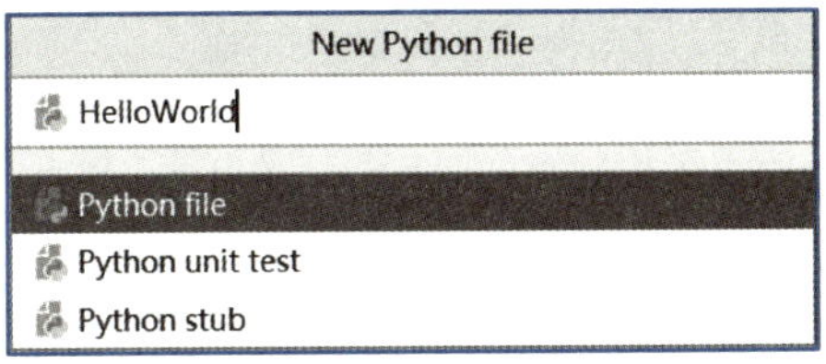

图 2.13　命名新文件

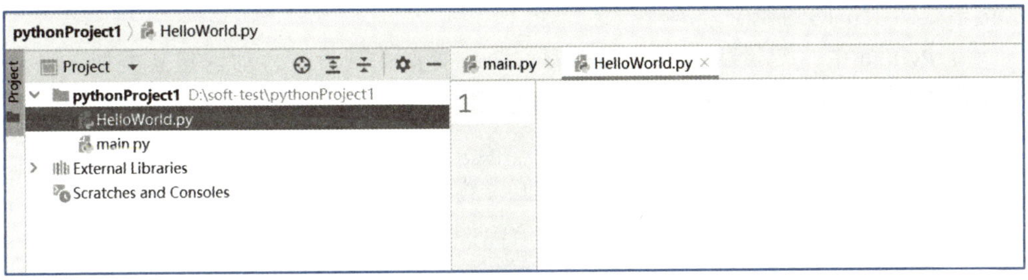

图 2.14　创建完成

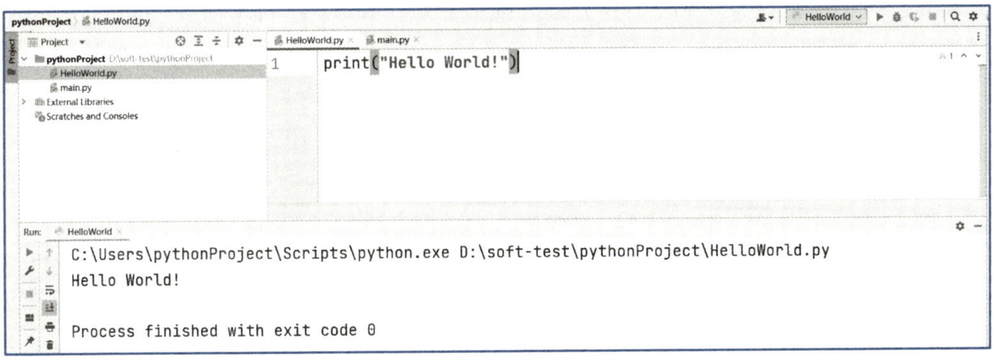

图 2.15　运行程序

2.3　Python 基本数据类型

2.3.1　变量和数据类型

在 Python 程序设计中，数据处理是基础。数据需要存储空间，选择合适的数据类型是关键。

在 Python 中，数据按取值是否可变分为常量和变量。在程序执行过程中，其值保持不变的量称为常量，其值可以变化的量称为变量。它们可与 Python 的数据类型结合起来使用。在 Python 中，常量是可以直接定义并引用的，而变量则通过直接赋值来声明和使用。

Python 中的变量用来存储数据，变量可以理解为做菜时存放菜品的盘子，其类型和值在赋值的那一刻被初始化。如下面的示例：

```
x1 = 10
x2 = 9
sum =x1 +x2
```

其中，x1 和 x2 是变量，就好比两个盘子，它们分别存储的数据是 10 和 9。sum 变量存储的数据是 x1 和 x2 这两个“盘子”中的数据累计之和。

一个变量应该有一个名字，在内存中占据一定的存储单元。要注意，变量名和变量值是两个不同的概念。

在 Python 中，变量赋值不需要类型声明。变量在赋值时自动创建其类型，以及变量的名称和存储的数据值。每个变量在使用前都必须赋值，赋值以后才会被创建。赋值操作使用“=”运算符，其左侧是变量名，右侧是要存储在变量中的值。例如，x=3 表示创建一个名为 x 的变量，并将其值设置为 3，其表示如图 2.16（a）所示。

Python 允许用户同时为多个变量赋值。例如，a=b=c=1，如图 2.16（b）所示。这个实例创建了一个整型对象，值为 1，3 个变量被分配到相同的内存空间中。也可以为多个对象指定多个变量。例如，a,b,c=1,2,"john"，如图 2.16（c）所示，这个实例创建两个整型对象 1 和 2，并分别分配给变量 a 和 b，字符串对象 "john" 分配给变量 c。

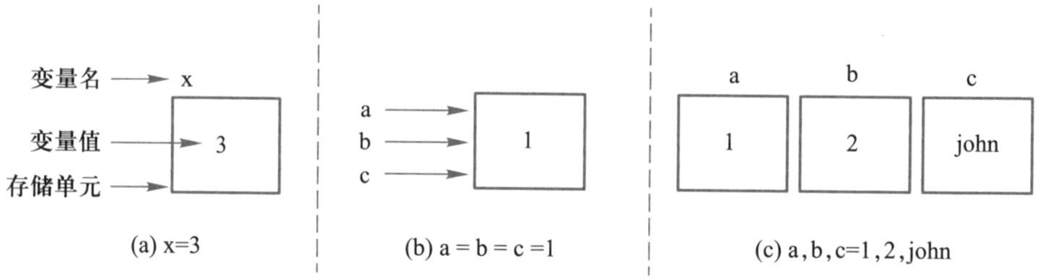

图 2.16　变量赋值示例

在 Python 中，变量的基本类型可以分为数值类型、布尔类型、字符串类型。其中，数值类型又可以分为整型、复数、浮点型 3 种。

2.3.2　标识符和关键字

1. 标识符

在程序中，为了表示某些事物，开发人员需要自定义一些符号和名称，这些符号和名称称为标识符。在 Python 中，标识符可以由英文字母、数字和下划线（_）组成；但是，它们不能以数字开头，也不能与系统关键字重名。另外，Python 中的标识符是区分大小写的。

以下划线开头的标识符在 Python 中是有特殊意义的，具体为：

- 以单下划线开头的标识符（如 _foo）表示该属性或方法是类的私有成员，不能直接访问，即不能用 from xxx import * 导入。

• 以双下划线开头的标识符（如 __foo）代表类的私有成员。以双下划线开头和结尾的标识符（如 __foo__）是 Python 里特殊方法专用的标识或操作符重载。例如，__init__ () 代表类的构造函数。

2. 关键字

关键字是指具有特殊功能的标识符。它们不能用作常数、变量或任何其他标识符名称，且只包含小写字母。Python 中的关键字如表 2.1 所示。

表 2.1　Python 中的关键字

关键字	关键字	关键字	关键字
and	nonlocal	not	assert
finally	or	break	for
pass	class	from	print
continue	global	raise	def
if	return	del	import
try	elif	in	while
else	is	with	except
lambda	yield		

2.3.3　数值类型

数值型数据是一种表示数量的数据类型，可以进行数值运算。它由数字、小数点、正负号和表示乘幂的字母 E 组成。数值型数据用于存储数值，是不可改变的数据类型，这意味着改变数值型数据会分配一个新的对象。当指定一个值时，对象就会被创建，例如：

```
var1 = 9
var2 = 10
```

可以使用 del 语句删除一些对象的引用。del 语句的语法如下：

```
del var1[,var2[,var3[…,varN]]]
```

通过使用 del 语句可以删除单个或多个对象的引用。例如：

```
del var1,var2
```

Python 支持 4 种数值类型，分别是 int（有符号整型）、bool（布尔型）、float（浮点型）、complex（复数）。可以用 type() 函数判断某一数值变量的具体类型。

【例 2.1】 运行以下程序，观察如图 2.17 所示的运行结果。

```
a,b,c,d = 1,1.1,True,"john"
print(type(a),type(b),type(c),type(d))
```

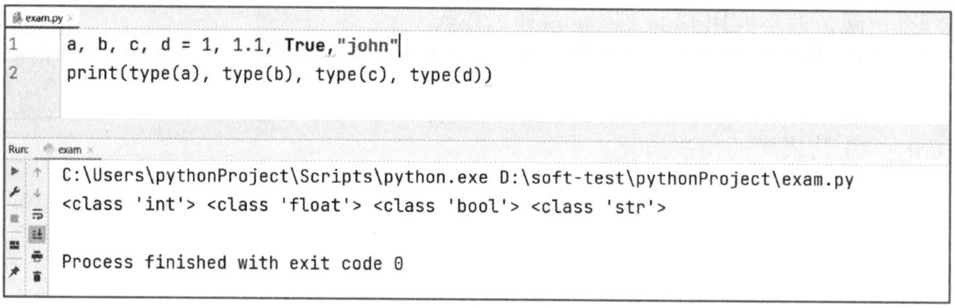

图 2.17　运行结果

上述代码中变量的类型具体为：变量 a 是整型、b 是浮点型、c 是布尔型、d 是复数类型。

1. 整型

整型（int）又称为整数类型，用于表示不带小数部分的数值。在 Python 中，整型常量可以用十进制、二进制、八进制和十六进制表示。

（1）十进制整型常量：十进制整型常量没有前缀，其数码为 0 ~ 9。

以下十进制整型常量是合法的：

237、-568、65 535、1 627

以下十进制整型常量是不合法的：

023（不能有前导 0）、48D（含有非十进制数码 D）

在程序中，根据前缀来区分各种进制数。因此，在书写常数时，要确保使用正确的前缀以免结果不正确。

（2）二进制整型常量：二进制整型常量常以 0B 或 0b 作为前缀，表示二进制数。二进制数的数码取值为 0 和 1。二进制数通常是无符号数。

以下二进制数是合法的：

0b10（对应的十进制数为 2）、0b101（对应的十进制数为 5）、0b1100（对应的十进制数为 10）

以下二进制数是不合法的：

110（没有前缀 0b）、0b312（包含非二进制数码）、-0b100（出现负号）

（3）八进制整型常量：八进制整型常量常以 0O 或 0o 作为前缀，表示八进制数。八进制数的数码取值为 0 ~ 7。八进制数通常是无符号数。

以下八进制数是合法的：

0o15（对应的十进制数为 13）、0o101（对应的十进制数为 65）、0o177777（对应的十进制数为 65 535）

以下八进制数是不合法的：

256（无前缀 0o）、0o3A2（包含非八进制数码 A）、-0o127（出现负号）

（4）十六进制整型常量：十六进制整型常量常以 0X 或 0x 作为前缀，表示十六进制数。十六进制数的数码取值为 0 ~ 9 以及 A ~ F（或 a ~ f）。

以下十六进制数是合法的：

0x2A（对应的十进制数为 42）、0xA0（对应的十进制数为 160）、0xFFFF（对应的十进制数为 65 535）

以下十六进制数是不合法的：

5A（没有前缀 0x）、0x3H（含有非十六进制数码 H）

【例 2.2】运行以下程序，观察如图 2.18 所示的结果。

```
print(0b10111)
print(0o324)
print(20)
print(0x34a)
```

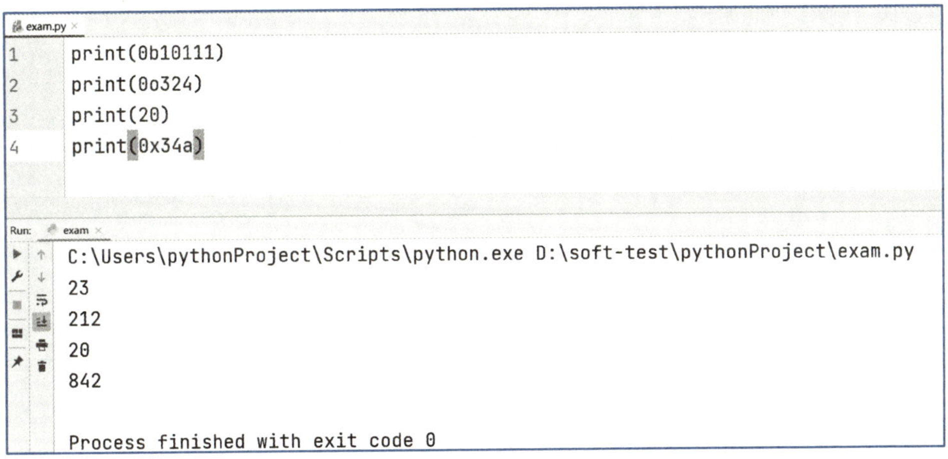

图 2.18　运行结果

例 2.2 实现了将二进制、八进制、十进制、十六进制数都以十进制方式显示。

2. 浮点型

浮点型（float）是一种用于表示实数的数据类型。浮点型数据是数值型数据的一种，与数值型数据完全等价。浮点型数据采用浮点格式进行存储，主要目的是实现更高的计算精度。

浮点型数据可以用十进制或科学计数法表示，它由数字 0～9、小数点和 E（或 e）构成，其形式为：

```
<实数>[E/e<整数>]
```

其中，“E”或“e”表示 10 的幂次，其后紧跟一个整数指数，指数的正负使用“+”或“-”来指示。

例如，0.0、65.0、7.718、0.67、5.0、800.、-217.925 0 均为合法的实数。注意，这些表示中必须包含小数点。

在指数形式中，一个浮点数由 3 部分组成：十进制实数、阶码标志“e”或“E”以及阶码（只能为整数，可以带符号）。其一般形式为：

```
a E/e n
```

其中，a 是一个十进制实数，n 是指数，为十进制整数，其值表达为 $a \times 10^n$。

以下是一些浮点数指数形式的示例及其对应的实际数值：

- 2.3E5 表示 2.3×10^5
- 5.7E-2 表示 5.7×10^{-2}
- 0.4E7 表示 0.4×10^7
- -1.8E-2 表示 1.8×10^{-2}

以下是一些不合法的浮点数示例：

- 345（缺少小数点）
- E7（阶码标志“E”前缺少数字）
- -5（缺少阶码标志）
- 53.-E3（负号位置不正确）
- 2.7E（缺少阶码）

【例 2.3】 运行以下程序，观察如图 2.19 所示的结果。

```
print(443.)
print(443)
print(443.0)
```

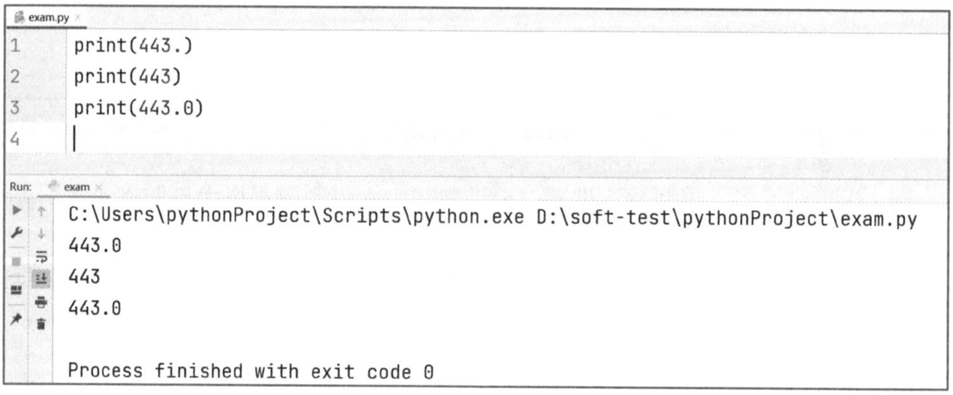

图 2.19 运行结果

3. 布尔型

布尔型数据只包含两个取值：True 和 False。在 Python 中，布尔值与其他类型的值的对应关系是，所有的零值（如整数、实数、复数的零值）、空值（如空字符串、None 等）都被自动解释为 False，而所有非零值和非空值都被自动解释为 True。

【例 2.4】 运行以下程序，观察如图 2.20 所示的结果。

```
a = 0
print(bool(a))
s = ""
print(bool(s))
b = None
print(bool(b))
```

```
exam.py
a = 0
print(bool(a))
s = ""
print(bool(s))
b = None
print(bool(b))
```

```
Run: exam
C:\Users\pythonProject\Scripts\python.exe D:\soft-test\pythonProject\exam.py
False
False
False

Process finished with exit code 0
```

图 2.20　运行结果

以下对象的布尔值都是 False：

- None
- False（布尔型）
- 0（整型 0）
- 0.0+0.0 j（复数 0）
- ""（空字符串）
- []（空列表）
- ()（空元组）
- {}（空字典）

4. 复数类型

复数类型用于表示数学中的复数，例如，5+3j。复数由实数部分和虚数部分构成，表示为：real+imagj 或 real+imagJ；复数的实部 real 和虚部 imag 都是浮点型。

5. 数值类型转换

各数值类型的转换可以通过转换函数实现，转换函数如表 2.2 所示。

表 2.2　数据类型转换函数

转换函数	函数功能
int(x[,base]))	将 x 转换为整数
long(x[,base])	将 x 转换为长整数
float(x)	将 x 转换为浮点数
complex(real [,imag])	创建一个复数
str(x)	将对象 x 转换为字符串
repr(x)	将对象 x 转换为表达式字符串
eval(str)	计算在字符串中的有效 Python 表达式，并返回一个对象

续表

转换函数	函数功能
tuple(s)	将序列 s 转换为一个元组
list(s)	将序列 s 转换为一个列表
chr(x)	将一个整数转换为一个字符
unichr(x)	将一个整数转换为一个 Unicode 字符
ord(x)	将一个字符转换为其对应的整数值
hex(x)	将一个整数转换为一个十六进制字符串
oct(x)	将一个整数转换为一个八进制字符串

【例 2.5】运行以下程序，观察如图 2.21 所示的结果。

```
print('数值类型转换：')
print(int(5.7))
print(float(45))
print(complex(1,2))
print('1')
```

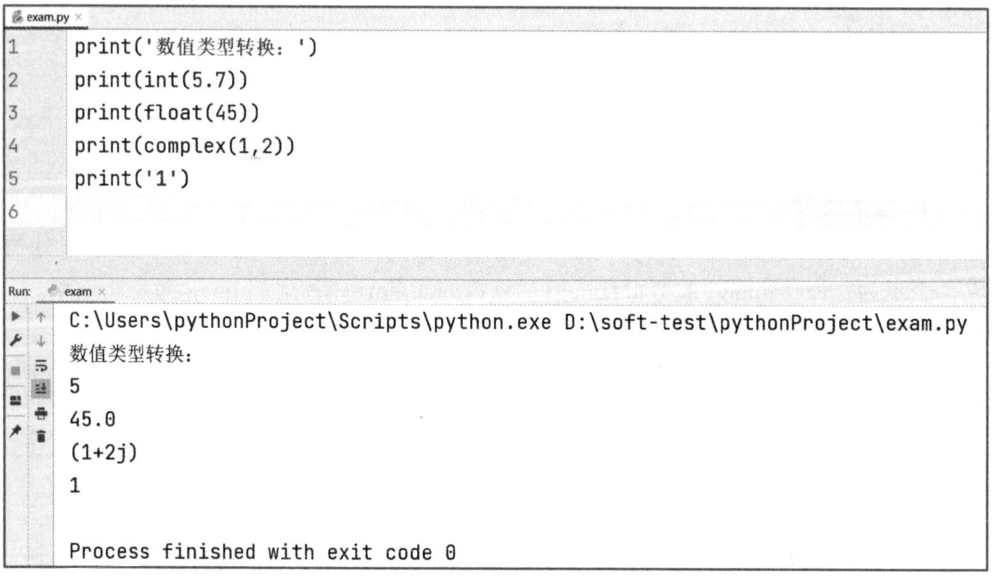

图 2.21 运行结果

2.3.4 字符串

字符串（string）是由数字、符号、字母、下划线等各种符号组成的一串字符。例如，"Hello,World!"。Python 可以使用单引号（'）、双引号（"）、三引号（''' 或 """）来表示字符串，但引号的开始与结束必须是相同类型的。其中，三引号可以由多行组成，是编写多行文本的快捷语法，常用于文档字符串；如果在文件的特定位置，它们会被当作注释。例如：

```
word = 'word'
sentence = "这是一个句子。"
paragraph1 = '''这是一个段落。'''
```

上述示例中，因为 paragraph1 包含了多个语句，所以用三引号表示。

在 Python 中，当需要在字符串中使用特殊字符时，可以使用反斜杠（\）作为转义字符表示。转义字符如表 2.3 所示。

表 2.3　转义字符

转义字符	描述
\\(在行尾时)	续行符
\\\\	反斜杠符号
\\'	单引号
\\"	双引号
\\a	响铃
\\b	退格
\\e	转义
\\000	空
\\n	换行
\\v	纵向制表符
\\t	横向制表符
\\r	回车
\\f	换页
\\oyy	八进制数，y 代表 0～7 的字符。例如，\\012 代表换行
\\xyy	十六进制数，以 \\x 开头，yy 代表 0～9，a～f 字符。例如，\\x0a 代表换行
\\other	其他的字符以普通格式输出

1. 字符串运算

（1）字符串是 Python 中最常用的数据类型。将用单引号、双引号或三引号括起来的一串字符赋给一个变量，该变量即成为一个字符串变量。

（2）当引号本身和其他特殊字符需要作为字符串中的字符时，要用反斜杠进行转义。

（3）在字符串前加上 r 或 R 后，该字符串变为原始字符串，其中的内容会被原样输出，此时特殊字符不会被转义。

在 Python 中，字符串也可以使用一些运算符来实现运算。字符串运算符如表 2.4 所示，表中 a 变量值为字符串 "Hello"，b 变量值为字符串 "Python"。

表 2.4 字符串运算符

操作符	描述	运算	结果
+	字符串连接	a+b	'HelloPython'
*	重复输出字符串	a*2	'HelloHello'
[]	通过索引获取字符串中的字符	a[1]	'e'
[:]	截取字符串中的一部分	a[1:4]	'ell'
in	成员运算符。如果字符串中包含给定的字符，则返回 True	"H" in a	True
not in	成员运算符。如果字符串中不包含给定的字符，则返回 True	"M" not in a	True
r/R	原始字符串。原始字符串是一种特殊类型的字符串，它直接按照字面内容来使用，不会对其中的特殊字符进行转义。除了在字符串的第一个引号前加上字母 r（不区分大小写）以外，原始字符串的语法与普通字符串几乎完全相同	print（r'\n'\n） print（R'\n'\n）	\n'\n

2. 常用方法

（1）成员的访问：Python 不支持单字符类型，单字符在 Python 中作为一个字符串使用。Python 访问子字符串，可以使用方括号来截取字符串，返回字符串的成员。字符串的索引是从 0 开始的。

（2）获取字符串的长度：可以使用字符串类的 len() 方法返回字符串的长度。

（3）获取子字符串在父字符串中第一次出现的索引：使用字符串类的 index() 方法返回子字符串在父字符串中第一次出现的索引，该索引是从 0 开始的。

（4）获取子字符串在父字符串中出现的次数：可以使用字符串类的 count() 方法返回子字符串在父字符串中出现的次数。

（5）将字符串中的所有字母转换为大写：可以使用字符串类的 upper() 方法。

（6）将字符串中的所有字母转换为小写：可以使用字符串类的 lower() 方法。

（7）利用分隔符对字符串切片：可以使用字符串类的 split() 方法。

【例 2.6】运行以下程序，观察如图 2.22 所示的结果。

```
a = "Hello World!"
print(a[0])             # 输出第 1 个字符
print(a[0:5])           # 输出前 1~5 个字符
print(len(a))           #len() 用于求字符串长度
print(a.index("o"))#index() 返回子字符串在父字符串中首次出现的索引
print(a.count("l")) #count() 返回子字符串在父字符串中出现的次数
```

```
print(a.upper())        #upper() 将字符串中的字母转换为大写
print(a.lower())        #lower() 将字符串中的字母转换为小写
t = a.split("")         #split() 使用空格将字符串进行切片，切片保存在列表中
print(t)                # 将存放字符串切片的列表输出
print(a[2:6])           # 分割取得子字符串
print(a[4:7:2])         # 方括号中的 3 个参数分别代表起始位置、终止位置和步长
```

```
exam
C:\Users\pythonProject\Scripts\python.exe D:\soft-test\pythonProject\exam.py
H
Hello
12
4
3
HELLO WORLD!
hello World!
['Hello', 'World!']
llo
oW

Process finished with exit code 0
```

图 2.22　运行结果

2.3.5　基本输入输出函数

1. input() 函数

如果需要获取用户的输入信息，可以使用 input() 函数。注意，无论用户输入的是整数还是其他类型的数据，input() 函数都会将其转换为字符串。因此，如果用户需要处理特定类型的数据（如整数），则需要进行明确的类型转换。

【例 2.7】运行以下程序，观察如图 2.23 所示的结果。

```
name = input("请输入姓名：")
print("姓名：",name)
x = input("请输入年龄：")
y = int(x)
print("x:",type(x))
print("y:",type(y))
```

2. print() 函数

print() 函数用于打印输出，默认输出设备是显示器。该函数的语法如下：

```
print(*objects,sep='',end ='\n',file =sys.stdout,flush =False)
```

图 2.23 运行结果

上述语法中参数的具体含义如下：

- objects：表示输出的对象。输出多个对象时，需要用逗号分隔。
- sep：设置在输出值之间的间隔字符。
- end：设定以什么结尾，默认值是换行符 '\n'，可以换成其他字符，如空格。
- file：表示要写入的文件对象。
- flush：表示是否强制刷新流，一般用 False 即可。

（1）输出变量。无论什么类型的数据，包括但不限于数值型、布尔型、列表、字典等，都可以直接用 print() 函数输出。

（2）关于换行。在 Python 3.0 中，print() 函数总是默认换行。可以通过设置 end 参数改变换行的默认设置。

【例 2.8】运行以下程序，观察如图 2.24 所示的结果。

```
for x in range(0,3):
    print(x)
for x in range(0,3):
    print(x,end=' ')#end 的默认值是 '\n'，即换行
```

下面进行一个综合练习。

【例 2.9】编写一个程序来模拟超市结账过程。用户需要输入商品名称、价格、数量和折扣，程序将计算出应付金额。当用户输入支付的整数金额后，程序应实现找零功能，并最终输出购物小票。注意，此程序仅实现单一商品的结账功能。

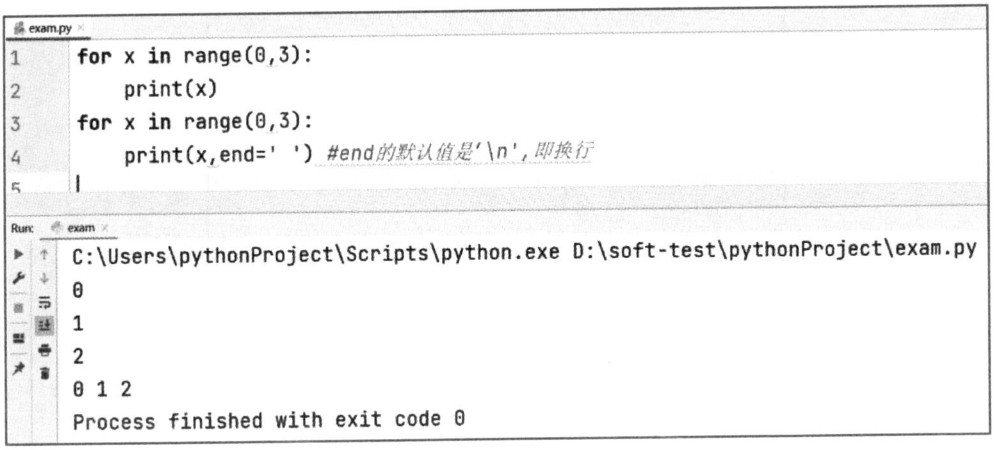

图 2.24　运行结果

程序代码如下：

```
print(" 超市收银系统 ")
name=input(" 名称 :")
price=input(" 价格 :")
count =input(" 数量 :")
off=input(" 折扣 :")
pay =round(int(count)*float(price)*float(off),2)
print(" 应付金额 :",pay)
get =float(input(" 实收 :"))
ret =get -pay
print(" 购物小票 :")
print(" 商品名称价格数量折扣 ")
print(name,"",price,"",count,"",off)
print(" 应付 :",pay)
print(" 实收 :",get)
print(" 找零 :",ret)
```

程序运行结果如图 2.25 所示。

2.3.6　Python 语法特点

1. 行和缩进

Python 使用缩进来控制代码块，而不是大括号 {}。在 Python 中，缩进空白数量是可变的，但是所有代码块必须包含相同的缩进空格数。

下面是一个示例：

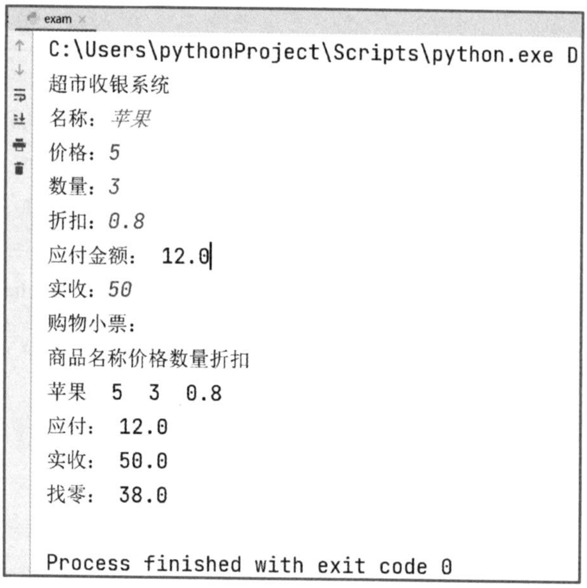

图 2.25 运行结果

```python
if True:
    print("True")
else:
print("False")
```

如果没有严格按照格式缩进，代码执行将会出错，如图 2.26 所示。

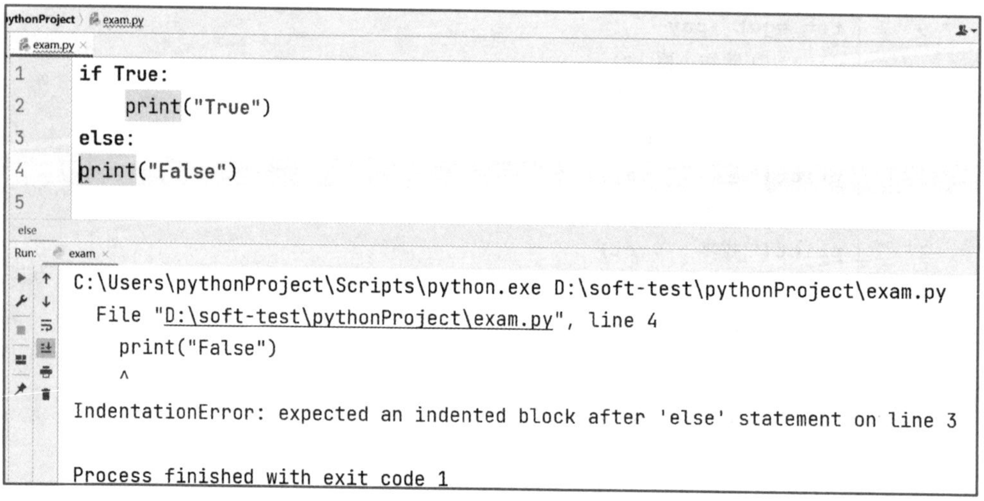

图 2.26 运行结果

如果是 IndentationError：unexpected indent 出错信息，则 Python 编译器是在表明“文件里格式不正确，可能是 Tab 和空格没对齐的问题”。因此，在 Python 的代码块中必须使用相同数目的行首缩进空格数。建议每个缩进层次使用单个制表符或两个空格或四个空格，切记不能混用。

2. 多行语句

Python 程序中一般以新行作为上一行语句的结束符。但是可以使用反斜杠（\）将一行语句分为多行显示，如下所示：

```
one = "I"
two = "am"
three = "Lily"
total=one+\    # 使用反斜杠 (\) 将一行的语句分为多行显示
      two+\
      three
print(total)
day =['Monday','Tuesday','Wednesday',
'Thursday','Friday'] # 当语句中包含括号 []、{} 或 () 时，就不需要使用多行连接符
print(day)
```

程序运行结果如图 2.27 所示。

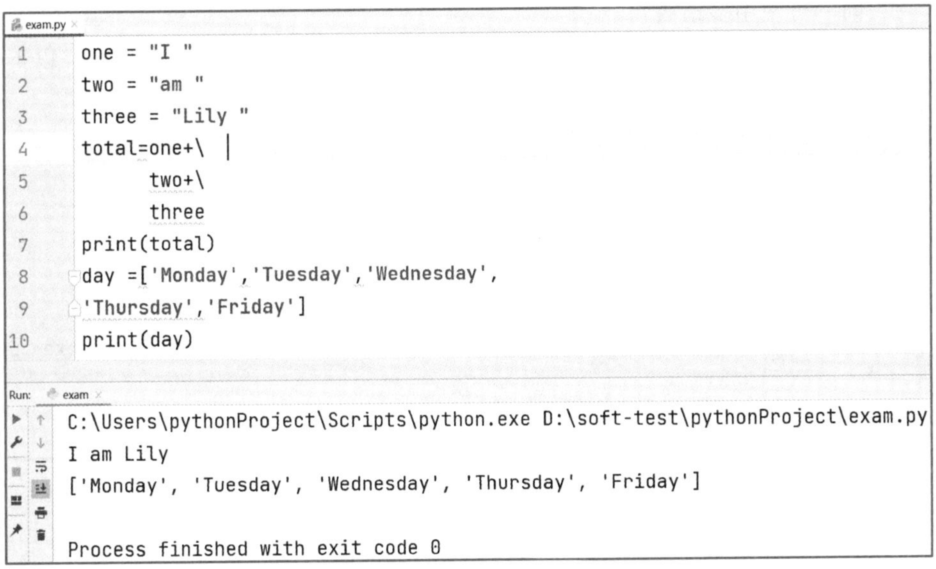

图 2.27　运行结果

3. Python 注释

（1）单行注释，采用 # 开头。

（2）多行注释，使用 3 个单引号（'''）或 3 个双引号（"""）。

对于注释的使用，可以参见图 2.28 所示。

4. Python 空行

函数之间或类的方法之间用空行分隔，表示一段新的代码的开始。类和函数入口之间也用一行空行分隔，以突出函数入口的位置。

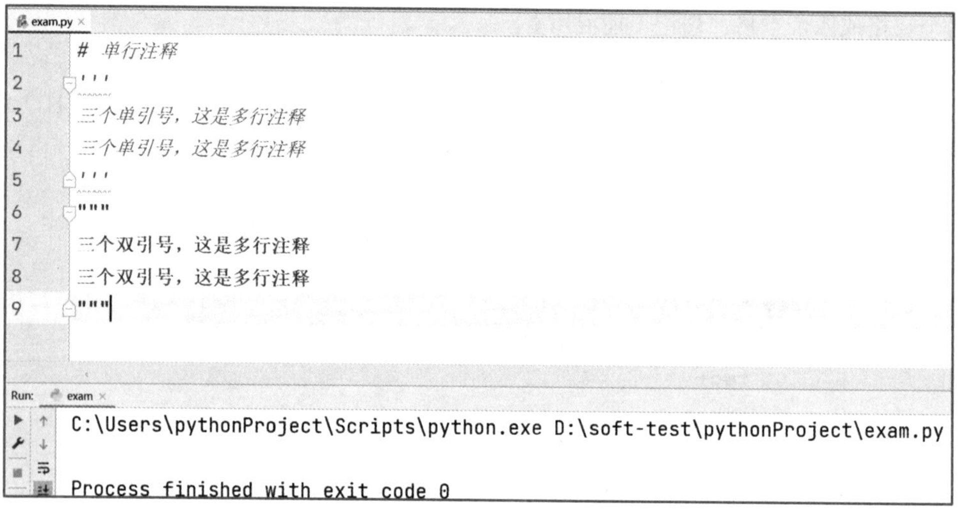

图 2.28 简单注释示例

空行与代码缩进不同，空行并不是 Python 语法的一部分。书写时不插入空行，Python 解释器运行也不会出错。但是空行的作用在于分隔两段不同功能或含义的代码，便于日后代码的维护或重构。

5. 同一行使用多条语句

Python 可以在同一行中使用多条语句，语句之间使用分号（;）分隔，以下是一个简单的示例，如图 2.29 所示。

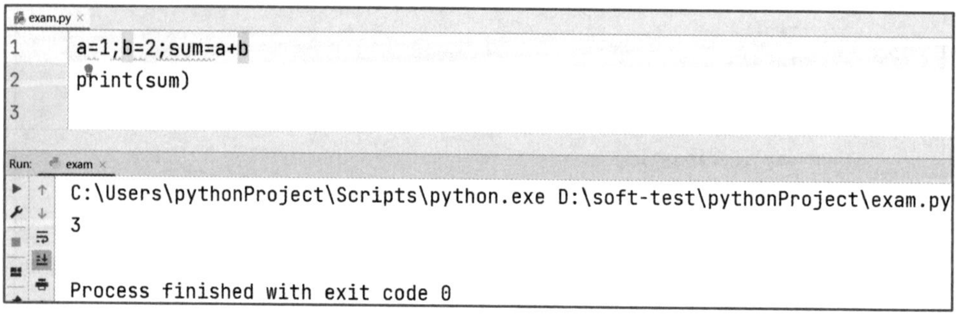

图 2.29 同一行使用多条语句示例

2.4 运算符和表达式

运算符是指用于对变量和值进行各种操作的符号，如加号（+）、减号（-）、乘号（*）和除号（/）等。表达式由变量、值、运算符和函数调用组合而成，其计算结果是一个具体的值。

在 Python 语言中，语句是执行某些操作的完整代码行，而表达式是可以被求值的代码片段。Python 中的运算符可分为以下几类：

- 算术运算符：主要用于两个对象之间的算术运算，如加、减、乘、除等。
- 比较（关系）运算符：用于比较两个对象的大小关系，如等于、大于、小于等。
- 赋值运算符：用于将右侧的值或计算结果赋给左侧的对象。
- 逻辑运算符：用于进行逻辑运算，如与、或、非等。
- 位运算符：对 Python 对象进行按位操作。
- 成员运算符：判断一个对象是否包含另一个对象。
- 身份运算符：判断两个对象是否是同一个引用。

2.4.1　算术运算符

算术运算符用于对数值进行常规的数学运算。基本的算术运算符有加法（+）、减法（–）、乘法（*）、除法（/）、求余（%）。这些运算符的结合方向为：自左向右；优先级为：负号（–）的优先级最高，其次是乘法（*）、除法（/）和求余（%），最后是加法（+）和减法（–）。

其中，求余运算符（又称为模运算符，%）要求参与运算的量均为整型，运算的结果等于两数相除后的余数。

Python 中主要的算术运算符如表 2.5 所示，其中，变量 x、y 均为数值型变量。

表 2.5　算术运算符

算术运算符	名称	示例
+	加	x+y
–	减	x–y
*	乘	x*y
/	除	x/y
%	取模	x%y
**	乘方	x**y
//	下取整	x//y

【例 2.10】运行以下程序，观察如图 2.30 所示的结果。

```
a = 10
b = 3
print("a+b=",a+b)
print("a-b=",a-b)
print("a*b=",a*b)
print("a/b=",a/b)
print("a%b=",a%b)
print("a**b=",a**b)
print("a//b=",a//b)
```

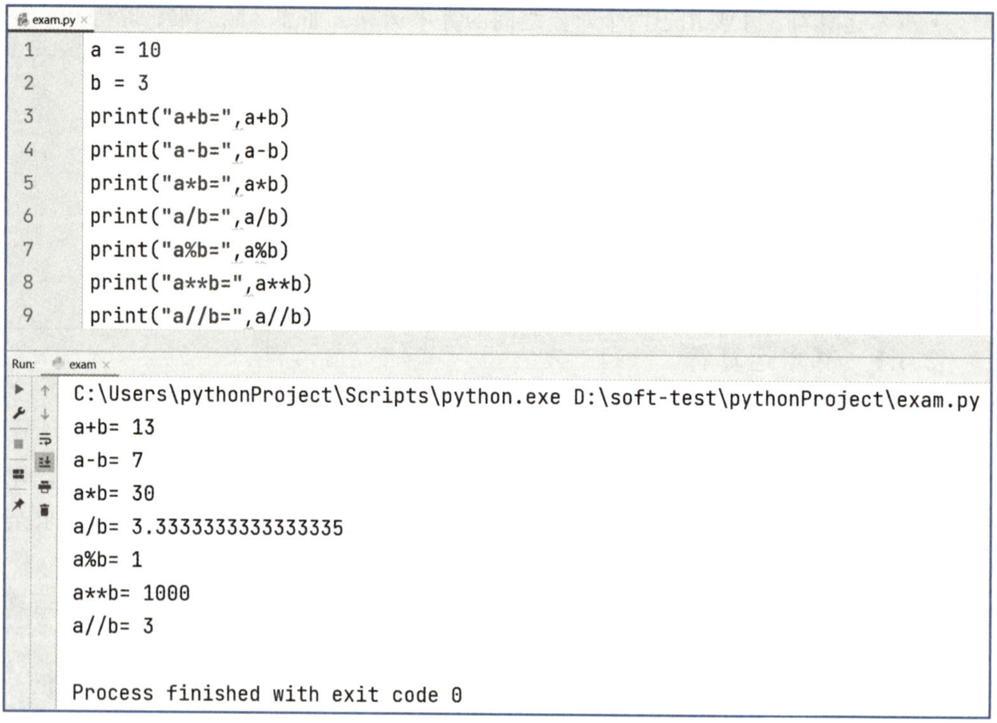

图 2.30　运行结果

2.4.2　赋值运算符

在 Python 中，赋值运算符用于将表达式的值赋给变量。简单赋值运算符是等号（=），形成的表达式为赋值表达式。其一般形式为：

变量 = 表达式

例如：

```
x =a+b
y=i+++--j
```

赋值表达式的作用是先计算右侧表达式的值，然后将这个值赋给左侧的变量。赋值运算符具有右结合性，这意味着在连续赋值的情况下，如 a=b=c=5，可解释为 a=(b=(c=5))。

将等号（=）视为运算符，使得赋值成为可能。在 Python 中，任何允许表达式出现的地方都可以进行赋值操作。例如，a,b=5,8 是合法的，它表示将 5 赋予 a，将 8 赋予 b。a,b=b,a 也是合法的，它表示交换 a 和 b 的值。

在等号（=）前面加上其他二目运算符可构成复合赋值运算符，如 “+=” “-=” “*=” “/=” “%=” “<<=” “>>=” “&=” “^=” “|=”。

复合赋值表达式的一般形式为：

```
变量　双目运算符 = 表达式
```

它等价于：

```
变量 = 变量　运算符　表达式
```

例如：

a+=5　　# 等价于　a =a+5

x*=y+7　# 等价于　x=x*(y+7)

r%=p　　# 等价于　r=r%p

复合赋值运算符的写法可能对初学者不太直观，但它有助于提高编译效率，并生成高质量的目标代码。我们将简单赋值运算符和复合赋值运算符统称为赋值运算符。赋值运算符的示例如表 2.6 所示。

表 2.6　赋值运算符示例

赋值运算符	示例	等价形式
=	x=5	x=5
+=	x+=3	x=x+3
-=	x-=3	x=x-3
*=	x*=3	x=x*3
/=	x/=3	x=x/3
%=	x%=3	x=x%3
//=	x//=3	x=x//3
**=	x**=3	x=x**3
&=	x&=3	x=x&3
|=	x|=3	x=x|3
^=	x^=3	x=x^3
>>=	x>>=3	x=x>>3
<<=	x<<=3	x=x<<3

【例 2.11】运行以下程序，观察如图 2.31 所示的运行结果。

```
a = 10
b = 3
b += a;print(b)
b -= a;print(b)
b *= a;print(b)
b /= a;print(b)
b %= a;print(b)
```

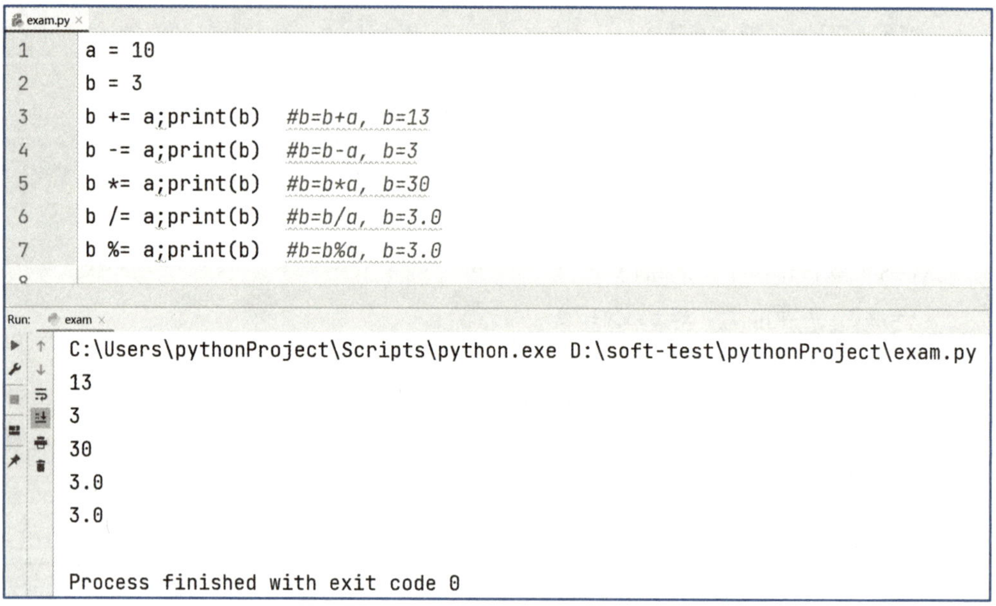

图 2.31 运行结果

2.4.3 比较运算符

比较运算符被用于对两个值进行比较，并产生一个逻辑值（True 或 False）。

比较运算符主要用于做选择的时候。通过比较运算符，判断两个变量的大小关系，并根据判断结果选择性地执行代码。比较运算符常用于 if 语句的条件判断，也可用于 while 循环的条件判断。Python 的比较运算符如表 2.7 所示。

表 2.7 比较运算符

比较运算符	名称	示例
==	相等	x==y
!=	不等于	x!=y
>	大于	x>y
<	小于	x<y
>=	大于或等于	x>=y
<=	小于或等于	x<=y

【例 2.12】运行以下程序，观察如图 2.32 所示的结果。

```
a = 10
b = 3
if a==b:
```

```
        print("a 等于 b")
    else:
        print("a 不等于 b")
```

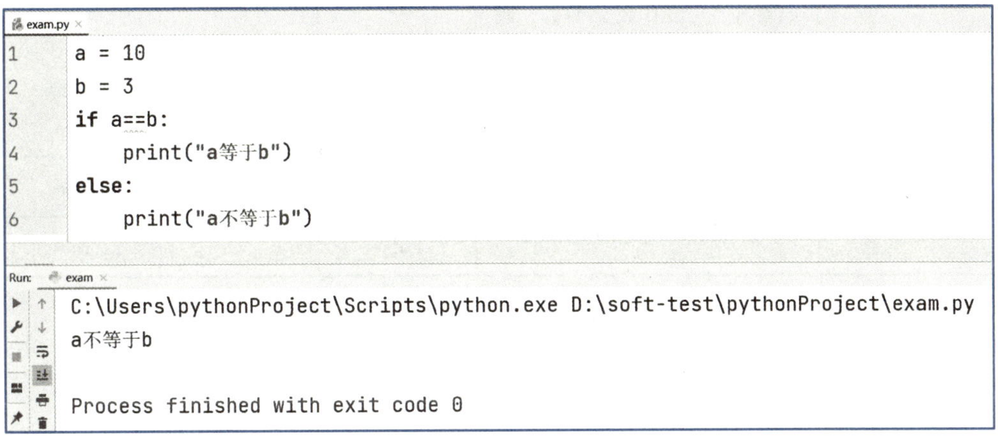

图 2.32　运行结果

2.4.4　逻辑运算符

逻辑运算通常表示条件之间的关系，逻辑运算符包括与（and）、或（or）和非（not）。举个例子，假设 A 同学和 B 同学都参加了期末考试，每人都考了两门课程，即语文和数学。

对于 A 同学，他的爸爸比较严厉，只有当两门都考了 90 分以上时，才会给予奖励，这就是与运算（and）。即，只有当“语文考了 90 分以上”且“数学考了 90 分以上”两个条件同时成立时，才会返回真（给予奖励）。

对于 B 同学，他的爸爸比较宽容，只要有一门考了 90 分以上，就会给予奖励，这就是或运算（or）。即，只要“语文考了 90 分以上”或者“数学考了 90 分以上”中的一个条件成立时，就会返回真（给予奖励）。

一个事件只有两个值，True（真）或 False（假）。在与运算中，只有两个事件同时为真时，才返回真；在或运算中，只要有一个事件为真时，就会返回真；在非运算中，如果事件为假，则返回真。这些关系可以使用逻辑运算符构造条件表达式。Python 的逻辑运算符如表 2.8 所示。

表 2.8　逻辑运算符及其功能

逻辑运算符	描述	表达式 a	表达式 b	结果
and	如果其两边的操作数的值都为 True，则返回 True	True	True	True
		True	False	False
		False	True	False
		False	False	False

续表

逻辑运算符	描述	表达式 a	表达式 b	结果
or	如果有一个操作数为 True，则返回 True	True	True	True
		True	False	True
		False	True	True
		False	False	False
not	对操作数取反，即如果操作数为 True，则返回 False	True		False
		False		True

【例 2.13】运行以下程序，观察如图 2.33 所示的结果。

```
a = 10
b = 3
print(not(a==b),a<b and a>2,a<b or a>2)
```

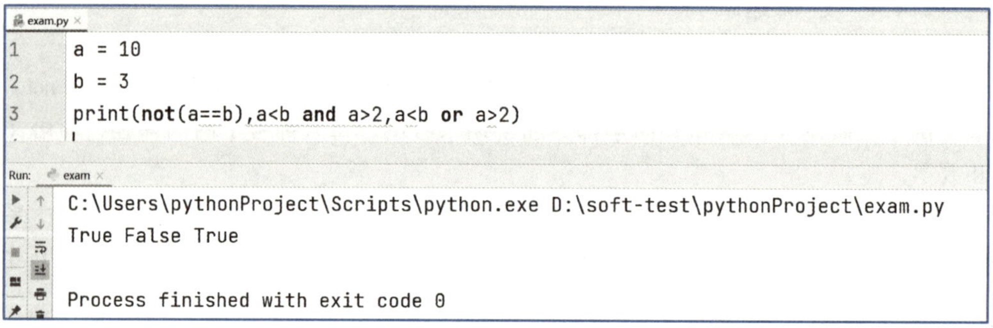

图 2.33　运行结果

2.4.5　位运算符

Python 中的位运算符用于操作二进制数，如表 2.9 所示。

表 2.9　位 运 算 符

位运算符	名称	描述
&	按位与	如果该运算符两边的操作数都为 1，则结果为 1
|	按位或	如果该运算符两边的操作数有一个为 1，则结果为 1
^	按位异或	如果该运算符两边的操作数只有一个为 1，则结果为 1
~	按位取反	对操作数的所有位按位取反

续表

位运算符	名称	描述
<<	零填充左移	通过从右边填充 0 的方式将所有位向左边移动，最左边的位将被舍弃
>>	带符号右移	通过复制最左边位的方式将所有位右移，最右边的位将被舍弃

【例 2.14】运行以下程序，观察如图 2.34 所示的结果。

```
a=60
b=13
print("a&b=",a&b)
print("a|b=",a|b)
print("a^b=",a^b)
print("~a=",~a)
print("a<<2=",a<<2)
print("a>>2=",a>>2)
```

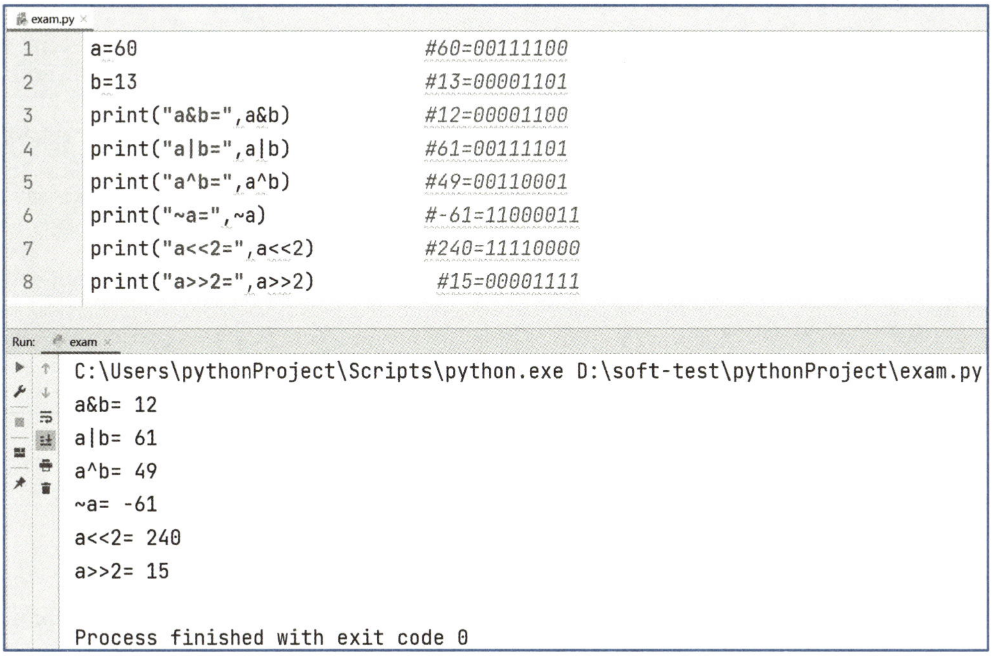

图 2.34　运行结果

2.4.6　身份运算符

Python 的身份运算符用于比较两个对象是否具有相同的内存地址，即它们是否是同一个对象。身份运算符如表 2.10 所示。

表 2.10 身份运算符

身份运算符	描述	示例
is	如果两个操作变量是同一个对象，则返回 True	x is y
is not	如果两个操作变量不是同一个对象，则返回 True	x is not y

【例 2.15】运行以下程序，观察如图 2.35 所示的结果。

```
a=c=60
b="name"
print("a is b:",a is b)
print("a is not b:",a is not b)
print("a is c:",a is c)
print("a is not c:",a is not c)
```

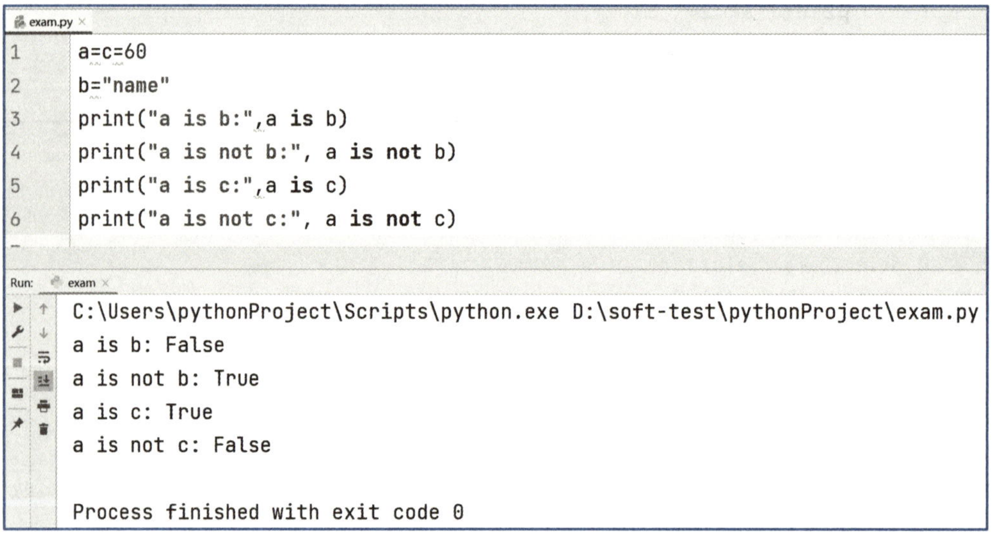

图 2.35 运行结果

2.4.7 成员运算符

在 Python 中，成员运算符用于测试一个序列是否在同一个对象中。成员身份运算符如表 2.11 所示。

表 2.11 成员运算符

成员运算符	描述	示例
in	如果一个含有具体值的序列包含在指定的对象中，则返回 True	x in y
not in	如果一个含有具体值的序列不包含在指定的对象中，则返回 True	x not in y

【例 2.16】运行以下程序，观察如图 2.36 所示的结果。

```
a=[1,2,3]
b=2
print("b in a:",b in a)
```

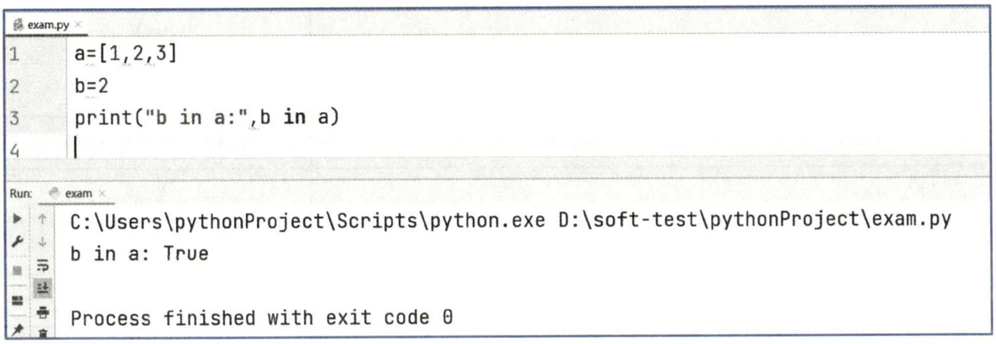

图 2.36　运行结果

2.4.8　运算符的优先级

在一个表达式中，可能包含多个由不同运算符连接起来的、具有不同数据类型的数据对象。由于表达式有多种运算，不同的运算顺序可能得出不同结果甚至出现运算错误。因此当表达式中含多种运算时，必须按一定顺序进行结合，才能确保运算的合理性和结果的正确性、唯一性。表达式的结合次序取决于表达式中各种运算符的优先级。优先级高的运算符先结合，优先级低的运算符后结合。同一优先级按照从左到右的顺序依次计算。运算符的优先级如表 2.12 所示。

表 2.12　运算符优先级

运算符	描述
()	圆括号
f(args[,…])	函数调用
x[index1:index2]	切片
x[index]	下标
x attrihute	属性引用
**	乘方
~x	按位取反
+x、-x	正、负
*、/、%	乘、除、取模

续表

运算符	描述
+、-	加、减
<<、>>	移位
&	按位与
^	按位异或
|	按位或
in、not in、is、is not、<、<=、>、>=、<>、!==、==	比较、关系、身份
not	逻辑非
and	逻辑与
or	逻辑或
lambda	lambda 表达式

【例 2.17】 运行以下程序，观察如图 2.37 所示的结果。

```
a,b,c,d=10,2,14,25
e=(a+b)*(a-b)-(c+d)*(c-d)
print("(a+b)*(a-b)-(c+d)*(c-d)=",e)
```

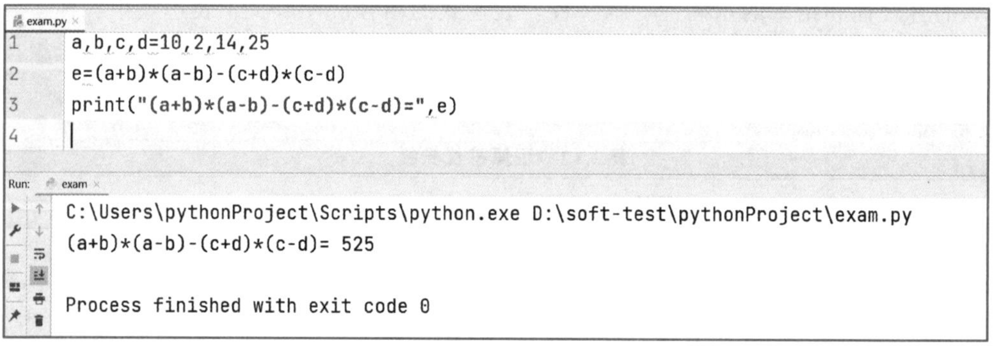

图 2.37 运行结果

注意：在编码过程中，不要过度依赖运算符的优先级来控制执行顺序，那样做会降低代码的可读性。使用圆括号是一个很好的选择。

下面做一个综合练习。

【例 2.18】 计算一下你已经度过了多少光阴。

程序代码如下：

```
astr=input("请输入年龄：")
age=int(astr)
d=365*age
h=d*24
m=d*24*60
s=d*24*60**2
print("已经度过：",d,"天")
print("已经度过：",h,"小时")
print("已经度过：",m,"分")
print("已经度过：",s,"秒")
```

程序运行结果如图 2.38 所示。

图 2.38　运行结果

2.5　控制结构

程序设计包含 3 种基本结构：顺序结构、选择结构及循环结构。

2.5.1　顺序结构

顺序结构表示的是处理事务的先后顺序，即按照问题的处理顺序，依次写出相应的语句。在 Python 中，顺序结构是默认的结构，不需要额外的关键字来声明。Python 是一种动态类型语言，不需要预先声明变量的数据类型，变量的类型和初值在赋值时被初始化。

一个程序通常包括数据输入、数据处理和数据输出 3 个操作步骤，其中，输入、输出反映了程序的交互性，一般是一个程序必需的步骤，而数据处理是指对数据要进行的操作与运算，根据解决的问题不同而需要使用不同的语句来实现。其中，最基本的数据处理语句是赋值语句。有了赋值语句、输入输出语句就可以编写简单的 Python 程序了。在开始介绍顺序结构之前，先来学习一下常用的赋值语句。

1. 赋值语句

（1）简单赋值语句

使用赋值号（=）将右边的值（表达式）赋给左边变量的语句称为赋值语句。赋值的意义是先计算表达式的值，然后使该变量指向该数据对象，该变量可以理解为该数据对象的别名，被赋值变量的值即表达式的值。例如：

```
name =" 张明 "
age =18
score =82.5
value =3+2j
```

上述 4 条赋值语句分别实现：为变量 name 赋值一个字符串、为变量 age 赋值一个整数、为变量 score 赋值一个浮点数、为变量 value 赋值一个复数。

（2）复合赋值语句

复合赋值语句是用复合运算符（包括算术复合运算符和位复合运算符）的赋值语句，包括序列赋值、多目标赋值和复合赋值等。

• 序列赋值：可以为多个变量分别赋予不同的值，变量之间用英文逗号隔开。例如：

```
x,y = 5,6
```

• 字符串赋值：通过字符串可以为多个变量同时赋值。例如：

```
a,b,c,d="name"
```

上述语句的功能是分别将 4 个字符依次赋值给 4 个变量，a 的值为“n”，b 的值为“a”，其余类推。

• 交换变量值：Python 程序可以通过序列赋值语句实现两个变量值的交换。例如：

```
x,y = 5,6
x,y = y,x
```

执行以上两条语句之后，x 与 y 的值发生了互换，x 的值变为 6，y 的值变为 5。

• 多目标赋值：Python 程序可以进行多目标赋值，即将同一个值赋值给多个变量。例如：

```
a=b=c=d="name"
```

a，b，c，d 四个变量的值都是“name”。多目标赋值通常只用于赋予数值或字符串这种不可变类型，如果要赋予可变类型，则可能会出现问题。

• 复合赋值：Python 程序还可以进行复合赋值，即运算操作与赋值操作的组合，复合赋值运算符的优先级和赋值运算符的一样。其中，加等于（+=）、减等于（-=）、乘等于（*=）、除等于（/=）、取余等于（%=）、幂等于（**=）、整除等于（//=）为算术复合运算符。而左移等于（<<=）、右移等于（>>=）、与等于（&=）、或等于（|=）、异或等于（^=）等运算符为位复合运算符。

2. 顺序结构流程

顺序结构是指为了解决某些实际问题，自上而下依次执行各条语句的逻辑结构，其流程图如图 2.39 所示。

【例 2.19】 编写程序，通过键盘输入语文、数学、英语三门功课的成绩，计算并输出平均成绩，要求平均成绩小数点后保留 1 位。

【分析】 程序的执行流程为：接收用户输入的语文、数学、英语三门功课的成绩；计算这三门功课的平均成绩；将计算出的平均成绩格式化为保留一位小数的形式并输出。在输入时，需要使用转换函数将字符串转换为浮点数；在输出时，可以使用格式化字符串来控制小数点后的位数。

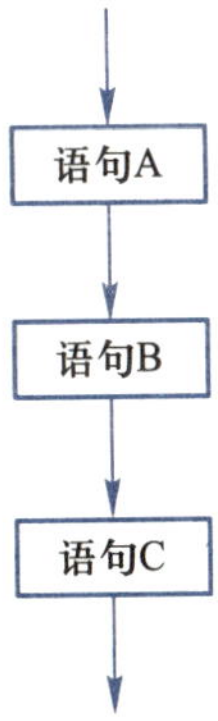

图 2.39　顺序结构流程图

程序代码如下：

```
chinese=float(input(" 请输入您的语文成绩 :"))
math=float(input(" 请输入您的数学成绩 :"))
english=float(input(" 请输入您的英语成绩 :"))
average=(chinese+math+english)/3
print(" 您的平均成绩为 :%.1f"%average)
```

程序运行结果如图 2.40 所示。

2.5.2　选择结构

选择结构又称为分支结构，它根据给定的条件是否满足，决定程序的执行路线。在不同的条件下，执行不同的操作，这在实际求解问题过程中是大量存在的。根据程序执行路线或分支的不同，选择结构可以分为单分支和多分支选择结构。在 Python 语言中，这两种结构分别用 if 语句和 if-elif-else 语句描述。

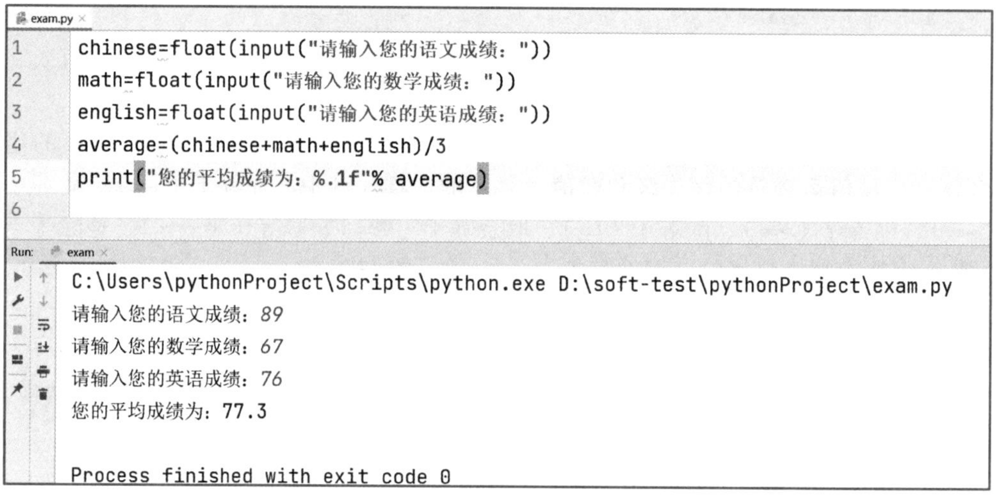

图 2.40　运行结果

1. if 语句

if 语句的执行过程是：当表达式的值为真时，执行语句块 1；当表达式的值为假时，执行语句块 2（如图 2.41（a）所示），这时如果不存在语句块 2，则直接跳过，去执行 if 语句后面的语句（如图 2.41（b）所示）。

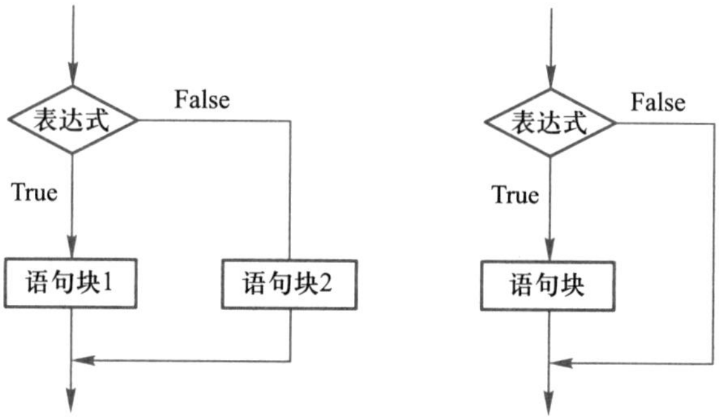

(a)　(b)

图 2.41　单分支结构流程图

书写格式：关键字 if 与表达式之间用空格隔开，表达式后接英文冒号，语句块中的全部语句均缩进 4 个空格。一般格式如下：

```
格式 1：
if 表达式：
    语句块
格式 2：
if 表达式：
    语句块 1
else：
    语句块 2
```

例如，输入如下代码，其运行后的结果如图 2.42 所示。

```
score=float(input("请输入成绩："))
if score>=60:
    print("您及格啦！")
else:
    print("您不及格！")
```

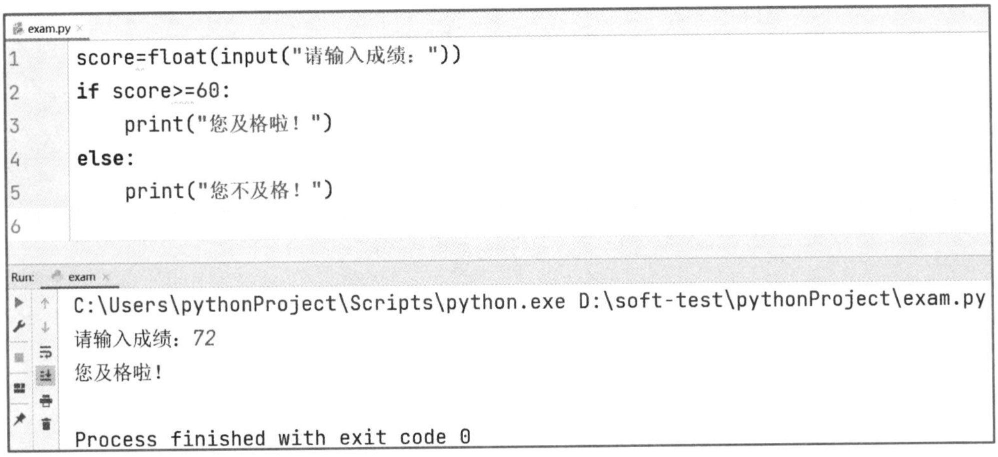

图 2.42　运行结果

在上面的例子中，条件“score>=60”使用了关系运算符“>=”。关系运算符用于比较两个表达式的值，并返回一个布尔值（True 或 False）。Python 中的关系运算符有：小于（<）、小于或等于（<=）、大于（>）、大于或等于（>=）、等于（==）、不等于（!=）。

这些关系运算符可以用于构建关系表达式，表示条件。

2. if-elif-else 语句

if-elif-else 语句主要用于处理多种条件的情况，从而解决现实生活中复杂的多重选择问题，其流程如图 2.43 所示。

如果表达式 1 的值为真，则执行语句块 1；如果表达式 1 的值为假，则继续判断表达式 2 的值，如果表达式 2 的值为真，则执行语句块 2；如果表达式 2 的值也为假，则继续判断表达式 3 的值；以此类推，直到所有的表达式都不满足（即所有条件表达式都为假），则执行 else 后的语句块。

书写格式：关键字 if 与表达式 1 之间用空格隔开，表达式 1 后接英文冒号；所有关键字 elif 均与关键字 if 左对齐，elif 与后面的各个表达式之间用空格隔开，表达式后接英文冒号；关键字 else 与关键字 if 左对齐，后接英文冒号；所有语句块左对齐，即所有语句块中的全部语句均缩进 4 个空格。一般格式如下：

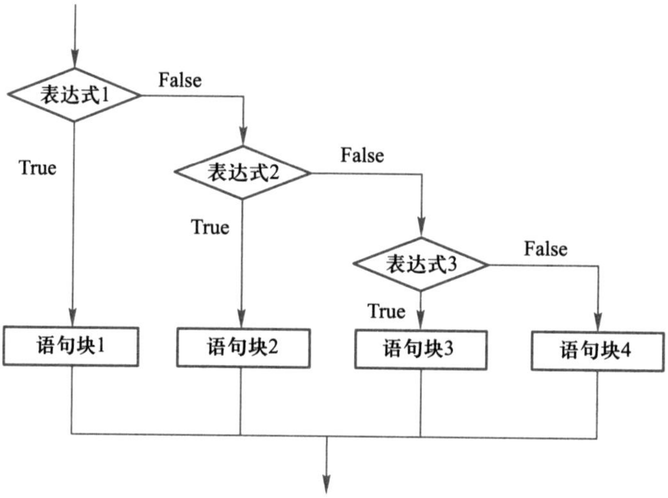

图 2.43　多分支结构流程图

```
if 表达式 1:
    语句块 1
elif 表达式 2:
    语句块 2
elif 表达式 3:
    语句块 3
else:
    语句块 4
```

例如：

```
score=float(input("请输入成绩："))
if score>=90:
    print("您成绩优秀！")
elif score>=80:
    print("您成绩良好！")
elif score>=70:
    print("您成绩中等！")
elif score>=60:
    print("您成绩及格！")
else:
    print("您成绩不及格！")
```

上述代码的运行结果如图 2.44 所示。

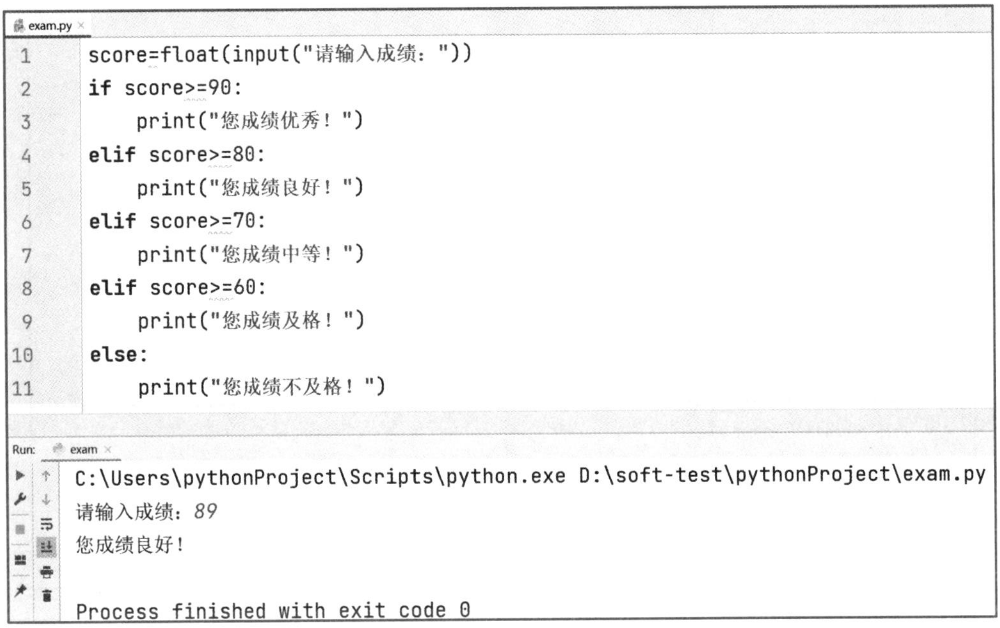

图 2.44　运行结果

3. 分支语句嵌套

当有多个条件需要满足并且条件之间有递进关系时，可以使用分支语句的嵌套。其中，if 子句、elif 子句以及 else 子句中都可以嵌套 if 语句或者 if-elif-else 子句，以实现更细致的条件判断。

书写格式：嵌套的 if 语句要求以锯齿形缩进格式书写，这种缩进方式使得代码的结构层次清晰可辨，易于阅读和维护。

例如：

```
username = input("请输入您的用户名:")
password = input("请输入您的密码:")
if username == "admin":
    if password == "123456":
        print("输入正确，恭喜进入!")
    else:
        print("密码有误，请重试!")
else:
    print("用户名有误，请重试!")
```

上述代码的运行结果如图 2.45 所示。

图 2.45 运行结果

下面做个综合练习。

【例 2.20】 编写程序，开发一个小型计算器。首先通过键盘输入两个数字和一个运算符，然后根据运算符进行相应的数学运算。如果输入的运算符不是加、减、乘、除中的一种，则给出错误提示。

【分析】 因为需要根据 4 种运算符的类别执行相应的运算，所以使用多分支 if-elif-else 语句；对于除法运算而言，由于除数不能为 0，因此需要使用嵌套的 if 语句来判断除数是否为 0，并执行相应的运算。

程序代码如下：

```
first = float(input("请输入第一个数字："))
second = float(input("请输入第二个数字："))
sign = input("请输入运算符号：")
if sign == '+':
    print("两数之和为：",first+second)
elif sign == '-':
    print("两数之差为：",first-second)
elif sign == '*':
    print("两数之积为：",first*second)
elif sign == '/':
    if second!= 0:
        print("两数之商为：",first/second)
    else:
        print("除数为 0 错误！")
else:
    print("符号输入有误！")
```

程序运行结果如图 2.46 所示。

```
C:\Users\pythonProject\Scripts\python.exe D:\soft-test\pythonProject\exam.py
请输入第一个数字：23
请输入第二个数字：4
请输入运算符号：/
两数之商为： 5.75

Process finished with exit code 0
```

图 2.46　运行结果

2.5.3　循环结构

在问题求解过程中，有许多具有规律性的重复操作，因此在程序中就需要重复执行某些语句。当然，这种重复不是简单机械地重复，每次重复都有新的内容。也就是说，虽然每次重复执行的语句相同，但语句中变量的值是变化的，而且当重复到一定次数或满足一定条件后才能结束语句的执行。

在一定条件下重复执行某些操作的控制结构称为循环结构，它由循环体及循环条件两部分组成，被重复执行的语句称为循环体，决定是否继续重复的表达式称为循环条件。循环是计算机解题的一个重要特征，也是程序设计的一种重要方法。Python 提供了 while 语句和 for 语句来实现循环结构。

1. while 语句

while 语句用于在满足循环条件时重复执行某件事情，其流程如图 2.47 所示。

当表达式的值为真时，则执行相应的语句块（循环体），然后判断表达式的值，如果为真，则继续重复执行语句块，当表达式的值为假时，结束循环，跳出 while 语句，执行其后面的语句。

书写格式：关键字 while 与表达式之间用空格隔开，表达式后接英文冒号，else 子句与 while 子句左对齐，后接英文冒号，所有语句块左对齐，即语句块中的全部语句均缩进 4 个空格。一般格式如下：

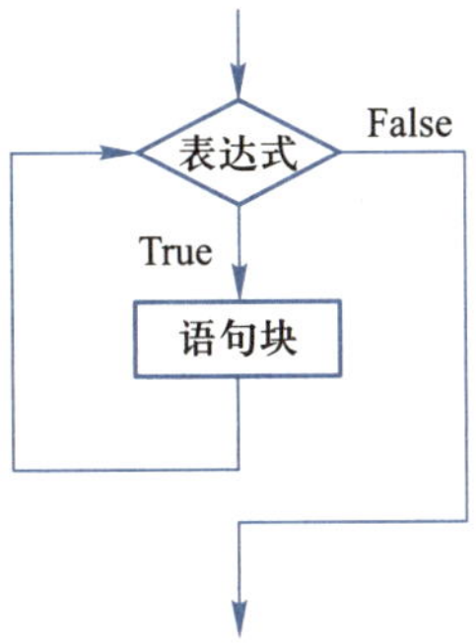

图 2.47　while 循环结构流程图

```
while 表达式:
        语句块 1   # 循环部分
else:              # 可选项
        语句块 2
```

例如：

```
time = 8
while time < 12:
    print("有效次数内")
    time = time+1;
else:
    print("计次已满!")
```

在使用 while 语句时，需要注意以下事项：

① 与 if 语句类似，while 语句的表达式可以是任意类型，如 x!=y、x>3 or x<5、-5 等。

② 循环体中的语句块有可能一次也不执行。

③ 语句块可以是一条或多条语句，上例中 while 子句中的语句块为两条语句，else 子句中的语句块为一条语句。

④ while 循环中的 else 子句可以省略，上例中若没有 else 子句，则当计次等于 12 时，while 语句结束，程序继续执行 while 循环后面的语句。

⑤ 程序中需要包含使循环结束的语句，上例中若缺少语句 time=time+1，则程序无法终止。

死循环：在 while 循环中，如果表达式的值恒为真，循环将一直执行下去，无法靠自身终止，从而产生死循环。在书写程序时，一定要尽量避免死循环的出现。

【例 2.21】 编写程序，计算 1 ~ 100 的累加和。

【分析】 循环变量的初始值为 1，如果循环变量的值小于或等于 1 000（满足循环进行的条件），则进入循环体，然后循环变量自增 1 并进入下一轮循环，循环结束后输出统计结果。

程序代码如下：

```
num = 1
sum = 0
while num <= 100:
    sum = sum+num
    num += 1
print("1~100 的和为:",sum)
```

程序运行结果如图 2.48 所示。

2. for 语句

Python 中的 for 循环是一个通用的序列迭代器，可以遍历任何有序的序列对象的元素。for 语句可用于字符串、列表、元组以及其他内置可迭代对象。for 语句的执行过程是：将序列对象中的元素逐个赋给目标变量，对每一次赋值都执行一遍循环体语句块。当序列被遍历，即每一个元素都用过了，则结束循环，执行 for 语句的下一个语句。

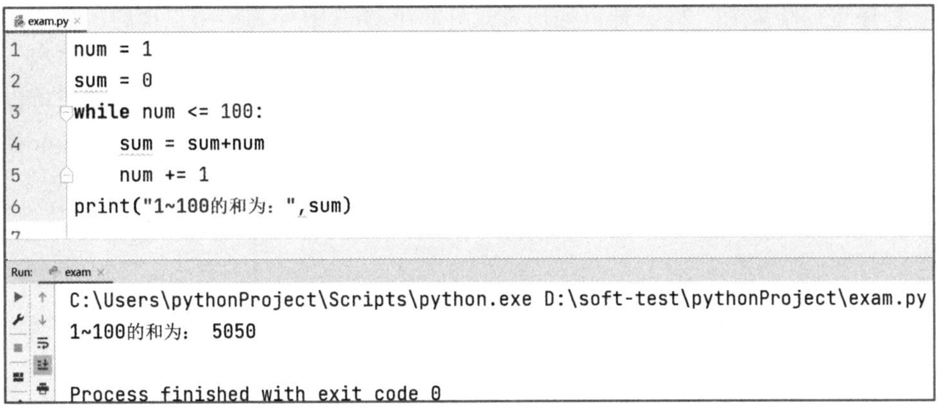

图 2.48　运行结果

书写格式：for 语句的首行定义了目标变量和遍历的序列对象，后面是需要重复执行的语句块。语句块中的语句要向右缩进，且缩进量要一致。一般格式如下：

```
for 循环变量 in 对象:
    语句块 1      # 循环体
else:             # 可选项
    语句块 2
```

例如：

```
word = "In Python World."
sum = 0
for letter in word:
    if letter == 'o':
        sum+=1
print(sum)
```

上述代码的运行结果如图 2.49 所示。

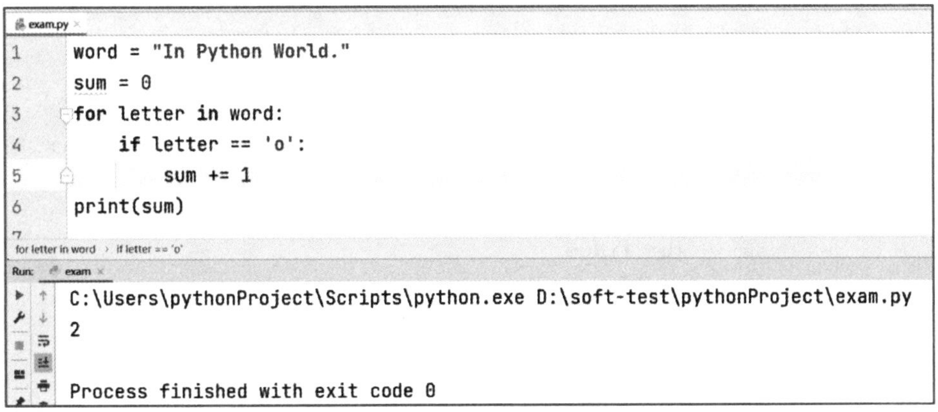

图 2.49　运行结果

程序运行结果为“2”，即以遍历方式计算出“o”在字符串中出现的次数。

for 循环经常与 range() 函数配合使用。内建函数 range() 用于生成整数序列，通常的写法是：range(start,end,step)。其中，start 决定序列的起始值（起始值可以省略，省略时该值为 0），end 代表序列的结束值（不包括 end 本身的值），step 代表序列的步长值（可以省略，默认值是 1）。

例如：

```
for iNum in range(4,10,2):print(iNum,end="")
print("")
for iNum in range(10,4,-2):print(iNum,end="")
print("")
for iNum in range(5):print(iNum,end="")
print("")
```

上述代码的运行结果如图 2.50 所示。

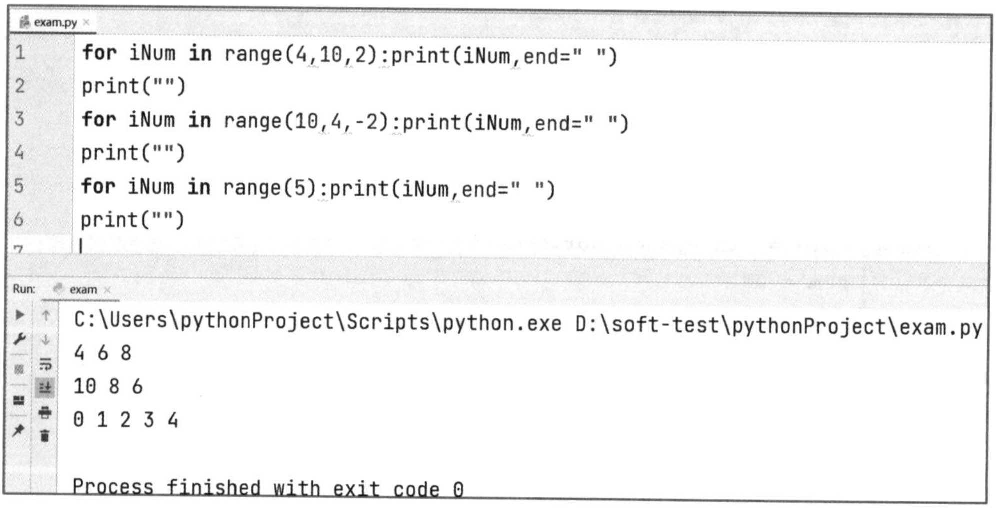

图 2.50 运行结果

【例 2.22】编写程序，计算 1 ~ 100 的累加和。

程序代码如下：

```
sum = 0
for iNum in range(1,101,1):
    sum = sum +iNum
print("1~100 的和 :",sum)
```

上述代码的运行结果如图 2.51 所示。

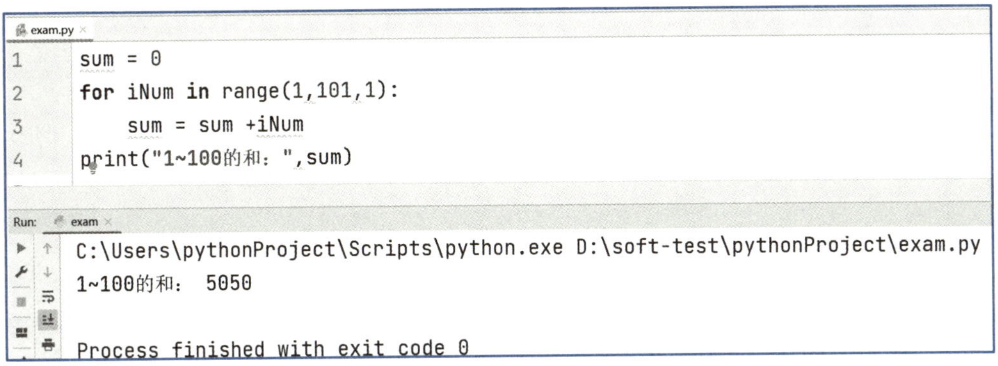

图 2.51　运行结果

3. 循环嵌套语句

为了解决复杂的问题，可以使用循环语句的嵌套，嵌套层数不限，但是循环的内外层之间不能交叉。其中，双层循环是一种常用的循环嵌套，循环的总次数等于内外层次数之积。例如：

```
for i in range(1,3):
    for j in range(1,4):
        print(i*j,end="")
```

上述代码的运行结果如图 2.52 所示。

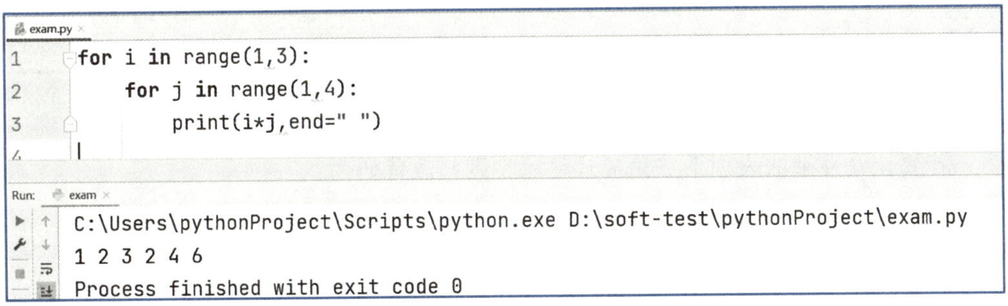

图 2.52　运行结果

当外层循环变量 i 的值为 1 时，内层循环 j 的值从 1 开始，输出 i*j 的值并依次递增，因此输出“123”，内层循环执行结束；然后回到外层循环，i 的值递增为 2，内层循环变量 j 的值重新从 1 开始，输出 i*j 的值，并依次递增，输出“246”。因此，上述代码的运行结果为“1 2 3 2 4 6”。

【例 2.23】编写程序，使用双重循环输出九九乘法表。

【分析】由于需要输出 9 行 9 列的二维数据，因此需要使用双重循环，外层循环用于控制行数，内层循环用于控制列数。为了规范输出格式，可以使用 print() 语句的格式控制输出方式。其中，"\t" 的作用是跳到下一个制表位。

程序代码如下：

```
for i in range(1,10):
    for j in range(1,10):
        print("%s * %s=%2s"%(i,j,i*j),end="\t")
    print("")
```

上述代码的运行结果如图 2.53 所示。

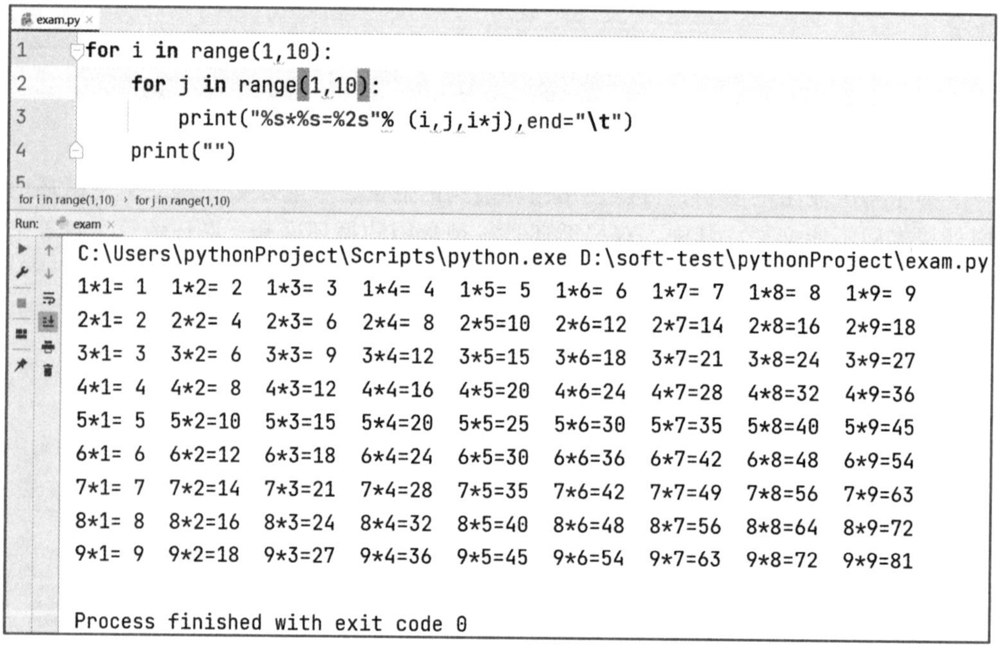

图 2.53 运行结果

若要让九九乘法表用下三角形式显示，则修改代码为：

```
for i in range(1,10):
    for j in range(1,i+1):
        print("%s*%s=%2s"%(i,j,i*j),end="\t")
    print("")
```

运行结果如图 2.54 所示。

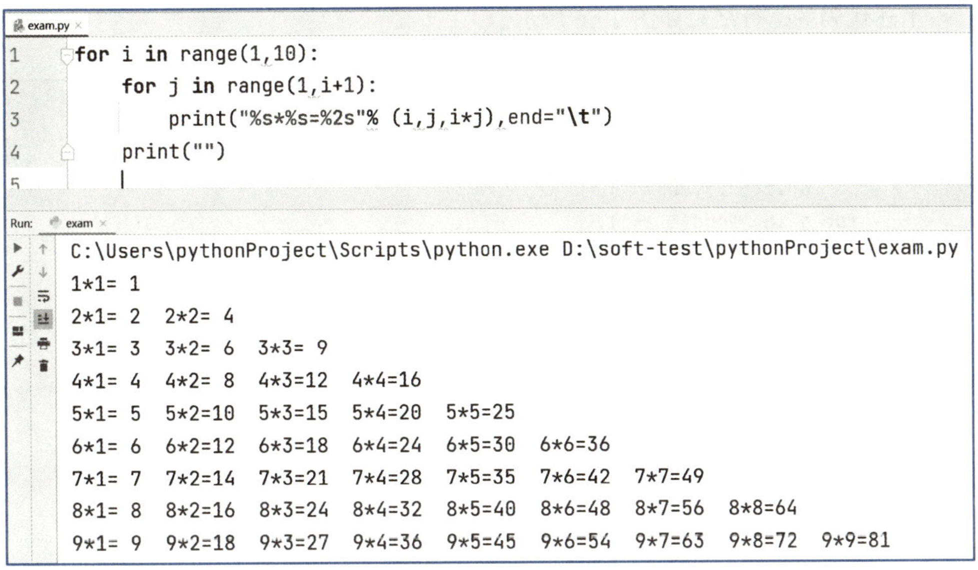

图 2.54　运行结果

【例 2.24】编写程序，使用双重循环输出如图 2.55 所示的三角形图案。

```
    *
   ***
  *****
 *******
*********
```

图 2.55　三角形图案

【分析】通过观察可知这个图案包含 5 行，因此外层循环执行 5 次；每行内容由 3 部分组成：第 1 部分为输出空格，第 2 部分为输出星号，第 3 部分为输出回车，分别通过两个 for 循环和一条 print() 语句实现。代码如下：

程序代码如下：

```
for i in range(1,6):
    for j in range(5-i):
        print("",end="")
    for j in range(1,2*i):
        print("*",end="")
    print("")
```

上述代码的运行结果如图 2.56 所示。

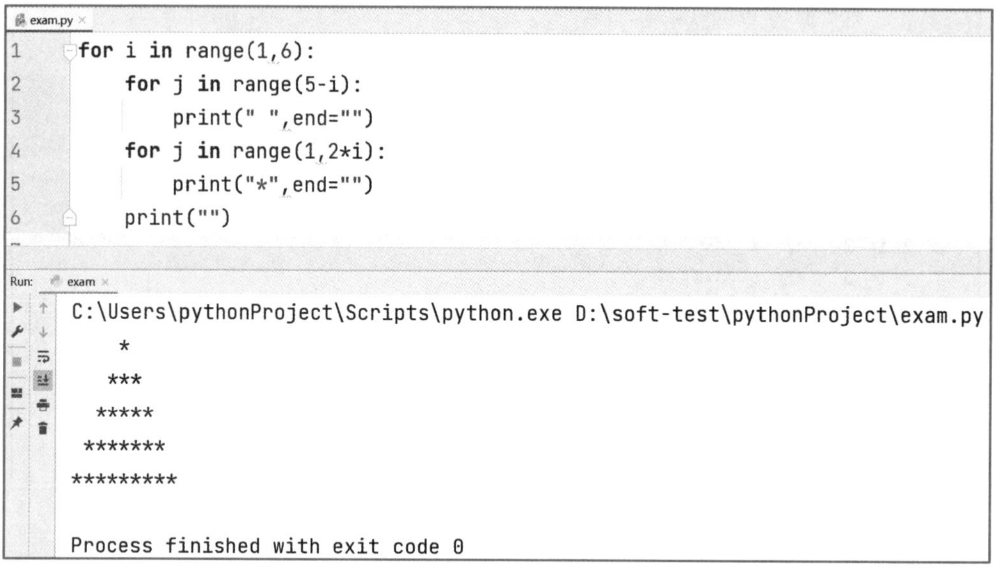

图 2.56　运行结果

4. 控制流程的其他语句

（1）break 语句

break 语句用于中断当前循环的执行，跳出循环结构。对于包含 else 子句的 while 循环和 for 循环而言，在 while 或 for 子句中一旦执行 break 语句，else 子句将没有机会执行。

【例 2.25】 编写程序，随机产生骰子的一面（数字从 1 到 6），给用户 3 次猜测机会，程序给出猜测提示（偏大或偏小）。如果某次猜测正确，则提示正确并中断循环；如果 3 次均猜错，则提示机会用完。

【分析】 使用随机函数产生随机整数，设置循环初值为 1，循环次数为 3，在循环体中输入猜测并进行判断，如果密码正确则使用 break 语句中断当前循环。

代码如下：

```
import random
point =random.randint(1,6)
count =1
while  count<=3:
    guess =int(input(" 请输入您的猜测 :"))
    if guess>point:
        print(" 您的猜测偏大 ")
    elif guess <point:
        print(" 您的猜测偏小 ")
    else:
```

```
            print(" 恭喜您猜对了 ")
            break
        count+=1
else:
    print(" 很遗憾，三次全猜错了！")
```

上述代码的运行结果如图 2.57 所示。

```
C:\Users\pythonProject\Scripts\python.exe D:\soft-test\pythonProject\exam.py
请输入您的猜测：5
您的猜测偏大
请输入您的猜测：2
您的猜测偏小
请输入您的猜测：4
恭喜您猜对了

Process finished with exit code 0
```

图 2.57　运行结果

（2）continue 语句

与 break 语句不同，continue 语句用于中断本次循环的执行，进入下一轮循环。

【例 2.26】 编写程序，通过键盘输入密码，如果密码长度小于 6，则要求重新输入。如果长度等于 6，则判断密码是否正确，如果正确则中断循环，否则提示错误并要求继续输入。

【分析】 因为程序没有执行次数规定，所以循环条件设置为恒真，首先判断输入长度，如果输入长度过短，则直接使用 continue 语句中断本轮循环并进入下一轮输入；如果输入长度正确，则进行密码判断，如果正确，则使用 break 语句中断循环，否则提示错误并进入下一轮输入。

代码如下：

```
while 1:
    password=input(" 请输入密码：")
    if len(password)<6:
            print(" 长度为 6 位，请重试！")
            continue
    if password=="123456":
            print(" 恭喜您，密码正确！")
            break
    else:
            print(" 密码错误，请重试！")
```

上述代码的运行结果如图 2.58 所示。

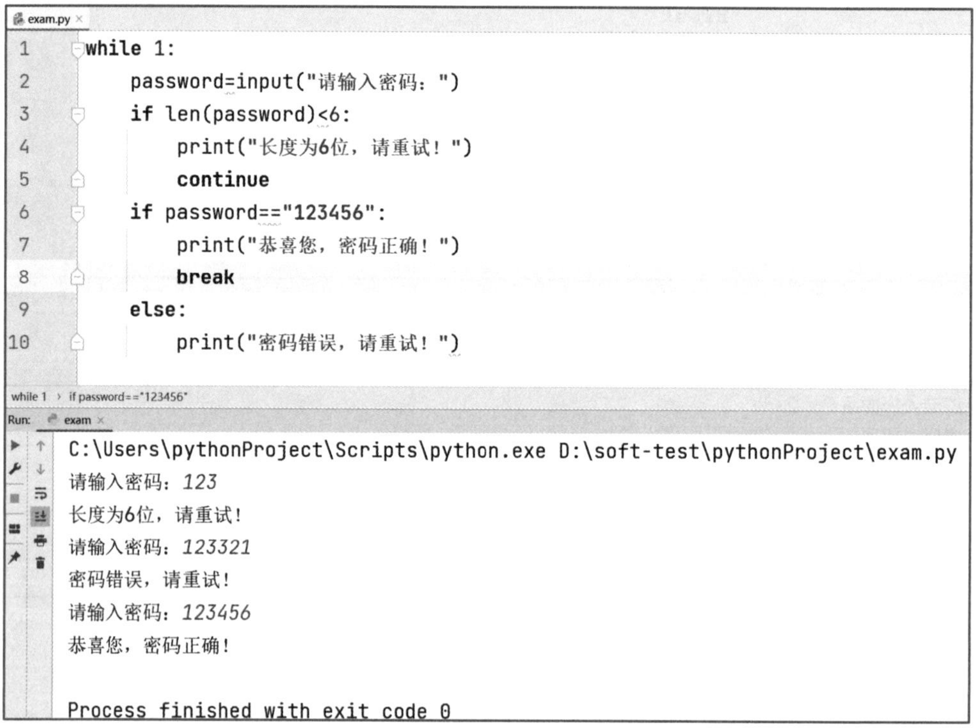

图 2.58 运行结果

2.6 Python 函数

在程序设计中，许多操作或运算非常相似，仅处理的数据不同。虽然可以将相同的程序段复制到需要的地方，但这样不仅烦琐，还会给程序测试和维护带来不便。如果被复制的程序段存在问题并需要修改，则所有复制的地方都需要修改，这是一项繁杂的工作。更好的方法是将反复要用到的程序段编写成函数（function），在需要时直接调用，而无须复制整个程序段。

函数能提高程序的模块化和代码重用率，对大型程序的开发非常有用。Python 中有很多内置函数，如 print()，还有标准模块库中的函数，如 math 模块中的 sqrt()。对象的方法也是一种函数。这些都是 Python 系统提供的函数，称为系统函数。在 Python 程序中，还可以自己创建函数，这些函数称为用户自定义函数。

2.6.1 函数的定义和调用

Python 函数的定义包括对函数名、函数参数与函数功能的描述。一般形式为：

def 函数名（[形式参数表]）：

函数体

下面是一个简单的Python函数，该函数接受两个输入参数，并返回它们的平方和：

```
def myf(x,y):
    return x*x+y*y
```

1. 函数首部

函数定义以关键字def开头，其后紧跟函数名和一对圆括号，圆括号中可以包含函数参数，最后以冒号结束。函数定义的第一行称为函数首部，用于对函数的特征进行定义。

函数名是一个标识符，可以按标识符的规则随意命名。一般给函数命名一个能反映其功能、有助于记忆的标识符。

在函数定义中，函数名后面圆括号内的参数因没有值的概念，它只是说明了这些参数某种运算或操作之间的函数关系，所以称为形式参数，简称形参。形式参数是按需要而定的，也可以没有形式参数，但函数名后一对圆括号必须保留。当函数有多个形参时，形参之间用逗号分隔。

2. 函数体

函数定义的缩进部分称为函数体，函数体用于描述函数的功能。函数体中的return语句用于传递函数的返回值。一般格式为：

```
return 表达式
```

一个函数中可以有多个return语句，当执行到某个return语句时，程序的控制流程返回调用函数，并将return语句中表达式的值作为函数值返回。若return语句不带参数或函数体内没有return语句时，函数将返回空（none）。

3. 空函数

Python还允许定义函数体为空的函数，其形式为：

```
def 函数名():
    pass
```

调用此函数时，不会执行任何实际操作。这类函数存在的主要目的如下：

（1）标记未来功能：表明在代码的某个位置将会有一个函数，但目前该函数尚未实现。这有助于程序员先预留空间，以便将来添加或修改代码。

（2）开发和调试功能：在软件开发的早期阶段，开发者可能先集中实现核心功能，而将一些次要的函数暂时定义为空函数。这使得即使程序还未完全完成，也能对部分程序进行测试和调试。

（3）扩展程序功能：空函数为程序的未来扩展提供了便利。随着项目进展，这些空函数最终会被具有实际功能的逻辑所替代。

因此，空函数是程序开发中常用的一种策略，有助于代码组织、规划开发以及方便未来增加功能。

4. 函数的调用

函数一旦定义，就可在需要实现该函数功能处调用它。函数调用的一般形式为：

```
函数名（实际参数表）
```

调用函数时，传递给形式参数的参数因为有具体的值，所以被称为实际参数，简称实参。

当有多个实际参数时，实际参数之间用逗号分隔。

如果调用的是无参数函数，则调用形式为：

```
函数名()
```

其中，函数名之后的一对括号不能省略。

函数调用时提供的实际参数应与被调用函数的形式参数按顺序一一对应，而且参数类型要兼容。Python 函数可以在交互式命令提示符下定义和调用。但通常的做法是，将函数定义和函数调用都放在一个程序文件中，然后运行程序文件。例如，程序文件如下：

```
def myf(x,y):
    return x*x+y*y
print(myf(5,6))
```

程序运行结果为 61。

上述程序中只定义了一个函数 myf()，还可以定义一个主函数，用于完成程序的总体调度功能。例如，程序文件如下：

```
def myf(x,y):
    return x*x+y*y
def main():
    a,b=eval(input())
    print(myf(a,b))
main()
```

输入“2，3”之后，程序运行结果也是 13，如图 2.59 所示。

程序最后一行是调用主函数，这是调用整个程序的入口。作为一种习惯，通常将一个程序的主函数（程序入口）命名为 main。由主函数来调用其他函数，使得程序呈现模块化结构。

函数要先定义后使用。当 Python 遇到一个函数调用时，在调用处暂停执行，被调用函数的形参被赋予实参的值，然后转向执行被调用函数，执行完成后，返回调用处继续执行主调程序的语句。

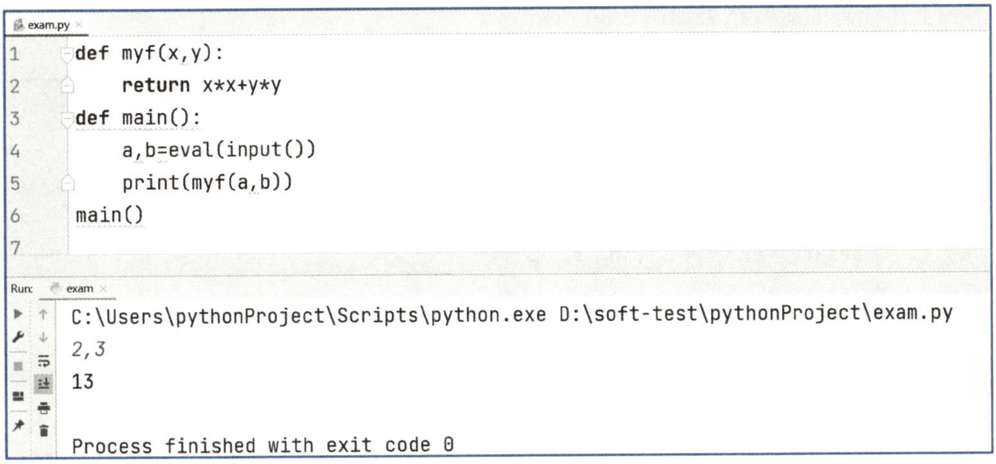

图 2.59　运行结果

2.6.2　函数的参数传递和返回值

调用带参数的函数时，调用函数与被调用函数之间会有数据传递。形参是函数定义时由用户定义的形式上的变量，实参是函数调用时，主调函数为被调用函数提供的原始数据。

1. 参数传递

在 Python 中，实参向形参传送数据的方式是“值传递”，即实参的值传给形参，是一种单向传递方式，不能由形参传回给实参。在函数执行过程中，形参的值可能被改变，但这种改变对它所对应的实参没有影响。由于在 Python 中函数的参数传递是值传递，同时也存在局部和全局的问题。

在参数传递过程中存在以下两个规则：

（1）通过引用将实参复制到局部作用域的函数中，意味着形参与传递给函数的实参无关，而且在函数中修改局部对象不会改变原始的实参数据。

例如，有下述代码：

```
def  change(n,s,lst):
    n=10
    s="Bye"
    lst=[4,5,6]
    print("调用函数中：",n,s,lst)
n=6
s="Hello"
lst=[1,2,3]
print("调用函数前：",n,s,lst)
change(n,s,lst)
print("调用函数后：",n,s,lst)
```

上述代码的运行结果如图 2.60 所示。

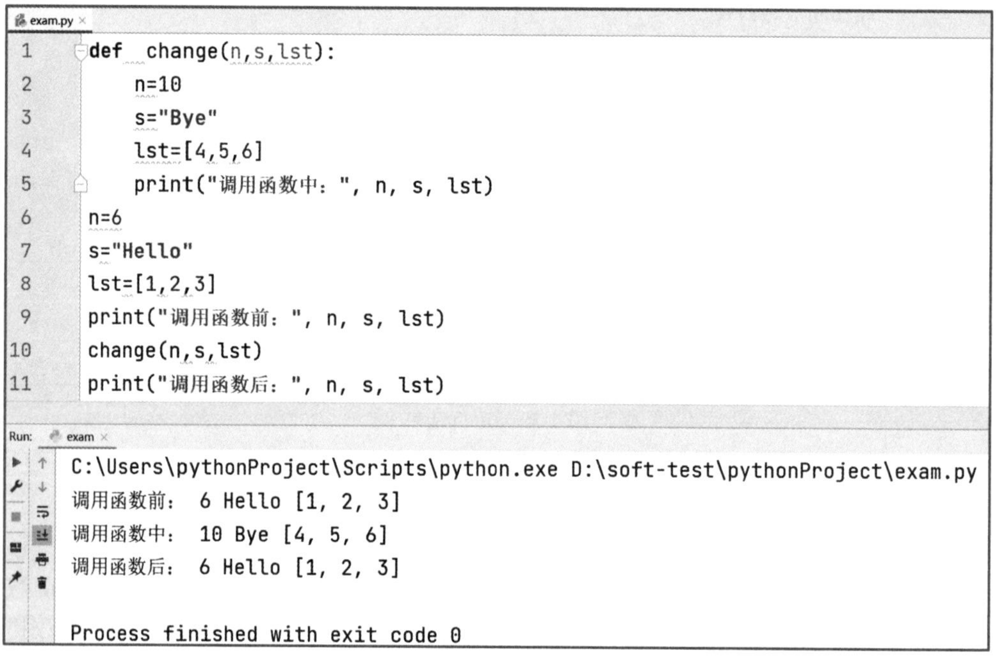

图 2.60　运行结果

从上面的结果可以看出，函数调用前后，数据并没有发生改变，虽然在函数局部区对传递进来的参数进行了相应的修改，但是仍然不能改变实参对象的内容。

（2）可以在适当位置修改可变对象。可变对象主要就是列表和字典。

对于不可变类型，是不可能进行修改的，但是对于可变的列表或字典类型，局部区域的值是可以改变的。例如：

```
def  change(lst,dict):
    lst[0]=10
    dict['a']=10
    print("调用函数中:lst={},dict={}".format(lst,dict))
dict={'a':1,'b':2,'c':3}
lst=[1,2,3,4,5]
print("调用函数前:lst={},dict={}".format(lst,dict))
change(lst,dict)
print("调用函数后:lst={},dict={}".format(lst,dict))
```

上述代码的运行结果如图 2.61 所示。

```
exam.py
def  change(lst,dict):
    lst[0]=10
    dict['a']=10
    print("调用函数中：lst={},dict={}".format(lst,dict))
dict={'a':1,'b':2,'c':3}
lst=[1,2,3,4,5]
print("调用函数前：lst={},dict={}".format(lst,dict))
change(lst,dict)
print("调用函数后：lst={},dict={}".format(lst,dict))
```

```
Run: exam
C:\Users\pythonProject\Scripts\python.exe D:\soft-test\pythonProject\exam.py
调用函数前：lst=[1, 2, 3, 4, 5],dict={'a': 1, 'b': 2, 'c': 3}
调用函数中：lst=[10, 2, 3, 4, 5],dict={'a': 10, 'b': 2, 'c': 3}
调用函数后：lst=[10, 2, 3, 4, 5],dict={'a': 10, 'b': 2, 'c': 3}

Process finished with exit code 0
```

图 2.61 运行结果

从运行结果可以看出，在函数内部修改列表、字典的元素，即修改变量的局部元素时，就会导致外部实参指向对象内容的修改，这样的修改必然会导致实参项区域内容的改变。

2. 参数的类型

用户可以通过使用不同的参数类型来调用函数，包括位置参数、关键字参数、默认值参数和可变长度参数。

（1）位置参数

函数调用时的参数通常采用按位置匹配的方式，即实参按顺序传递给相应位置的形参。这里实参的数目应与形参完全匹配。例如：

```
def mysum(x,y):
    return x+y
mysum(34)
```

调用函数 mysum() 时，一定要传递两个参数，否则会出现一个语法错误。上述代码的运行结果如图 2.62 所示。

（2）关键字参数

关键字参数的一般形式为：

```
形参名 = 实参值
```

在函数调用中使用关键字参数是指通过形式参数的名称来指示为哪个形参传递什么值，这可以跳过某些参数或脱离参数的顺序。例如，上例中也可以调用函数 mysum(x=3,y=4)。

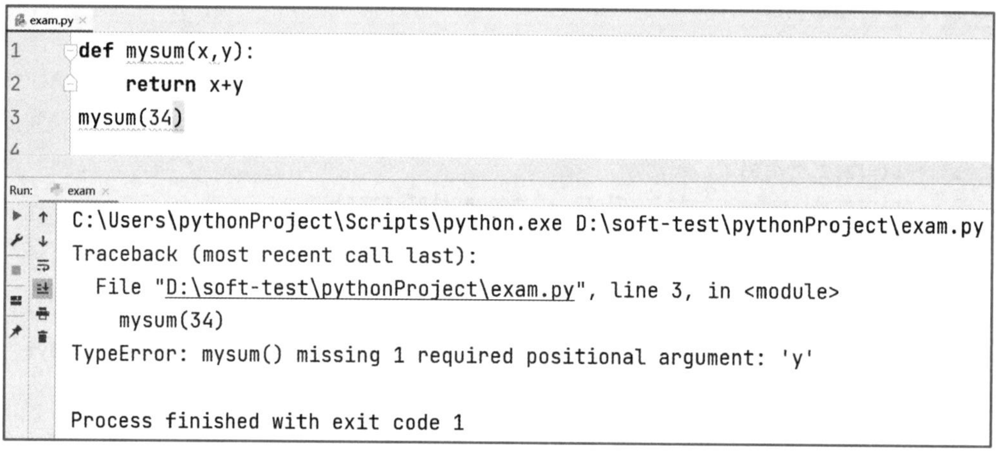

图 2.62　运行结果

（3）默认值参数

默认值参数是指定义函数时，指定的一个默认值。如果在函数调用时没有提供相应的参数值，则使用这些默认值。默认值参数的定义形式为：

形参名 = 默认值

例如，在定义 mysum() 函数时使用默认值参数。

```
def mysum(x=4,y=5):
    return x+y
print(mysum())
```

上述代码的运行结果如图 2.63 所示。调用带默认值参数的函数时，可以不对默认值参数进行赋值，也可以通过显式赋值来替换其默认值。在调用 mysum() 函数时，为第一个形参 x 传递实参 7，第二个参数使用默认值 5。

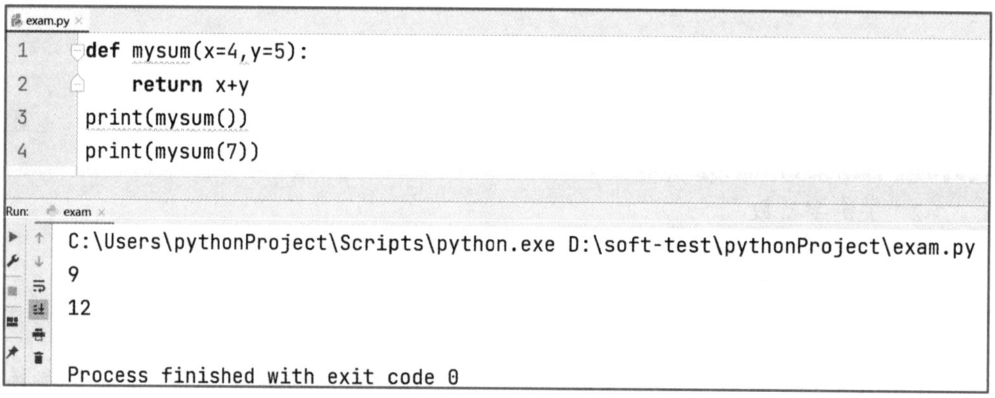

图 2.63　运行结果

注意：默认值参数必须出现在形参表的最右端。也就是说，第一个形参使用默认值参数后，它后面的所有形参也必须使用默认值参数，否则会出错。

（4）可变长度参数

在程序设计过程中，可能会遇到函数参数个数不固定的情况，这时就需要使用可变长度的函数参数来实现程序功能。在 Python 中，有两种可变长度参数，分别是元组（非关键字参数）和字典（关键字参数）。

① 元组可变长度参数。元组可变长度参数在参数名前面加 *，用来接受任意多个实参并将其放在一个元组中。例如：

```
def myvar1(*t):
    print(t)
myvar1(1,2,3)
myvar1(1,2,3,4)
```

程序运行结果如图 2.64 所示。程序调用两次 myvarl() 函数，输出变量 t，从结果可以看出变量类型为元组，其元素个数取决于具体参数，第一次调用时变量 t 有 3 个元素，为 (1,2,3)；第二次调用时变量 t 有 4 个元素，为（1，2，3，4）。

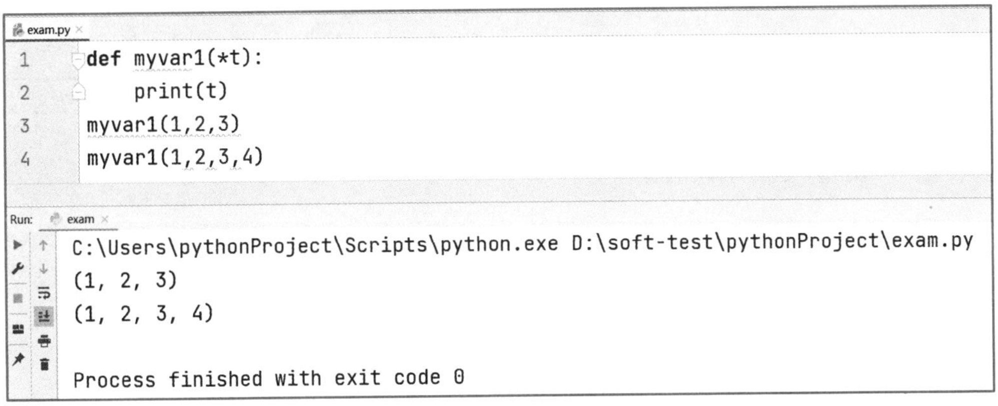

图 2.64　运行结果

② 字典可变长度参数。

既然 Python 允许关键字参数，那么也应该有一种方式实现关键字的可变长度参数，这就是字典可变长度参数，其表示方式是在函数参数名前加上 **，可以接收任意数量的实参。实参的形式为：

```
关键字 = 实参值
```

在字典可变长度参数中，关键字参数和实参值参数被放入一个字典，分别作为字典关键字和字典的值。例如：

```
def myvar2(**t):
    print(t)
myvar2(x=1,y=2,z=3)
myvar2(name="lily",age=24)
```

上述代码的运行结果如图 2.65 所示。从图中可以看出，调用了两次函数，变量 t 的类型为字典，元素个数分别为 3 个和 2 个，两次的变量值分别为 {'x':1,'y':2,'z':3} 和 {'name':'lily','age':24}。当函数的参数既包括可变长度，又包括其他类型参数时，所有其他类型的形式参数必须在可变长度参数之前。下面的例子说明了几种不同形式的参数混合使用的方法。

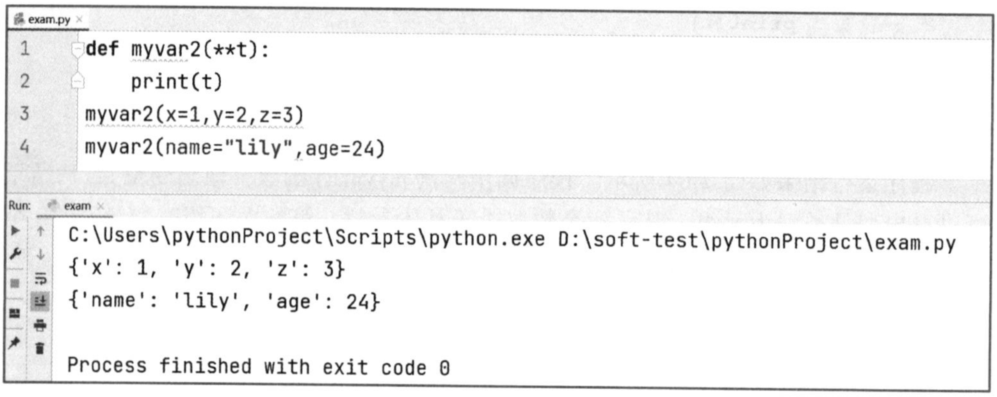

图 2.65 运行结果

【例 2.27】运行下面的程序。

```
def mytotal(x,y=30,*z1,**z2):
    t=x+y
    for i  in range(0,len(z1)):
          t+=z1[i]
    for k in z2.values():
          t+=k
    return t
s=mytotal(1,20,2,3,4,5,k1=100,k2=200)
print(s)
```

上述程序的运行结果如图 2.66 所示。

在本例中，参数包括 x，y，*z1，**z2。其中，x，y 为普通参数。按照给定实参(1,20,2,3,4,5,k1=100,k2=200)，前两个实参分别传给 x，y，即 x=1，y=20。*z1 为元组可变长度参数，**z2 为字典可变长度参数。按照给定实参(1,20,2,3,4,5,k1=100,k2=200)，{k1=100,k2=200} 为字典数据，传递给 z2。其余参数传递给元组 z1。因此，调用 mytotal() 函数时，实参和形参结合后，x=1，y=20，zl=(2,3,4,5)，

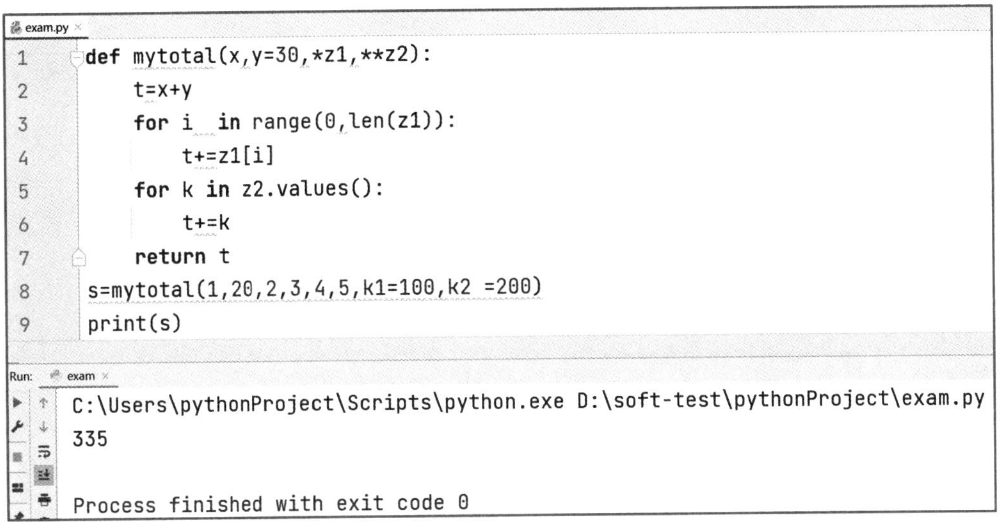

图 2.66　运行结果

z2={k2:200,k1:100}，函数体中首先将 x+y 的值赋给 t（t=21），然后累加元组 z1 中的全部元素（t=35），再累加字典 z2 中的全部值（t=335）。程序的输出结果为 335。

3. 函数的返回值

Python 函数的返回值包括三种情况：无返回值、单一返回值、多个返回值。前面的例子中多数都是单一返回值的情况，下面介绍另外两种情况。

（1）无返回值函数

有的函数只是为了处理某个过程，不需要返回结果，这时可以把函数设计成无返回值的。所谓无返回值，实际上是指函数执行完后的返回值为 None，即返回值没有实际意义。例如：

```
def show_info():                              # 定义可变参函数
    print('--------info--------')
    return                                    # 返回 None 或省略
print(show_info())
def sum(*numbers,multiple=1):                 # 定义可变参数函数
    if len(numbers)==0:
            return                            # 返回 None 或省略
    total=0
    for number in numbers:
          total+=number
    return total*number
print(sum(30.0,80,0))
print(sum(multiple=2))                        # 输出 None
```

上述代码的运行结果如图 2.67 所示。

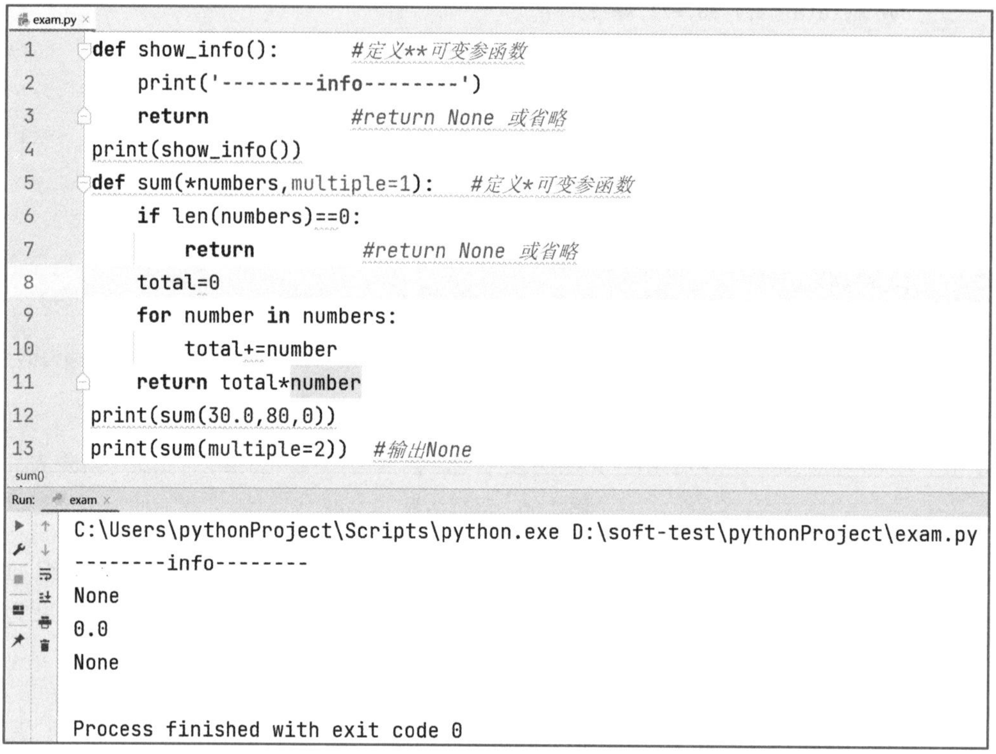

图 2.67　运行结果

上述代码定义了两个函数，第一个函数是 show_info()，只用于输出一些信息，不需要返回数据，因此可以省略 return 语句，在这里强加上 return 语句没有必要。第二个函数是 sum()，如果变量 numbers 中的数值为 0，后面的求和计算也就没有意义了，因此可以在函数一开始就对 numbers 进行判断，如果为 0，则使用 return 或 return None 跳出函数。

（2）多返回值函数

函数有时需要返回多个值，实现多个值返回的方式有很多，最简单的方式是使用元组。因为元组作为数据结构可以容纳多个数据，另外元组是不可变的，使用起来比较安全。例如：

```
def position(dt,speed):
    posx=speed[0]*dt
    posy=speed[1]*dt
    return(posx,posy)
move=position(60.0,(10,-5))
print(" 物体位移：({0},{1})".format(move[0],move[1]))
```

上述代码的运行结果如图 2.68 所示。

```
exam.py
1 def position(dt,speed):
2     posx=speed[0]*dt
3     posy=speed[1]*dt
4     return(posx,posy)
5 move=position(60.0,(10,-5))
6 print("物体位移：({0},{1})".format(move[0],move[1]))
7
```

```
Run:  exam
C:\Users\pythonProject\Scripts\python.exe D:\soft-test\pythonProject\exam.py
物体位移：(600.0,-300.0)

Process finished with exit code 0
```

图 2.68　运行结果

这个示例是计算物体在指定时间和速度时的位移。第一行代码是定义 position() 函数，其中，dt 参数是时间；speed 参数是元组类型，其中，第一个元素是 X 轴上的速度，第二个元素是 Y 轴上的速度，position() 函数的返回值也是元组类型。第二行代码用于计算 X 方向的位移。第三行代码用于计算 Y 方向的位移。第四行代码将计算后的数据返回，(posx，posy) 是元组类型实例。第五行代码调用函数，传递的实际时间是 60.0 秒，实际速度是 (10，-5)。第六行代码打印输出结果，结果为：物体位移：(600.0，-300.0)。

2.6.3　变量的作用域

Python 程序可以由若干个函数组成，每个函数都要用到一些变量。需要完成的任务越复杂，组成程序的函数就越多，涉及的变量也越多。一般情况下，要求各函数的数据各自独立，但有时候，又希望各函数有较多的数据联系，甚至组成程序的各文件之间共享某些数据。因此，在程序设计中，必须重视变量的作用域。在程序中能对变量进行存取操作的范围称为变量的作用域。作用域也可理解为一个变量的命名空间。程序中变量被赋值的位置，就决定了哪些范围的对象可以访问这个变量，这个范围就是命名空间。Python 在给变量赋值时生成了变量名，同时也就确定了作用域。根据变量的作用域不同，变量分为局部变量和全局变量。

1. 局部变量

在一个函数体内或语句块内部定义的变量称为局部变量。局部变量只在定义它的函数体或语句块内有效，即只能在定义它的函数体或语句块内部使用它，而不能在其他地方使用。例如，有以下程序片段：

```
def fun1(x):
    m,n =5
    …           # 这里可以使用形参 x、y 和局部变量 m、n
def fun2(x,y):
    m,n=10
    …           # 这里可以使用形参 x、y 和局部变量 m、n
def main():
    a,b=20
    …           # 这里可以使用变量 a、b
```

说明:

（1）主函数 main() 定义了变量 a 和 b，fun1() 函数和 fun2() 函数中都定义了变量 m 和 n，这些变量各自在定义它们的函数体中有效，其他函数不能使用它们。另外，不同的函数可以使用相同的标识符命名各自的变量。同一名字在不同函数中代表不同对象，互不干扰。

（2）对于带参数的函数来说，形式参数的有效范围也局限于函数体。如 fun1() 的函数体中可使用形参 x，其他函数不能使用它。同样，同一标识符可作为不同函数的形参名，也被作为不同对象。

2. 全局变量

在函数定义之外定义的变量称为全局变量，它可以被多个函数引用，如下面的程序:

```
s=1 # 定义全局变量
def f1():
    print(s,k)
k=10 # 定义全局变量
def f2():
    print(s,k)
f1()
f2()
```

上述程序的运行结果如图 2.69 所示。

变量 s 和 k 都是全局变量，在函数 f1() 和 f2() 中都可以直接引用它们，两条 print() 语句的输出结果相同，都为“1　10”。

说明:

（1）在函数体中，如果要为在函数外的全局变量重新赋值，可以使用 global 语句，表明变量是全局变量。

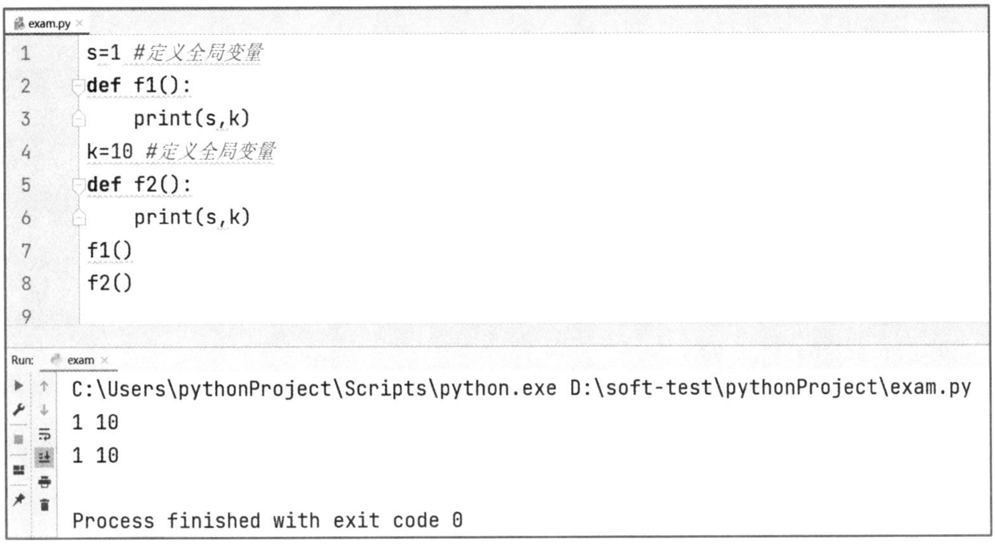

图 2.69　运行结果

【例 2.28】运行下面的程序。

```
def f():
    global x # 说明 x 为全局变量
    x=30
    y=40      # 定义局部变量 y
    print("No2:",x,y)
x=10
y=20
print("No1:",x,y)
f()
print("No3:",x,y)
```

上述程序的运行结果如图 2.70 所示。

第一行输出全局变量 x 和 y 的值，分别为 10 和 20；第二行是函数中的输出结果，x 和 y 分别为 30 和 40；第三行是函数执行完后返回主程序的输出结果，x 和 y 分别为 30 和 20。这说明，函数中的 x 变量通过 global 语句说明为全局变量，其值带回到主程序，但 y 没有用 gobal 语句说明，相当于在函数中建立了一个与全局变量 y（值为 20）同名的局部变量（值为 40），局部变量 y 只在函数中有效，所以返回到主程序后取全局变量 y 的值，即值为 20。根据程序的执行结果，可以总结为：在同一程序文件中，如果全局变量与局部变量同名，则在局部变量的作用范围内，全局变量不起作用。

exam.py

```
def f():
    global x #说明x为全局变量
    x=30
    y=40  #定义局部变量y
    print("No2:",x,y)
x=10
y=20
print("No1:",x,y)
f()
print("No3:",x,y)
```

Run: exam

```
C:\Users\pythonProject\Scripts\python.exe D:\soft-test\pythonProject\exam.py
No1: 10 20
No2: 30 40
No3: 30 20

Process finished with exit code 0
```

图 2.70 运行结果

【例 2.29】运行下面的程序。

```
def f():
    global x # 定义全局变量 x
    x='ABC'
    def g():
        global x
        x+='abc'
        return x
    return g()
print(f())
```

上述程序的运行结果如图 2.71 所示。

函数 f() 的函数体中又嵌套定义了函数 g()，函数 f() 中的“x='ABC'”语句定义了局限于函数 f() 的局部变量 x（x 相对于函数 g() 来说是全局的），函数 g() 中的“x+='abc'”定义了局限于函数 g() 的局部变量 x，在局部变量起作用的范围内全局变量不起作用。但通过 global 语句说明 x 在各自函数中是一个全局变量，其值可以互用。

（2）如果要更改外部作用域里的变量，最简单的办法就是用 global 语句将其放入全局作用域。在 Python 3.x 中，如果要对上例中的 x 进行赋值操作，则需引入 nonlocal 关键字，只要在内层函数中用 nonlocal 语句说明变量，就可以让解释器在外层函数中修改变量的值。例如：

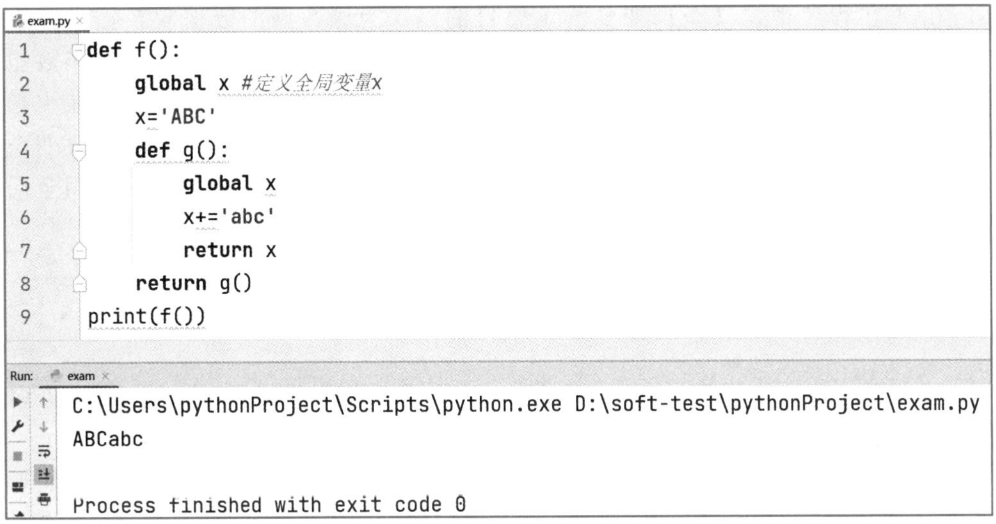

图 2.71　运行结果

```
def f():
    x='ABC'
    def g():
        nonlocal x
        x+='abc'
        return x
    return g()
print(f())
```

上述代码的运行结果如图 2.72 所示。

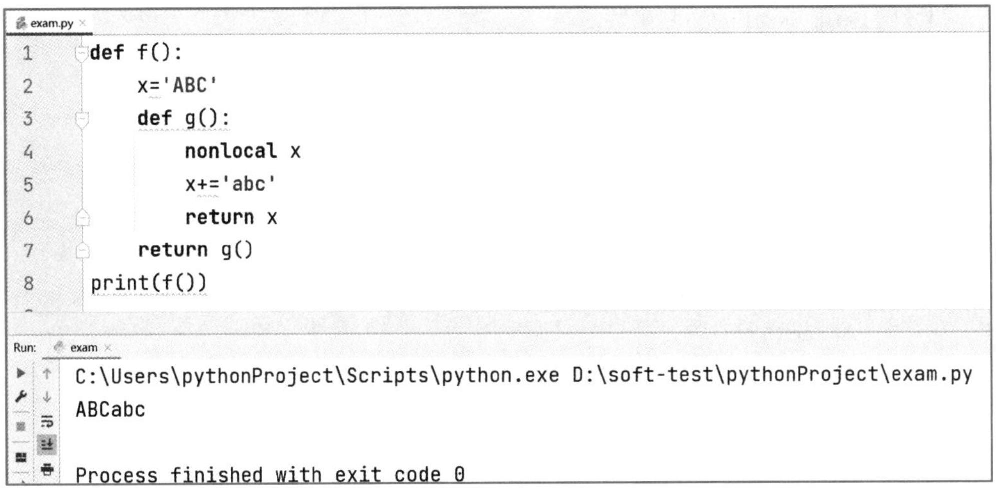

图 2.72　运行结果

程序输出结果与上例的输出结果相同。

（3）在程序中定义全局变量的主要目的是：为函数间的数据联系提供一个直接传递的通道。在某些应用中，函数将执行结果保留在全局变量中，使函数能返回多个值。在另一些应用中，函数将部分参数信息放在全局变量中，以减少函数调用时的参数传递。因程序中多个函数能使用全局变量，其中某个函数改变全局变量的值就可能影响其他函数的执行，产生副作用。因此，不宜过多使用全局变量。

2.6.4 递归函数

递归是一种编程技术，其中函数直接或间接地调用自身。在实际应用中，许多问题的求解方法具有递归特征，利用递归描述这种求解算法，思路清晰简洁。

在 Python 中，递归函数是函数体中直接或间接调用该函数本身的函数。如果函数 a() 调用函数 a() 本身，则称函数 a() 为直接递归。如果函数 a() 中调用函数 b()，然后函数 b() 又调用函数 a()，则称函数 a() 为间接递归。程序设计中常用的是直接递归。

在数学上，许多函数都是通过递归来定义的。例如，当 n 为自然数时，求 n 的阶乘 $n!$。$n!$ 的递归可以表示为：

$$n! = \begin{cases} 1, & n \leqslant 1 \\ n*(n-1), & n>1 \end{cases}$$

从数学角度来看，如果要计算 n 的阶乘，就必须先算出（$n-1$）的阶乘，而要计算（$n-1$）的阶乘，就必须先求出（$n-2$）的阶乘，以此类推，直到计算 1 的阶乘为止。若已知 1 的阶乘，就可以逐步回推，首先计算出 2 的阶乘，然后是 3 的阶乘，一直计算到 n 的阶乘。

下面用一个简单的递归程序来分析递归函数的调用过程。

【例 2.30】 求 $n!$ 的递归函数。

根据 $n!$ 的递归表示形式，用递归函数描述如下：

```
def fac(n):
    if n<=1:
        return 1
    else:
        return n*fac(n-1)
m=fac(5)
print(m)
```

上述代码的运行结果如图 2.73 所示。

在函数中使用了 n*fac(n-1) 的表达式形式，这是一种典型的直接递归调用。这里的 fac() 是一个递归函数，因为它在其定义内部调用了自身。从程序简洁性的角度来看，使用递归描述问题通常比使用循环控制结构描述更自然、更简洁。但是，对初学者来说，理解递归函数的执行过程可能比较难理解。

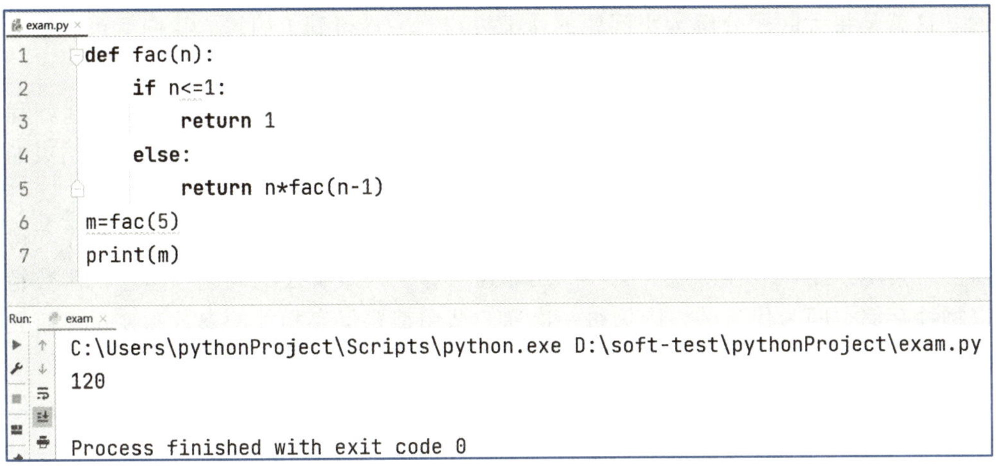

图 2.73　运行结果

以计算 3!（3 的阶乘）为例，假设有一个函数调用 m=fac(3)，它的计算流程如图 2.74 所示。

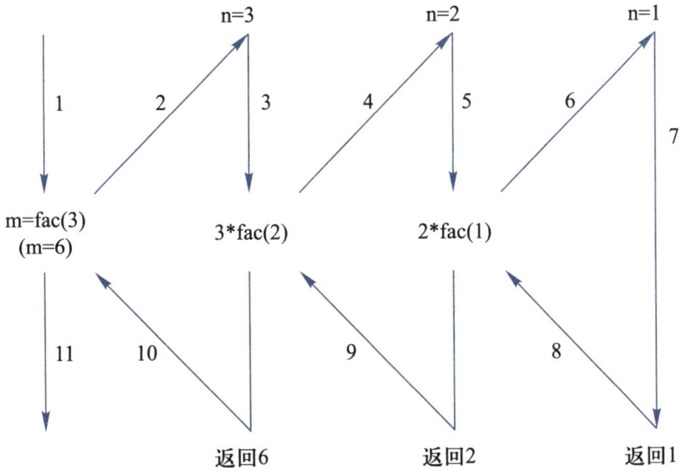

图 2.74　3! 递归调用示意图

函数调用 fac(3) 的计算过程可以大致描述如下：

（1）为了计算 3！，首先需要计算 2！。因此，调用 fac(2)。

（2）在计算 fac(2) 时，需要计算 1！。因此，调用 fac(1)。

（3）当计算到 fac(1) 时，已知 1! =1，所以直接返回结果 1。

（4）接下来，回溯到 fac(2) 的调用处，现在有了 fac(1) 的结果，则可以计算 2! =2 × 1! =2。

（5）最后，回溯到最初的 fac(3) 调用处，现在有了 fac(2) 的结果，则可以计算出 3! =3 × 2! =6。

递归计算 $n!$ 有一个重要特征，求与 n 有关的解，可以化为求 $n-1$ 的解，求 $n-1$ 的解又化为求 $n-2$ 的解，以此类推。特别是，对于 $n=1$ 的情况，其解是可立即得到的。这就是将大问题分解为小问题的递推过程。一旦得到 1 的解，我们就可以通过回溯过程逐步获得 2 的解、3 的解，直到 n 的解。

编写递归程序要注意两点：第一、要找出正确的递归算法，这是编写递归程序的基础；第二、要确定算法的递归结束条件，这是决定递归程序能否正常结束的关键。

当一个问题蕴含了递归关系且结构比较复杂时，采用递归函数可以使程序变得简洁、紧凑，能够很容易地解决一些用非递归算法很难解决的问题。但递归函数是以牺牲存储空间为代价的，因为每一次递归调用都要保存相关的参数和变量。而且递归函数也会影响程序执行速度，因为反复调用函数，会增加时间开销。

【例 2.31】 模拟一个简单的红包分配程序，实现根据总金额生成多个随机红包的功能。

【分析】 输入红包总金额和个数；通过调用函数，对剩余金额进行分配；最后一个红包金额是前面所有已分配红包后剩余的金额；最后将每个红包的金额输出显示。

程序代码如下：

```
import random
# 定义函数，根据剩余金额 rest 分配第 k 个红包的金额
def  redEnv(k,rest):
    m=random.random()*(rest/2)
    return m
total=float(input("请输入红包金额："))
num=int(input("请输入红包个数："))
remain=total
# 逐个红包分配金额
for  i  in  range(num-1):
     money =redEnv(i+1,remain)
     remain -=money
     print("第 %d 个红包：%.2f"%(i+1,money))
# 最后一个红包
print("第 %d 个红包：%.2f"%(num,remain))
```

程序运行结果如图 2.75 所示。

```
C:\Users\pythonProject\Scripts\python.exe D:\soft-test\pythonProject\exam.py
请输入红包金额：70
请输入红包个数：9
第1 个红包：8.66
第2 个红包：9.18
第3 个红包：17.13
第4 个红包：4.69
第5 个红包：9.74
第6 个红包：7.90
第7 个红包：0.74
第8 个红包：1.54
第9 个红包：10.42

Process finished with exit code 0
```

图 2.75　运行结果

将本例修改为递归算法，如下：

```
import random
#定义函数，根据剩余金额rest分配第 k个红包的金额
def redEnv(k,rest):
    if k<=1:
        return(num-k+1,rest)
    else:
        m=random.random()*(rest/2)
        rest-=m
        print("第%d 个红包:%.2f"%(num-k+1,m))
        return redEnv(k-1,rest)
total=float(input("请输入红包金额:"))
num=int(input("请输入红包个数:"))
remain=total
redEnv(num,remain)
```

修改后的程序的运行结果如图 2.76 所示。

```
C:\Users\pythonProject\Scripts\python.exe D:\soft-test\pythonProject\exam.py
请输入红包金额：50
请输入红包个数：7
第1 个红包：14.60
第2 个红包：11.19
第3 个红包：5.32
第4 个红包：7.70
第5 个红包：0.74
第6 个红包：0.58
第7 个红包：9.90

Process finished with exit code 0
```

图 2.76 运行结果

本章小结

Python 是一种高级程序语言，具有解释型、面向对象和动态数据类型的特点。通过学习本章内容，能够了解 Python 的发展历程、特性及其应用领域。能够进行应用程序的下载、安装和配置，搭建基本的 Python 开发环境，并学习使用 PyCharm 编辑器进行项目的编写。能够正确地定义标识符，使用基本输入输出函数。使用算术运算符、赋值运算符、比较运算符、逻辑运算符、位运算符、身份运算符、成员运算符来编写正确的表达式，并注意运算符的优先级。Python 控制结构包括顺序结构、选择结构、循环结构，能够灵活使用这三种结构来解决实际问题。对于经常反复使用的程序段，可以将其定义为 Python 函数。能够正确定义并调用函数，设置参数，理解全局作用域和局部作用域的概念，以及如何定义、使用递归函数。

应用篇

第 3 章　计算机视觉

3.1　什么是计算机视觉

计算机视觉（computer vision，CV）是人工智能领域的一个重要分支，是一门研究如何能够从图像或者多维数据中获取高级信息的学科，是一门专注于研究如何使计算机系统能够“看见”“理解”和“解释”图像和视频的技术。从工程角度说，计算机视觉主要研究如何使用算法模拟人类的视觉系统，从而自动完成人类通过视觉完成的一些工作。如图 3.1 所示为人类和计算机感知图像的过程。

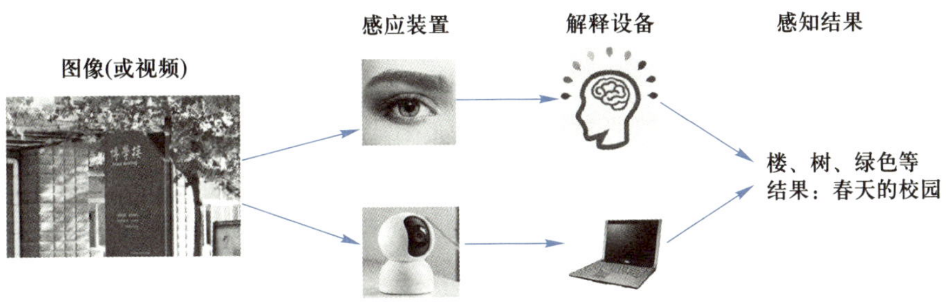

图 3.1　人类和计算机感知图像的过程

在生理学上，视觉的起始点是视觉器官感受到细胞的激活，随后这些激活信号被传递到视觉神经系统进行加工，最终形成视觉信号。我们通过视觉来直观地了解眼前事物的形体和状态，依靠视觉来完成日常生活中的阅读、看视频、驾驶汽车以及其他任务。通过视觉，我们可以获取外界事物的大小、明暗、颜色、状态等信息，通过这些信息能够得知周围的世界是怎样的以及如何和世界交互。由于人类生理构造的复杂性，如何构造出计算机算法来模拟人类的视觉，并从视觉图像中提取信息一直是一个非常具有挑战性的课题。而视觉环境的复杂性也加剧了这个课题研究的难度，因为视觉信号中表现的内容往往是从不同的角度、不同的光照环境以及不同的相对位置上呈现的，如何在这样复杂的条件下提取目标的信息往往是一件非常困难的工作。因此，自 20 世纪 60 年代以来，计算机科学家一直在想办法让计算机也拥有视觉，从而产生了“计算机视觉”这个领域。

计算机视觉的研究和应用中涉及许多核心任务和技术，主要包括：

（1）**图像处理：**图像处理包括图像变换、图像增强、图像复原、图像压缩、图像分割等操作。这些操作可以是一些基础的调整，比如，让图像变得更亮或对比度更高；也可以是复杂的分析，比如，识别图像中的特定物体或特征。总之，图像处理的目的是改善图像质量或提取图像中的有用信息。

在日常生活中，我们经常会用到图像处理。比如，当我们在手机上使用美颜相机功能时，手机会自动对我们的脸部进行图像处理，使肤色更均匀、眼睛更有神。这就是图像处理的一个简单应用。此外，在医学、遥感、军事等领域，图像处理也发挥着重要作用。在医学领域，医生可以通过图像处理技术来分析医学图像，如X光片或MRI扫描，以便更准确地诊断疾病。在遥感领域，图像处理技术可以帮助科学家分析卫星图像，了解地球环境的变化。在军事领域，图像处理技术可以用于目标识别、地形分析等任务。

（2）**特征提取：**特征提取是指从图像中提取出有意义的特征，如边缘、角点、纹理等，以便后续处理和分析。简单来说，特征提取就是从大量的信息中找出对我们有用的、关键的信息。这个过程就像我们在日常生活中，从一堆杂乱的物品中挑选出我们需要的、重要的物品一样。常用的方法有边缘检测、角点检测、尺度不变特征变换等。

在计算机视觉和图像处理中，特征提取非常重要。因为计算机并不像人一样能直观地识别和理解图像，所以我们需要通过特征提取，帮助计算机找出图像中的关键信息，比如，边缘、颜色、形状等。这样，计算机就能更好地理解图像，进行更准确的识别和分类。

举个例子，假设我们要让计算机识别一张图片中的猫，如图3.2所示。通过特征提取，我们可以找出图片中所有与猫相关的关键信息，比如，猫的尾巴、眼睛的形状、鼻子的位置等。然后，计算机就可以根据这些信息来判断图片中是否有猫以及猫的具体位置和姿态。

特征提取在各个领域都有广泛应用，比如，自然语言处理、生物信息学等。在这些领域中，特征提取可以帮助我们更好地理解和分析数据，从而做出更准确的决策。

图3.2　图像特征提取

（3）**图像识别：**图像识别是指将图像中的内容自动分类或识别，例如，可以识别图像中的动物种类、人脸身份等。常用的方法有支持向量机（support vector machine，SVM）、*k* 近邻、深度神经网络等。

想象一下，你手里有一张图片，上面有一只可爱的小狗，如图 3.3 所示。当你把这张图片给计算机看时，图像识别技术就能帮助计算机分析这张图片，找出其中的关键信息，比如，图片的颜色、纹理、形状等。然后，计算机会利用这些信息，与已知的物体模型进行比对，从而识别出图片中的小狗。

这个过程听起来简单，但实际上需要很多复杂的计算和技术支持。比如，计算机需要学习大量的图片数据，才能理解不同物体的特征；同时，还需要用到一些高级的算法，比如，SVM、*k* 近邻、深度神经网络，来提高识别的准确率和速度。

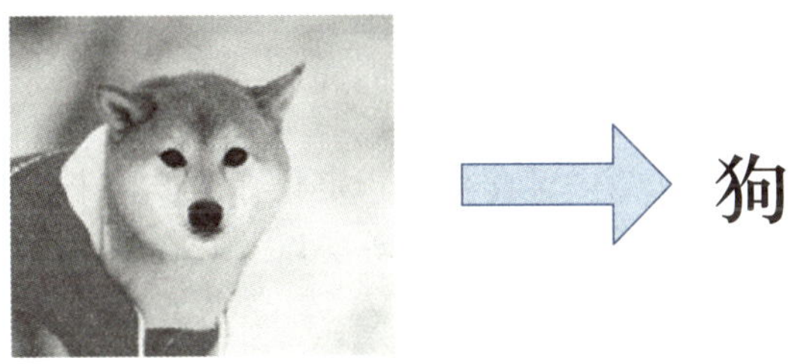

图 3.3　图像识别

（4）**目标检测：**目标检测是指在图像或视频中自动检测特定对象的位置和数量，例如，可以检测人脸、车辆、行人等。常用的方法有 Haar 特征分类器、方向梯度直方图（histogram of oriented gradient，HOG）特征与机器学习算法（如支持向量机）结合、卷积神经网络（convolutional neural networks，CNN）等。

目标检测，就是让计算机在图像或视频中找出我们感兴趣的物体，并告诉我们这些物体在哪里以及它们是什么。假设你有一张复杂的照片，里面有很多人、车、树和建筑。目标检测的任务就是在这张照片中找出所有的车，并用一个个框把每辆车都圈出来，同时告诉我们这些车是什么类型。那么，计算机是如何做到的呢？首先，它会学习很多物体的特征，比如，车的形状、颜色、大小等。然后，当它在新的图像或视频中搜索时，会尝试找出与这些特征匹配的物体。一旦找到了匹配的物体，计算机就会用一个框把它圈出来，并告诉我们这个物体是什么，如图 3.4 所示。

（5）**目标跟踪：**目标跟踪是指持续跟踪图像或视频中的目标，通常用于视频监控、自动驾驶等领域。常用的方法有卡尔曼滤波、粒子滤波、Mean-Shift 算法、深度学习等。

目标跟踪就是计算机在视频或连续的图像帧中，对某个特定的物体进行持续的定位和关注。这就像我们在看一部电影时，眼睛会自然而然地跟随某个角色的移动，目标跟踪就是让计算机做同样的事情。

假设你正在看一个监控视频，视频里有一个人在走动。目标跟踪技术就可以帮助计算机始终锁定这个人，不管他在视频里走到哪里，做什么动作，计算机都能准确地知道他的位置。那么，计算机是如何做到的呢？首先，它需要知道要跟踪的目

图 3.4　目标检测

标是什么。这通常是通过在第一帧图像中指定目标的位置来实现的。然后，计算机会根据目标的特征（如颜色、形状、大小等）以及它在视频中的运动规律，来预测下一帧中目标可能出现的位置。

此外，还有一些其他的计算机视觉技术，如三维重建（基于二维图像还原三维场景和物体模型，如虚拟现实、增强现实等）、光流估计（通过比较相邻帧之间的图像来估计物体的运动，如视频跟踪等）、语义分割（将图像分割成不同的区域并为每个区域分配标签，如道路分割、人物分割等）和实例分割（在图像中同一类物体中区分出不同的实例，如多个人脸的分割）等。这些技术在实际应用中发挥着重要作用，例如，在医学领域用于诊断疾病，在工业制造中用于质量检测，在自动驾驶中用于感知道路环境和交通情况，以及在安防监控中用于识别异常行为等。

计算机视觉是一门非常有趣且实用的科学，它让计算机有了“看”世界的能力，为我们的生活和工作带来了很多便利。

3.2　图像的形成

图像的形成是一个涉及多个物理和技术过程的复杂现象。在计算机视觉和图像处理领域，我们主要关注数字图像的形成，这些图像通常由数字设备（如相机、扫描仪等）捕获并转换为数字信号。下面简要介绍一下图像是如何形成的。

1. 光与物体的交互

（1）当光线（自然光或人造光）照射到物体上时，物体会反射、吸收或透射部分光线。

（2）物体表面的颜色、纹理和形状决定了它如何与光线交互。

（3）这些交互产生的光线会向各个方向散射，其中一部分光线会进入我们的眼睛或图像捕获设备。

2. 图像捕获

（1）图像捕获设备（如相机）包含一个或多个镜头，用于聚焦光线。

（2）镜头将光线汇聚到图像传感器（如 CCD 或 CMOS）上。

（3）图像传感器将接收到的光线转换为电信号。每个像素（图像的最小单元）都会根据接收到的光线强度产生一个相应的电信号值。

3. 信号处理和数字化

（1）转换后的电信号会经过一系列信号处理步骤，包括放大、滤波和颜色分离等。

（2）接下来，这些模拟信号会被转换为数字信号，即数字图像。这个过程称为模数转换（analog-to-digital converter，ADC）。

（3）数字图像由像素的集合组成，每个像素都有一个或多个数字值，表示其亮度、颜色和位置信息。

4. 存储和显示

（1）数字图像可以被存储在计算机的内存或硬盘等存储设备中。

（2）当需要显示图像时，数字信号会被转换回模拟信号，并显示在显示器上或被打印出来。

上述图像的形成过程是一个简化的描述，实际在图像形成过程中会涉及更多的物理和技术细节。此外，在计算机视觉和图像处理中，我们还可以通过各种算法和技术对数字图像进行进一步处理和分析，提取出有用的信息或改善图像的质量。

图像的形成是一个涉及光线与物体交互、图像捕获、信号处理和数字化的复杂过程。这些步骤共同产生了我们看到的数字图像，为计算机视觉和图像处理提供了基础数据。

3.2.1　数字图像基础

1. 像素、分辨率和颜色模型

（1）像素：像素是图像的基本组成单元，由图像的小方格组成。这些小方格都有明确的位置和被分配的色彩数值，其颜色和位置决定了图像所呈现的样子。每个像素都是一个不可分割的单位，它代表了一个单一颜色的小格。点阵图像包含了一定量的像素，这些像素决定了图像在屏幕上所呈现的大小。

（2）分辨率：我们常常以图像或显示屏在长和宽上各拥有的像素数来代指分辨率。例如，一张分辨率为 1 920 × 1 080 像素的照片，意味着它由横向 1 920 个像素和纵向 1 080 个像素构成，总共包含了 1 920 × 1 080 个像素。分辨率决定了位图图像细节的精细程度。严格意义上描述分辨率的单位是 dpi（点每英寸，1 英寸 =2.54 cm）、lpi（线每英寸）和 ppi（像素每英寸），它指的是图像或显示器在单位长度上有多少个像素。

（3）颜色模型：颜色模型是指某个三维颜色空间中的一个可见光子集，它包含了某个色彩域的所有色彩。任何一个色彩域都只是可见光的子集，任何一个颜色模型都无法包含所有的可见光。常见的颜色模型有 RGB、CIECMY/CMYK、HSK、NTSC、YcbCr、HSV

等。这些模型为表示、处理和操作颜色提供了不同的框架和方法。

其中，RGB 颜色模型是基于光的混合原理，由光的三原色（红、绿、蓝）构成，若每种原色有 256（2^8）种色差，则可以混合产生约 1 678 万种颜色。RGB 模式几乎能涵盖人眼所能看到的所有颜色，因此在屏幕显示中应用广泛。

综上所述，像素、分辨率和颜色模型在图像处理、计算机视觉和显示技术中扮演着重要的角色。它们共同决定了图像的显示效果、信息的精确度和颜色的表达方式。

2. 图像的获取与数字化

图像的获取与数字化是计算机视觉和图像处理中的两个关键步骤。

图像的获取主要涉及使用各种设备和技术捕捉图像的过程。常见的图像获取方式包括使用相机或摄像机进行拍照或录像，使用扫描仪将纸质图像转换为数字图像，通过屏幕截图工具捕捉计算机或手机屏幕上的图像，以及使用专业的图像传感器设备进行图像采集等。在计算机视觉系统中，还涉及利用照相机和照明设备获取图像信息的过程。此外，还可以通过视频采集、红外 / 热红外捕捉以及 3D 扫描等技术获取图像。这些技术广泛应用于各种场景，如安防监控、工业检测、虚拟现实等。

在获取图像后，需要将其数字化以便计算机进行处理和分析。图像的数字化是将模拟图像转换为计算机能够处理的数字图像的过程。这主要包括采样、量化和编码三个步骤。采样是对二维空间上连续的图像进行水平和垂直方向上的等间距分割，形成由像素点构成的集合。量化则是将像素的灰度值转换为离散的整数值。最后，通过编码将数字图像转换为计算机能够存储和传输的格式。

3.2.2 图像基本运算

图像的基本运算主要包括点运算、代数运算（加、减、乘、除）、逻辑运算（与、或、非）和几何运算（平移、镜像、旋转、缩放）。这些基本运算在图像处理中都具有十分重要的意义，它们能够改变输入图像的灰度级、降低图像的噪声、进行各种各样的几何变换等。

（1）点运算：点运算是指对图像的每个像素的灰度值按一定的映射关系运算，得到一幅新图片的过程。由于点运算能够有规律的改变像素的灰度值，所以也被称为对比度增强或灰度变换。例如，线性点运算是指输入图像的灰度级与输出图像呈线性关系。

（2）代数运算：代数运算是指对图像中的每个像素进行数学运算，以产生新的像素值。常用的代数运算包括加法、减法、乘法和除法。这些运算可以通过对应像素之间的运算来实现，也可以通过对整个图像进行运算来实现。图像代数运算不仅可以用于对图像进行亮度、对比度的调整，还可以用于图像的滤波、增强等处理。

（3）逻辑运算：逻辑运算包括 AND、OR、NOT 和 XOR 等操作，主要用于遮罩、位图处理等。

（4）几何运算：几何运算可以改变图像的空间关系，包括平移、镜像、旋转和缩放等。

这些基本运算在图像处理中发挥着重要作用，通过它们可以对图像进行各种处理和变换，以满足不同的应用需求。

3.2.3　图像处理的目的

图像处理的目的多种多样，主要包括以下几个方面：

（1）提高图像的视觉效果：图像处理的首要目标通常是为了改善图像的视觉效果，使图像变得更加清晰、明亮或具有特定的艺术效果。这可以通过调整图像的对比度、亮度、饱和度等参数来实现，或者应用各种滤镜和特效来增强图像的视觉效果。

（2）提取图像中的有用信息：图像处理的一个重要目的是从图像中提取出有用的信息。例如，在医学影像诊断中，医生需要通过处理和分析医学图像来识别病变区域和异常情况；在自动驾驶领域，车辆需要通过处理道路和交通标志的图像来识别路况和障碍物。这些信息提取过程通常涉及图像分割、特征提取、目标识别等高级图像处理技术。

（3）便于图像的存储和传输：图像处理还可以帮助优化图像的存储和传输方式。通过对图像进行压缩处理，可以减小图像文件的大小，从而节省存储空间和网络带宽。这对于大规模图像处理、远程图像传输和实时图像处理等应用尤为重要。

（4）图像修复与重建：在某些情况下，图像可能由于拍摄条件不佳、设备故障或人为损坏等原因而出现模糊、噪声、缺失等问题。图像处理技术可以用于修复这些受损图像，恢复其原有的质量和信息。此外，图像处理还可以用于重建三维图像或场景，实现虚拟现实和增强现实等应用。

综上所述，图像处理的目的涵盖了提高图像视觉效果、提取有用信息、优化存储和传输以及图像修复与重建等多个方面。这些目的的实现不仅有助于提高图像的质量和价值，还推动了图像处理技术在各个领域的广泛应用。

3.2.4　图像处理任务

1. 图像变换

图像变换是对图像进行某种数学变换，以实现特定的图像处理效果或满足特定需求的过程。简单来说，就是对图像进行一种特殊的处理，让图像从一种形式变成另一种形式。这就像是我们玩的变形游戏，把一张图像变成另一种有趣的形状或样式。

图像变换有多种形式，包括但不限于图像翻转（将图像水平或垂直翻转）、图像平移（将图像在水平或垂直方向上移动一定距离）、图像剪切（将图像的一部分剪切并移动到其他位置）等。就像我们用手指在智能手机上滑动就可以旋转或缩放照片一样。这些操作可以让图像呈现出不同的视觉效果，满足我们的不同需求。这些变换都基于线性代数、微积分和几何学等数学工具进行描述和实现。

在数字图像处理中，还有一些更复杂的图像变换方法，比如，离散傅立叶变换（将图像从空间域转换到频域）、离散余弦变换和小波变换等。这些方法通过数学公式对图像信号进行变换，从而实现对图像的变形、调整、增强等操作，提取出图像中的有用信息，进而提高图像的品质和应用价值；或者对图像进行压缩和编码，以便更方便地存储和传输。

图像变换在图像处理中扮演着重要的角色，它帮助我们更好地理解和处理图像数据，满足各种实际应用需求。

2. 图像增强

图像增强是图像处理中的一个重要环节，其主要目的是改善图像的视觉效果，或将图像转换成一种更适合人或机器进行分析和处理的形式。这一过程主要强调图像中感兴趣的特征，抑制不相关特征，从而提高图像的可观察性。图像增强不考虑图像降质的原因，只是将图像中感兴趣的特征有选择地突出，而衰减其不需要的特征。例如，我们有一张在暗光环境下拍摄的照片，可能看不太清楚细节。但通过图像增强技术，我们可以调整亮度、对比度，甚至“点亮”照片中的暗部区域，让原本模糊的细节变得清晰可见。

图像增强的方法多种多样，包括但不限于直方图均衡化、对比度拉伸、滤波处理、锐化等。这些方法可以根据具体的应用场景和需求进行选择。例如，直方图均衡化可以通过拉伸像素强度分布范围来增强图像的对比度，使得图像的细节更加清晰；而滤波处理则可以去除图像中的噪声，提高图像的质量。

此外，随着深度学习技术的发展，越来越多的图像增强方法开始采用深度学习的框架。这些方法通过训练深度神经网络来学习图像到图像之间的映射关系，从而实现图像的增强。这些深度学习方法在图像超分辨率、去噪、去模糊等方面取得了显著的效果。

图像增强是一个灵活且多样的过程，可以根据具体的需求和应用场景选择适合的增强方法。通过图像增强，我们可以改善图像的视觉效果，提高图像的质量，使得图像更适合于后续的分析和处理。

3. 图像复原

图像复原是图像处理中的一项重要技术，目的是让已经退化的图像恢复到原本的样子。有时，因为设备问题、环境因素或传输过程中的干扰，我们得到的图像可能并不清晰，颜色、细节等方面都可能出现问题。图像复原就是针对这些问题，尝试恢复图像的原始状态。

复原图像的过程就像是对图像进行“修复”。首先，需要了解图像退化的原因和方式，然后建立数学模型来描述这种退化过程。有了这个模型，就可以通过一系列的技术手段，如滤波、去噪、增强等，来恢复图像的质量和细节。这样，原本模糊、失真的图像就能变得清晰、真实。

简单来说，图像复原就是让模糊、退化的图像变得清晰、真实的过程。它可以帮助我们更好地观察和分析图像，从而获取更准确的信息。

4. 图像压缩

图像压缩，简单来说，就是为了减少图像数据所占用的存储空间，同时保证图像质量不被严重影响，将图像数据进行“瘦身”的过程。这就像是我们要把一大堆书装进一个小箱子，需要去掉书中的冗余部分，只保留重要的信息，以便箱子能够装得下。

在图像压缩中，我们会去除图像中的冗余数据，这些数据可能是相邻像素间的相关性引起的，也可能是不同帧之间或不同颜色平面之间的相关性引起的。通过去除这些冗余数据，我们可以有效地减少图像所需的数据量，从而减小图像文件的大小。

图像压缩可以分为有损压缩和无损压缩两种。有损压缩会损失一定的图像信息，但压缩比更高，文件大小更小。而无损压缩则能保证压缩后的图像与原始图像完全一致，但压缩比通常较小。这就像是我们选择用不同的方式打包书籍，有损压缩可能会稍微牺牲一些书的内容完整性，但箱子能装得更多；而无损压缩则确保每本书都完整无损，但可能装不了太多。

图像压缩是一种非常实用的技术，它可以帮助我们节省存储空间，加快图像传输速度，同时保持图像质量在可接受范围内。无论是为了在网上快速分享照片，还是在移动设备上存储大量图片，图像压缩都能发挥重要作用。

5. 图像分割

图像分割，简单来说，就是把一张图像分成多个不同的部分或区域。这就像我们切蛋糕一样，把一整块蛋糕切成好几块，每块都有不同的特点和用途。

在图像分割中，我们会根据图像中不同区域的特征（如颜色、纹理、形状等）来进行划分。这些特征在同一区域内会呈现出相似性，而在不同区域间则会有明显的差异。比如，在一张包含人和背景的图像中，图像分割可以帮助我们把人和背景分开，得到两个不同的区域。

图像分割在很多领域都有应用。比如，在医学影像中，医生可以使用图像分割技术来识别和分析病变区域；在自动驾驶中，车辆可以通过图像分割来识别道路、车辆和行人等；在人脸识别中，图像分割可以帮助我们更准确地定位和识别人脸。

图像分割是一种非常有用的图像处理技术，它可以帮助我们更好地理解和利用图像信息，实现各种实际应用的需求。

3.3　传统图像识别方法

3.3.1　特征提取

图像特征提取是计算机视觉和图像处理领域中的一项关键技术，旨在从原始图像数据中提取出对后续任务（如图像识别、分类、检索等）有用的信息。这些特征通常具有对变换、光照、尺度等因素的不变性，从而使得后续任务更为稳定和可靠。

特征提取的原理主要基于图像的局部属性或全局属性。局部属性可能包括边缘、角点、斑点等，而全局属性则涉及颜色、纹理和形状等。通过特定的算法和计算方式，这些属性可以从图像中被精确地识别和提取出来。

在特征提取过程中，通常会使用到一些经典的算法，如 SIFT（尺度不变特征变换）、SURF（加速稳健特征）和 HOG（方向梯度直方图）等。这些算法能够捕捉到图像的局部细节和全局结构信息，并生成相应的特征描述子。这些描述子不仅具有代表性，而且具有可区分性，可以有效地用于图像之间的比较和匹配。

此外，随着深度学习技术的发展，基于深度学习的特征提取方法也变得越来越流行。这些方法通过训练深度神经网络来学习从图像到特征向量的映射，能够自动地提取出高层次的抽象特征，并在各种任务中取得优异的性能。

综上所述，图像特征提取是计算机视觉和图像处理中不可或缺的一步。它能够帮助我们更好地理解和分析图像内容，并为后续的图像处理和分析任务提供有力的支持。无论是在学术研究还是在实际应用中，图像特征提取都发挥着重要的作用。

3.3.2 分类识别

图像分类识别是计算机视觉领域的一个重要应用，它利用计算机对图像进行处理、分析和理解，以识别图像中的不同目标和对象，并将它们归类到相应的类别中。

图像分类识别技术依赖于训练好的分类器，这些分类器利用带有类别标签的训练数据进行训练。一旦训练完成，分类器就可以接收新的测试图像，并判断其所属的类别。

在图像分类识别过程中，特征提取是一个关键步骤。特征提取涉及将原始图像转化为机器可识别的格式，通过提取图像中的形状、颜色、纹理等重要特征，为后续的分类器提供足够的信息以实现准确的分类。

有多种算法和技术可用于图像分类识别，例如，卷积神经网络（CNN）、支持向量机（SVM）、决策树和 k 近邻算法等。这些算法各有特点，适用于不同的场景和需求。例如，CNN 特别适用于图像识别任务，能够自动提取图像中的有效特征并进行分类；SVM 则通过将图像特征映射到高维空间，找到最优的超平面来实现分类。

图像分类识别技术在许多领域都有广泛的应用，如药物研发和监测、智能交通、智能安防、零售业、农业和娱乐等。通过图像分类识别，可以实现药物效果评估、自动驾驶、人脸识别、商品识别与检测、作物病害检测以及游戏互动等多种功能。

综上所述，图像分类识别技术通过结合图像处理、特征提取和分类算法，实现了对图像中不同目标和对象的自动识别和分类。随着技术的不断发展，图像分类识别将在更多领域发挥重要作用，为人们的生活和工作带来便利。

3.4 深度学习识别方法

3.4.1 基于深度学习的图像识别方法

1. 卷积神经网络

卷积神经网络（CNN），是深度学习中最常用的图像识别方法之一。它通过多层卷积和池化操作来自动提取图像中的特征，并使用全连接层进行分类。CNN 能够学习到图像的空间层次结构，对平移、旋转和缩放等变换具有不变性，因此在图像识别任务中表现出色。

2. 循环神经网络

循环神经网络（RNN）是一种能够处理序列数据的深度学习模型。在图像识别中，RNN 可以用于识别图像中的文本或生成图像描述。通过在网络中引入循环连接，RNN 可以对序列数据进行有效的建模，捕捉图像中的时序和上下文信息。

3. 迁移学习

迁移学习是一种机器学习技术，它的核心思想是将在一个任务上学到的知识应用到另一个相关的任务中。简单来说，这就像我们利用已有的经验和知识来学习新东西。比如，如果你已经学会了骑自行车，那么学习骑电动自行车就会变得相对容易，因为你已经掌握了平衡和控制的基本技巧。

在迁移学习中，我们通常会先在一个源任务（如骑自行车）上训练模型，这个任务通常有大量的数据可用。然后，我们将从源任务学到的知识（如平衡感、控制技巧等）应用到目标任务（如骑电动自行车）上。这样，我们就可以利用已有的知识来加速新任务的学习过程，从而改善学习性能。如图 3.5 所示为迁移学习的过程。

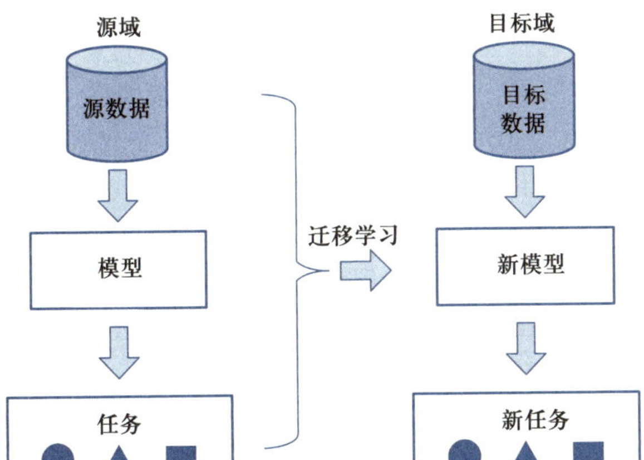

图 3.5 迁移学习过程

在图像识别中，可以使用在大型数据集上预训练的模型作为起点，通过微调（fine-tuning）来适应特定的识别任务。这种方法可以节省训练时间，并提高在有限数据上的识别性能。通过迁移学习，我们可以有效地解决数据稀缺问题。对于新的图像识别任务，尤其是针对那些只有有限数据的情况，从头开始训练模型可能是不切实际的。但是，通过迁移学习，我们可以利用预训练模型的知识，在有限的数据上实现较好的识别性能。此外，迁移学习还可以提高图像识别的效率和准确性。由于预训练模型已经学习到了通用的图像特征，我们可以利用这些特征来加速新任务的学习过程，并减少对新数据的依赖。这不仅可以节省时间和计算资源，还可以提高识别的准确率。

3.4.2 基于深度学习的图像识别使用流程

基于深度学习的图像识别使用流程主要包括以下步骤：

（1）**数据准备**：首先，需要收集并整理待识别的图像数据集。确保图像类别的相对均衡性，并进行适当的数据增强操作，如旋转、翻转、裁剪等，以增加算法的鲁棒性。

（2）**网络设计**：选择合适的深度学习模型，特别是卷积神经网络（CNN），进行网络结构的设计。根据具体需求，可以调整网络的层数、节点数和连接方式，以优化性能。

（3）**数据预处理**：对采集到的原始图像数据进行预处理，包括图像的归一化、降噪和增强。这一步骤对于提高算法的准确度和稳定性至关重要。

（4）**网络训练**：将预处理后的数据集分为训练集和验证集。使用训练集对网络进行训练，通过反向传播优化网络参数。同时，使用验证集进行模型的选择和调优。在训练过程中，需要设置合理的超参数，如学习率。

（5）**迁移学习应用**：如果目标训练集不够大，可以考虑使用迁移学习。这可以通过固定底层网络参数，沿用预训练模型的结果，仅对上层进行更新来实现。另外，也可以直接将预训练模型的特征表达作为新任务的起点。

（6）**模型评估与优化**：使用测试集对训练好的模型进行评估，分析其在不同指标上的性能。根据评估结果，可以对模型进行进一步优化，如调整网络结构、改变学习率等。

（7）**应用部署**：将优化后的模型部署到实际应用场景中，进行图像识别任务。这可以包括在线服务、嵌入式系统等不同形式。

通过以上步骤，可以有效地利用深度学习技术进行图像识别。需要注意的是，深度学习模型的性能很大程度上取决于数据集的质量和数量，因此数据准备和预处理是非常重要的环节。同时，选择合适的模型和优化策略也是实现高效图像识别的关键。

3.5 计算机视觉其他应用领域

3.5.1 人脸识别与检测

计算机视觉在人脸识别与检测中的应用非常广泛。例如，手机解锁功能，安全门禁系统的身份验证和商场广告牌上根据顾客性别推荐商品的背后，都离不开计算机视觉技术的支持。

人脸识别，就像我们的眼睛一样，能“看”出图片或视频中的人是谁。计算机视觉技术通过训练大量的人脸数据，学会了如何识别不同的人脸特征。比如，眼睛的形状、鼻子的高度、嘴巴的宽度等，都是帮助计算机判断一个人身份的关键。一旦识别成功，手机就可以自动解锁，门禁系统可以放行，商场广告牌也可以进行个性化商品推荐。

而人脸检测，则是告诉计算机哪里有人脸。在一张复杂的图片中，可能有人、动物、建筑物等多种物体，人脸检测就是要准确地找到人脸的位置。这样，无论是拍照时自动聚焦人脸，还是在监控视频中追踪人脸，都可以更加精确和高效。

当然，这些技术并不是万能的，有时候也会受到一些挑战，比如，人脸被遮挡、光线太暗或者照片模糊等情况，都可能会影响识别的准确性。但随着技术的不断进步，这些问题也在逐渐得到解决。

计算机视觉在人脸识别与检测中的应用让我们的生活变得更加便捷和安全，也为各个领域的发展提供了强大的技术支持。

3.5.2 医疗诊断

计算机视觉在医疗诊断中的应用非常广泛，它就像给医生配备了一双“超级眼睛”，帮助他们更快速、更准确地诊断疾病。

例如，医生在查看 X 光片或 MRI 图像时，需要仔细寻找异常的区域。而计算机视觉技术可以自动对这些图像进行深度分析，找出其中的微小病变或异常结构。这就像有一个智能助手，能帮助医生迅速定位到可能存在问题的地方，从而提高了诊断的准确性和效率。

不仅如此，计算机视觉还能对医学影像进行自动分类和识别。比如，它可以区分不同类型的肿瘤，识别出血管堵塞的位置，或者检测出内出血等危及生命的疾病。这大大减轻了医生的工作负担，同时也提高了诊断的可靠性。

此外，在手术过程中，计算机视觉技术也可以发挥重要作用。它可以实时分析手术图像，提供精确的导航和定位信息，帮助医生更精准地进行手术操作。

计算机视觉在医疗诊断中的应用让诊断变得更加快速、准确和高效，为患者的治疗提供了更好的保障。随着技术的不断发展，相信未来计算机视觉在医学领域的应用会更加广泛和深入。

3.5.3 自动驾驶

计算机视觉在自动驾驶中的应用，简单来说，就是让车辆能够“看懂”周围的世界，从而做出准确的驾驶决策。

首先，通过安装在车辆上的摄像头和传感器，计算机视觉系统能够实时捕捉道路、车辆、行人等周围环境的信息。这些信息被迅速传输到车辆的计算中心进行处理和分析。

接下来，计算机视觉系统会对这些图像数据进行深度解析。就像我们人类看到一张图片，能够迅速识别出图片中的物体和场景一样，计算机视觉系统也能够识别出路标、交通信号灯、行人、其他车辆等关键信息。

有了这些信息，自动驾驶车辆就能够做出合理的驾驶决策。比如，当车辆识别到前方有行人过马路时，它会自动减速并避让；当车辆需要变道时，它会先检查相邻车道是否有车辆，并找到合适的时机进行变道。

此外，计算机视觉还能帮助自动驾驶车辆进行精确的导航和定位。通过与地图信息的结合，计算机视觉系统能够确定车辆当前的位置，并规划出最优的行驶路线。

总的来说，计算机视觉在自动驾驶中的应用，就像给车辆装上了一双“智能眼睛”，让它能够感知并理解周围的世界，从而实现安全、高效的自动驾驶。随着技术的不断进步，相信未来自动驾驶汽车会更加普及，为我们的生活带来更多便利。

本章小结

计算机视觉作为人工智能的一个重要分支，随着技术的不断进步和应用场景的不断拓展，其重要性日益凸显。本章从计算机视觉的基础概念、涉及的核心任务和技术等方面对其进行了导入性介绍。首先，关于图像，介绍了其形成原理、数字图像基础、图像基本运算、图像处理目的、图像处理任务。其次，介绍传统图像识别方法和基于深度学习的图像识别方法。最后，介绍了计算机视觉的其他应用领域，如人脸识别与检测、医疗诊断、自动驾驶。

第 4 章　自然语言处理

4.1　走进自然语言的世界

语言，作为人类智慧的独特象征和交流工具，让我们在众多生物中脱颖而出。它的魔力不仅在于沟通想法、情感与知识，更在于其无限的表达潜力。回溯至约 7 000 年前，文字诞生，成为人类集体智慧的结晶和知识传承的纽带。尽管我们了解到一些聪明的动物（如大猩猩和海豚等）能掌握并使用有限的符号“语言”。但唯有我们人类，能用符号编织出涵盖任何主题、承载海量信息的话语世界。

时光倒流至 1950 年，在人工智能领域的开创者阿兰 · 图灵所提出的“图灵测试”中，语言成为评判机器是否具备智能的关键介质。智能机器通过阅读理解文字问题，并以精准的文字回复“欺骗”人类评委。如同我们日常通过文字汲取知识、抒发情感一样，一个真正具有智能的 AI，必须具备理解与驾驭自然语言的能力。

自然语言处理并非遥不可及的学术追求，它早已渗透到我们生活的方方面面。无论是智能手机中的语音助手、新闻推荐系统、在线翻译工具，还是社交媒体的情绪分析，都是自然语言处理技术的实际应用。这些场景不仅展示了自然语言处理的强大功能，也为各位读者提供了触手可及的学习和实践平台。

在自然语言处理的世界里，有一个核心追问：何谓“语言”？怎样的符号序列才配得上这个称号？解开这个问题的神秘钥匙，就是语言模型（language model）。本章将以语言模型为主线，带领大家领略自然语言处理的基本模型，揭示它们如何让机器理解并对话人类，以及它们如何赋予冰冷的硬件理解和沟通的能力。

通过本章节的学习，将有机会揭开语言的数字面纱，理解其背后的逻辑，甚至亲手打造出能理解、生成语言的应用。

1. 揭秘自然语言处理

自然语言处理（natural language processing，NLP）犹如一座桥梁，连接起人类日常使用的自然语言与计算机的数字世界。它是计算机科学与人工智能交叉孕育的一颗璀璨明珠，致力于让计算机不仅能“听懂”我们的言语，还能“说出”我们能理解的回答。简而言之，NLP 的目标实现计算机与人类用自然语言顺畅交流。这门学科巧妙融合了语言学、计算机科学与数学知识，共同解码语言的奥秘。

2. 如何让机器“读懂”人类语言

微观视角下，理解自然语言就像给计算机戴上一副语言眼镜，让它能将我们说的话转化为它能理解的数据结构。想象一下，当我们说“今天的天气真好”，NLP 技术会像魔法一般将这句话转化为一串机器可解析的代码，这就是自然语言到机器内部表示的神奇转化。

宏观视角下，理解自然语言意味着赋予机器一系列与语言相关的“超能力”，具体如下：

（1）有问必答：无论你抛出什么问题，机器都能迅速理解并给出精准答案，仿佛拥有一位无所不知的智者在侧。

（2）文摘快手：面对长篇新闻，机器能瞬间抽丝剥茧，提炼出精华摘要，让你一眼抓住重点。

（3）语言变装师：机器能灵活变换措辞，用不同方式表述同一信息，确保无论个人的理解偏好如何，都能够抓住关键点。

（4）语言翻译官：无论你想跨越哪种语言障碍，机器都能瞬间化身同声传译，帮助你与全球各地的人无缝沟通。

3. NLP 点亮日常生活

智能客服是 NLP 技术的贴心使者。当你在网购遇到疑问或需拨打客服热线寻求帮助时，智能客服能迅速理解你的问题并给出准确、及时的回复，让你享受高效、愉快的服务体验，仿佛与真人交谈一般。

新闻速览则得益于 NLP 的“摘要生成术”。面对海量新闻资讯，NLP 能火眼金睛般从茫茫字海中抓取关键信息，为你生成简练的摘要。从此，你只需扫一眼，就能把握全球热点，省时省力，信息获取效率倍增。

NLP 无处不在：从帮你精准搜索信息的智能搜索引擎，到识别你语音指令的语音助手，再到解读你情绪倾向的情感分析工具，NLP 技术悄然融入人类生活的各个角落，让科技更具人性化温度，为学习、工作与生活开启无数可能。

4.2 语言模型

4.2.1 语言模型的概念

语言是基于文字的表达。我们所说的每一句话都是由文字组成的，但并不是文字的任意组合都可以称为自然语言。比如，“山东女子学院”这个六字短语就是一个常见的语言表达，可以被视为一句自然的话。然而，同样的六个字“院山子女东学”组合起来就显得不那么自然。虽然我们也无法断言这个罕见的六字短语一定不是自然语言，比如，这个短语也可能是某个公司的名字，但我们可以相对确信地说“山东女子学院”这个短语看起来比“院山子女东学”更像是一个正常的语言表达。对于一个完整的句子，我们也有同样的评估：“山东女子学院在济南”看起来要比“女子济南在学院”更像一个自然的句子。

在 NLP 中，语言模型（language model，LM）是一个关键的概念，它被用来衡量一段文本出现的概率以及评估语言的合理性。语言模型是 NLP 领域中用来评估语言的概率分布的数学模型。简单来说，语言模型的任务是评估一个给定的词序列（即一个句子）在真实世界中出现的概率，或者说用于评估一个句子或短语有多“像”一个自然语言的概率。如图 4.1 所示，语言模型的本质是依据语言的规则和语义关系来构建模型，从而对一段文本的出现概率进行建模。这种模型在自然语言处理（NLP）的诸多应用中，如机器翻译、语音识别、文本生成、信息检索、文本分类等，都起到了关键性的作用，语言模型的好坏直接影响以上应用的准确性和流畅度。

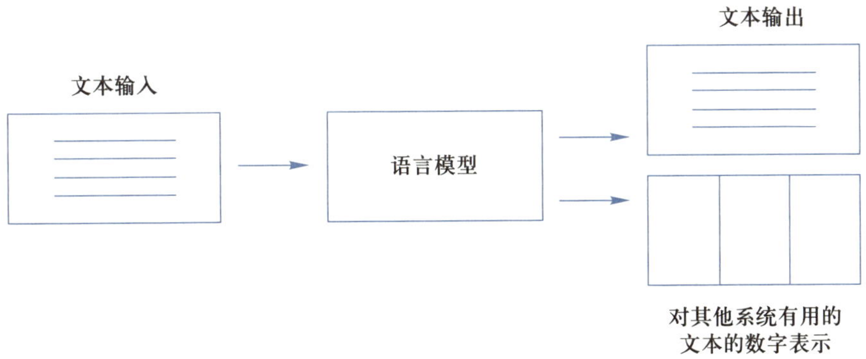

图 4.1　语言模型图

具体而言，对于一个短语或者句子，我们可以将其抽象表示成一个由离散符符号组成的序列 $c_1c_2\cdots c_N$。这里 N 表示该句子或短语共有 N 个字符，其中每一个字符 c_i 都取自一个预先定义的字典 L，L 表示所有可能字符的集合。

有了字符序列 $c_1c_2\cdots c_N$，语言模型需要为该序列计算一个“是否合理的语言”的分数。最通用的方法是采用概率模型（probability model），即计算概率 $P(c_1c_2\cdots c_N)$。如果序列越像自然语言，则概率越高，反之则越低。例如，在一个计算好的语言模型下，应当能够得到类似这样的概率：P(山东女子学院)=0.7，而 P(院山子女东学)=0.08。

4.2.2　语言模型的建模方法

1. 统计语言模型

统计语言模型是最早出现的语言模型之一，它基于统计的方法来建模语言。最经典的统计语言模型之一是 n-gram 模型，它假设一个词的出现只与其前面的 n-1 个词相关，这里 gram 对应希腊语中“字符”的含义。n-gram 模型通过统计语料库中的词频和概率来计算一个句子或文本序列的概率。在实践中，通常使用 n-gram 模型作为语言模型的基础。

2. 神经网络语言模型

随着深度学习技术的发展，神经网络语言模型逐渐成为研究和应用的热门方向。其中，循环神经网络（RNN）和长短时记忆网络（LSTM）等模型被广泛应用于语言建模任务。这些模型能够学习到更复杂的语言规律和特征，从而提高语言模型的准确性和泛化能力。

4.2.3 *n*-gram 模型

1. *n*-gram 模型简介

当我们阅读一本书或者看一部电影时，往往可以根据前几句话推测出接下来的情节发展。这是因为人类大脑善于捕捉并利用语言的模式和规律。而自然语言处理中的 *n*-gram 模型就像是为计算机设计的一款语言猜谜游戏机，只不过它不是用来娱乐的，而是用来帮助计算机更好地理解和生成自然语言的。

当 *n*-gram 模型遇到了新的文本时，它就像一位看过无数剧本的导演，根据过去的演出经验（已有的训练数据），预测演员们（词语）下一步的动作（下一个可能出现的词语）。举个例子，如果你经常看到"我喜欢吃"，接着往往是"苹果"，那么 *n*-gram 模型就会认为在这样的情况下，"苹果"是下一个可能出现的高频词语。

这种看似简单的词语关联游戏，在现实生活中应用相当广泛。搜索引擎帮你补全搜索词、智能输入法快速联想出你要输入的话、聊天机器人能接上你的话题，背后都有 *n*-gram 模型的功劳。当然，*n*-gram 也不是全能的，它无法完美预测那些超乎常规的表达，这时就需要引入更复杂的技巧来弥补，比如，平滑技术和深度学习模型。

2. *n*-gram 模型详解

在概率语言模型中，应当如何具体计算一个序列的概率呢？对于任何一个短语或者句子，人们在表述的时候通常都是从前往后表达每一个字符。与此对应，语言模型最常用的计算方法就是如下的链式法则：

$$P(c_1c_2\cdots c_N)=P(c_1)P(c_2|c_1)P(c_3|c_2c_1)\cdots P(c_N|c_1\cdots c_{N-1})$$

其中，$P(c_i|c_1\cdots c_{i-1})$ 表示当语句的前 $i-1$ 个字符为 $c_1c_2\cdots c_{i-1}$ 时，第 i 个字符是 c_i 的概率。对于"自然语言"一词，可以这样计算：

$$P(\text{自然语言})=P(\text{自})P(\text{然}|\text{自})P(\text{语}|\text{自然})P(\text{言}|\text{自然语})$$

链式法则有以下两个好处：

① 条件独立性：把一个完整序列的概率计算归约为单个字符的条件概率的乘积，简化计算。

② 无后效性：每个字符对应的条件概率，仅取决于其之前的字符，与后续的内容无关，方便序列按语言的表达顺序进行处理。

这里每个字各自的条件概率计算也很容易。以 P（言 | 自然语）为例，它等于"所有以'自然语'开头的四字短语中，第四个字是'言'的概率"。而一个词的概率就是在所有可能的汉语中，该词出现的频率。这个频率可以通过上网搜索足够的

文章，然后统计这些文章中这个词出现的次数得到。这里，我们将这些文章的集合称为语料（corpus）。

不过，尽管通过将一个序列转化为一系列字符的条件概率的乘积简化了计算，但当序列很长时，计算序列中位置靠后的字符的条件概率依然非常复杂。第 i 个字符的条件概率，取决于长度 $i-1$ 的子序列。而长度越长的子序列，在一个文章中出现的概率也就越低，于是也需要收集更多的文本才能准确估算这个子序列的出现频率。试想一下，我们需要在互联网上搜索多少文章才能找到“自然语言通常是指一种自然地随文化演化的语言”这样一段文字？更何况还需要统计频率！

因此，就具体计算而言，人们往往使用一些近似（approximation）。其中一个常见的方法是假设一个字符在句子中的条件概率仅取决于其前方的 $k-1$ 个字符，即：

$$P(c_i|c_1c_2\cdots c_{i-1}) \approx P(c_i|c_{i-k+1}\cdots c_{i-1})$$

我们称这种 k 个字符近似的语言模型为 k-gram 模型。一般而言，我们称这种将语言模型近似表达为每个字符基于其前方若干字符条件概率乘积的方法为 n-gram 模型。注意，n-gram 是这个方法的一般称谓。在本章中我们也用 N 表达一个特定字符序列的长度，请不要混淆。特别地，当 $k=2$ 时，有：

$$P(c_1c_2\cdots c_N) \approx P(c_1)P(c_2|c_1)P(c_3|c_2)\cdots P(c_N|c_{N-1})$$

在这种情况下，每一个字符的条件概率仅与其之前的一个字符有关。以“自然语言”为例，有如下近似计算：

$$P(\text{自然语言})=P(\text{自})P(\text{然}\mid\text{自})P(\text{语}\mid\text{然})P(\text{言}\mid\text{语})$$

我们称这种语言模型为马尔可夫模型（Markov model），也称为 bigram 模型，bi 对应英文中“两个”的含义。

当 $k=1$ 时，有：

$$P(c_1c_2\cdots c_N)=P(c_1)P(c_2)\cdots P(c_N)$$

即假设序列中的每个字符均互相独立。在此模型下，即使改变字符在序列中的顺序，整个序列的概率也是不变的。我们称这种模型为 unigram 模型，uni 对应英文中“一个”的含义。对于“自然语言”这个例子来说，即：

$$P(\text{自然语言})=P(\text{自})P(\text{然})P(\text{语})P(\text{言})$$

unigram 模型是计算最简单的语言模型，也是相对最不精确的模型。类似地，我们称 $k=3$ 的模型为 trigram 模型，$k=4$ 的模型为 4-gram 模型，依此类推。在实际情况中一般 k 不会很大。假设我们的字典中有 1 000 个字符，即 $|L|=1\,000$（实际上会使用的字或者词的数目远超过这个数量），那么对于特定的 k，需要计算的条件概率会有 $1\,000^k$ 种不同的组合。因此，k 的取值通常不超过 4。

4.2.4　模型评估与困惑

如何评估一个语言模型的好坏呢？本节将会采用训练集和测试集的方法来介绍。

首先准备两个分开的语料集合，训练语料（training corpus）和测试语料（test

corpus)。在训练语料上，我们统计不同字符组合的频次并估计对应的条件概率，然后将计算得到的语言模型放到测试语料上进行测试。一个好的语言模型应该对任何自然语句都能准确评估。由于测试集与训练集均为自然语言语料，我们希望得到的语言模型对于测试集的句子能够输出尽量高的概率。要说明的是，为避免语言模型对测试语料过拟合，在计算语言模型的过程中，应该避免在测试语料上进行训练或者利用测试语料的结果进行参数选择。在实际中为了更好地选择参数，往往会选择另一个与训练语料和测试语料都不同的开发语料（development corpus/dev corpus），并根据模型在开发语料上的表现进行参数选择。

由于一个语言模型对于一个文字序列输出的概率往往非常小，如果直接使用概率作为评估标准，大部分场景下都非常不便。因此，在实际操作中，我们使用一个基于概率的简单变种作为评价标准，称为困惑度（perplexity）。对一个测试集中的字符序列 $c_1c_2\cdots c_n$，其困惑度记作 $PP(c_1, c_2, \cdots, c_n)$，具体定义如下：

$$PP(c_1c_2\cdots c_N)=P(c_1c_2\cdots c_N)^{-\frac{1}{N}}=\sqrt[N]{\frac{1}{P(c_1c_2\cdots c_N)}}$$

对于一个 bigram 语言模型来说，字符序列 $c_1c_2\cdots c_n$ 的困惑度可以写作：

$$PP(c_1c_2\cdots c_N)=(P(c_1)P(c_2|c_1)\cdots P(c_N|c_{N-1}))^{-\frac{1}{N}}=\sqrt[N]{\frac{1}{P(c_1)\prod_{i-2}^{N}P(c_1|c_{i-1})}}$$

另一方面，也可以将困惑度理解成一个自然语言可能的分叉数的加权平均值（average branching factor）。这里“可能的分叉数”指对于给定字符序列的每一个前缀，可能是随后出现的字符的数量。考虑一个最简单的例子，假设需要处理的语言由 0~9 这 10 个数字组成，并且每个数字出现的概率完全均等，都是 10%。在这种情况下，任何前缀之后都可能概率均等地出现任意一个数字。因此这个语言的平均分叉数为 10。对应地，对于任意一个长度为 N 的由 0~9 这 10 个数字组成序列的困惑度为：

$$PP(c_1c_2\cdots c_N)=\sqrt[N]{\frac{1}{\left(\frac{1}{10}\right)^N}}=10$$

如果规定在这个语言中 0 之后只能出现 0 或者 1，即当出现 0 的时候可能的分叉数只有 2，那么对于一个包含 0 的字符序列，其困惑度则会比 10 要小。

困惑度起源于信息论中的一个重要概念——熵（entropy），它其实是语言模型中一个字符序列的交叉熵（cross entropy）取指数后的值。因此，在一些自然语言处理研究中，也会对困惑度取对数，并以对数困惑度（log perplexity）作为语言模型的评估值。对熵和困惑度的关系有兴趣的读者可以自行深入研究。

4.2.5 语言模型的应用

介绍完语言模型及其计算之后，下面将以李白的《将进酒》为语料，介绍两个语言模型最经典也是最常见的应用：文本生成（text generation）和文本改错（text editing）。

将进酒

【作者】李白

君不见，黄河之水天上来，奔流到海不复回。
君不见，高堂明镜悲白发，朝如青丝暮成雪！
人生得意须尽欢，莫使金樽空对月。
天生我材必有用，千金散尽还复来。
烹羊宰牛且为乐，会须一饮三百杯。
岑夫子，丹丘生，将进酒，杯莫停。
与君歌一曲，请君为我倾耳听。
钟鼓馔玉不足贵，但愿长醉不复醒。
古来圣贤皆寂寞，惟有饮者留其名。
陈王昔时宴平乐，斗酒十千恣欢谑。
主人何为言少钱，径须沽取对君酌。
五花马、千金裘，呼儿将出换美酒，与尔同销万古愁！

第一个应用是文本生成。具体来说，给定任意一个前缀，利用语言模型可以计算出下一个字符对应的概率。例如，假设我们有一个 bigram 模型已经学习了大量李白的诗词，当我们给定前缀“白”，可以知道跟在其后的若干个字符的概率分别为：

```
日：0.109
云：0.075
玉：0.057
<end>：0.041
```

我们可以根据这个概率随机选择下一个字符，并不断重复这个过程，直到选择到终止符“<end>”为止。下面我们看看学习李白的诗歌后，通过 unigram、bigram 和 trigram 模型分别能够写出怎样的诗句。

（1）不给任何前缀（即只给定 <start>），三个模型的表现如下：

```
unigram:
"<start>""轻""谁""沉""<start>""我""夺""网""若""<end>"
"<start>""毫""千""物""观""闲""日""烧""<start>""<end>"
```

由于 unigram 模型不考虑词的相互关系，且 <start> 的比例较大，因此即使在句子中间也可能会出现 <start>

```
bigram:
"<start>""惆""怅""落""飞""而""今""日""见""<end>"
"<start>""故""人""<end>"
"<start>""风""任""公""见""客""<end>"
trigram:
```

```
"<start>""忽""闻""悲""风""四""边""来""<end>"
"<start>""起""立"明""灯""前"<end>"
"<start>""故""山""有""松""月""<eng>"
"<start>""白""大""离""村""吠""<end>"
```

（2）给定第一个字是“君”，三个模型的表现如下：

```
unigram:
"<start>""君""半""<start>""昔""吹""无""方""嵘""<end>"
"<start>""君""极""人""<start>""欲""里""青""<end>"
bigram:
"<start>""君""青""条"脱""宝""鞭""从""广"陵"绕""床""<end>"
"<start>""君""留"人""如""飘""若""未""穷""<end>"
"<start>""君""糠""养""之""可""掇"仙"人""问"<end>"
trigram:
"<start>""君""为""进""士""不""得""意""<end>"
"<start>""君","夸""通""塘""好""<end>"
"<start>""君""莫""驯""<end>"
"<start>""君""从""此""谢""情""人""<end>"
```

可以发现，在 k-gram 模型中，k 越大，生成的文字质量越高。一般来说，困惑度越低的语言模型，生成的语言的质量也越高。当然 k 越大，所需的训练语料也就越多，也越难得到质量更高的语言模型。

我们也可以利用语言模型对句子进行改写。对于一个语句，如果替换某一个字符可以显著降低对应句子的困惑度，那么该字符很大概率就应该被改写。比如，有这样一个短句，有人在输入时误将“艺术”输入成了“医术”，从而产生了“文学”“是”“一种”“医术”“形式”的句子。接着我们利用中文维基百科作为语料训练 n-gram 语言模型，可以计算得到这句话的困惑为 1 484.5。然而，如果将句子修正为“文学”“是”“一种”“艺术”“形式”，则困惑度可以降为 234.5。

4.3 字模型与词模型

4.3.1 字模型与词模型的比较

前面我们假定语言模型中所处理的字符均以字为单位，即 L= 所有汉字。但在许多情况下，以汉字为基本单位并不是一个特别好的选择。比如，句子“深度神经网络是人工智能研究的热点”。

如果以字为单位，这句话需要用比较复杂的语言模型计算才能得出对应模型下的概率。但这句话从结构上分析其实并不复杂，“深度神经网络”是一个固定搭配名词，“人工智能”也是一个固定组合。因此，这句话如果用词作为分析的基本单元，可以得到一个长度为 6 的序列：

“深度神经网络”“是”“人工智能”“研究”“的”“热点”

所以，以词为基本单位，需要处理的序列长度大大减小了，语言模型也能进行更准确地计算。

不过这个方法带来的问题是字典 L 的大小陡然增加了。汉语中常见汉字约有 2 500 个，但常见词语可以达到万或者十万级别。因此在使用 n-gram 语言模型时，可能出现的词为 0 的序列也会大大增加，我们也需要更大规模的语料才能更好地建模。所以，在实际应用中，应根据具体应用的需要及训练语料的大小，适时选择以词还是以字为基本单位，或两者混用。对较短的语句或短语建模，可以以字为单位；对较长的语句或专业术语较多的场合，则应当考虑以词为单位。

下面我们看一个例子。这个例子使用中文维基百科的 64 个页面作为语料，分别学习以字和词为单位的 4-gram 模型，并进行文本生成。

（1）词模型，以“电影”开头：

“电影”“或是”“由”“上”“千名”“演员”“临时演员”“及”“剧组”“及”“许多”“道具”“及”“设备”“组成”

“电影”“评论”“的”“主要”“内容”“是”“剧情”“概要”“及”“对”“电影”“的”“印象”

（2）字模型，以“电影”开头：

“电”“影”“评”“论”“的”“影”“响”“社”“会”“被”“看”“做”“是”“一”“个”“民”“族”“的”“时”“候”

“电”“影”“发”“展”“中”“国”“著”“名”“的”“儿”“科”“巨”“著”“《”“本”“草”“纲”“目”“》”

（3）词模型，以“音乐”开头：

“音乐”“理论”“在”“全世界”“的”“音乐界”“占有”“主导地位”

“音乐”“是”“自从”“人类”“出现”“后”“就”“伴随”“着”“人类”“的”“进化”“而”“发展”“的”

（4）字模型，以“音乐”开头：

“音”，“乐”“家”“不”“认”“同”“颉”“利”“可”“汗”“的”“政”“令”“与”“改”“革”

“音”“乐”“学”“是”“一”“种”“起”“源”“于”“三”“皇”“五”“帝”“的”“传”“说”

4.3.2 中文分词

通过上面的介绍可以知道，在语料相对丰富的情况下，使用词作为基本单位可以得到更好的语言模型。然而，汉语的基本组成单位为汉字。那么，对任意一句话应当如何将其转化为由词语组成的序列呢？

将给定的一句汉语分割成若干个连贯的词是中文自然语言处理中的一个重要任务，称为分词（word segmentation）。对于一个分词算法，输入是一个连续的汉字序列，输出则是原句子分割而成的汉语词汇的序列。这里介绍一个非常简单，但是实用效果很不错的分词算法 MaxMatch。MaxMatch 的基本原理基于贪心算法，该算法需要一个预先定制的词表，然后从输入句子的开头开始，向后寻找最长的在词表中出现的子串，并以此作为一个词分割；如果找不到任何一个词表中出现的词汇，则将这单独的一个字作为一个词。如此重复直到分割完整个句子。

MaxMatch 算法也有缺陷。首先是它非常依赖词表，如果出现了一个没在词表中的词，这个算法就无能为力；其次，它使用的贪心策略也并非最优，在许多场景下这种贪心策略会产生歧义。现代的分词算法大多采用机器学习算法，根据整个序列的信息进行全局分割。

4.4　向量表示

4.4.1　词向量

如何才能表达出一个词的语义信息呢？这里介绍一个在实际应用中最成功的模型，向量语义（vector semantics），即利用一个高维向量 $\boldsymbol{\omega}=(\omega_1, \omega_2, \cdots, \omega_d)^{\mathrm{T}} \in \mathbf{R}^d$ 来表示一个词，其中，d 为维度。向量语义的本质是将一个抽象的词，映射到 d 维空间中的一个点。每一个空间的维度对应着某个相应的含义，而该点的具体坐标表达了这个词的语义，即在各个不同维度下的意义。因此也将这个 d 维空间的向量称为词向量（word vector）。从线性代数的角度来看，词向量将一个词嵌入到了一个特定的向量空间（vector space）中，因此更多时候也称这个表示为词嵌入（word embedding）。图 4.2 展示了一些词向量在二维平面上投影的例子。从图中可以看到，语义相近的词在词向量空间中的位置都比较靠近。

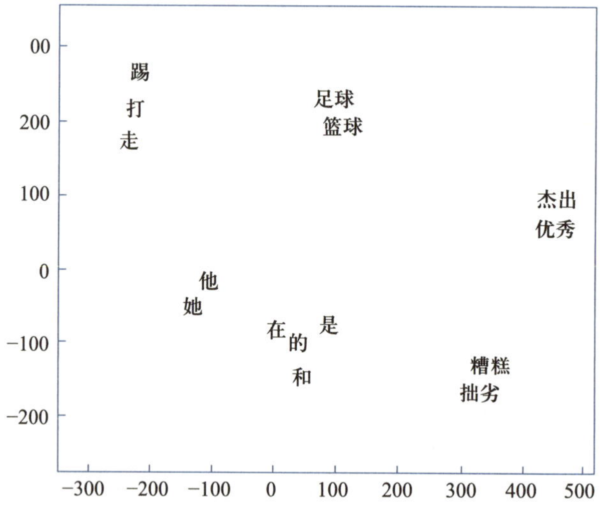

图 4.2　词向量在二维平面投影的实例

4.4.2　word2vec

前面介绍了如何得到一个高维度的词向量 ω，由于词向量的维度比较高（实际应用中词表大小可达万甚至十万级别），在实际应用中会有许多困难，例如，计算量大、存储空间大等。而且，在几乎所有的自然语言处理任务中，相对低维度的（50 ~ 500 维）的稠密向量都会比高维度的稀疏向量的表现要好很多。因此，一个很自然的问题是我们能否直接计算得到这样的低维度稠密向量，而不是通过采用一些降维的算法（如主成分分析算法）？

语言学家早在 20 世纪 50 年代就开始低维度的稠密词向量的相关研究了。例如，在一个特定领域中，可以定义一些属性，然后通过对属性进行打分得到描述每个词的词向量，例如，对于水果，可以定义酸度、甜度、大小、种类等，最后得到一个水果的词性表示。但这样的手动分类的方式需要大量的专业知识与人工标注，很难广泛应用到现实生活中。

为解决这一难题，可以采用基于机器学习的方法——word2vec（word to vector）。word2vec 算法的核心是将词向量的计算转化成机器学习的分类问题，并把每个词的词向量视为机器学习模型的参数，以及把训练语料看成训练数据；然后定义一个分类损失函数，并通过梯度下降算法进行优化；最后，分类模型训练收敛后得到的参数就是最终的词向量。

4.4.3　词向量可视化

在本节中，将展示一些具体的词向量的示例。我们使用维基百科上的中文词条作为语料训练，使用 word2vec 得到训练词向量，并从训练好的词向量中挑出一些常见的词投影到二维平面作为展示。图 4.3 展示了 7 个计算好的词向量在平面的投影与对应的词。

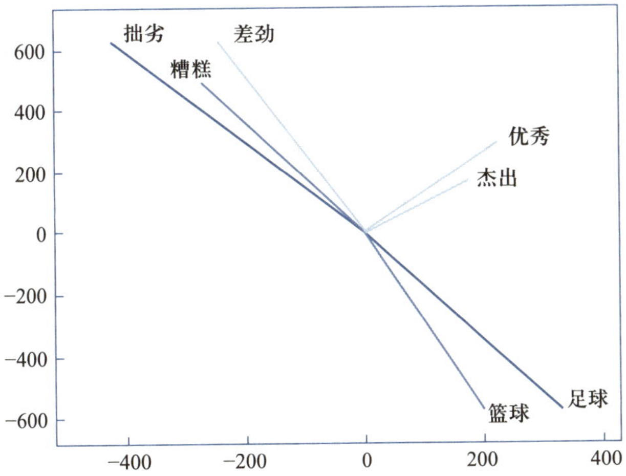

图 4.3　基于 word2vec 的词向量的二维投影

不难看到，同类型的词之间夹角较小，不同类型的词之间夹角较大。同样地，同义词之间（如“优秀”和“杰出”）的夹角较小（即夹角的余弦值较高），而反义词之间（如“优秀”和“拙劣”）的夹角则会较大。表 4.1 展示了各个词之间的相似度。

表 4.1　词汇之间的相似度

	优秀	杰出	拙劣	足球
优秀	1	0.701	0.424	0.288
杰出	0.701	1	0.381	0.270
拙劣	0.424	0.381	1	0.224
足球	0.288	0.270	0.224	1

此外，通过 word2vec 计算得到的词向量，还会有一些有趣的现象，例如，我们发现通过词向量的运算可以得到一些特定的近似等式。在 word2vec 最早的论文中，研究人员发现在使用大量英文语料训练词向量后，词 queen（女王）和 king（国王）的词向量求差得到的向量，与 woman（女人）与 man（男人）求差得到的向量几乎一样（如图 4.4 所示）。于是就得到了下面的等式：

queen−king+man=woman

注意到 queen 是女性的国王，从某种角度上说是女人加上了国王的属性。这说明词向量的线性运算有时可以表现词的类比（analogy）关系。类似的例子还有 Paris−France+Italy=Rome 以及 cars−car+apple=apples 等。同样地，在中文中，通过用大量新闻语料进行训练，也可以得到类似的结果，比如（如图 4.5 所示给出了下述等式的图示）：

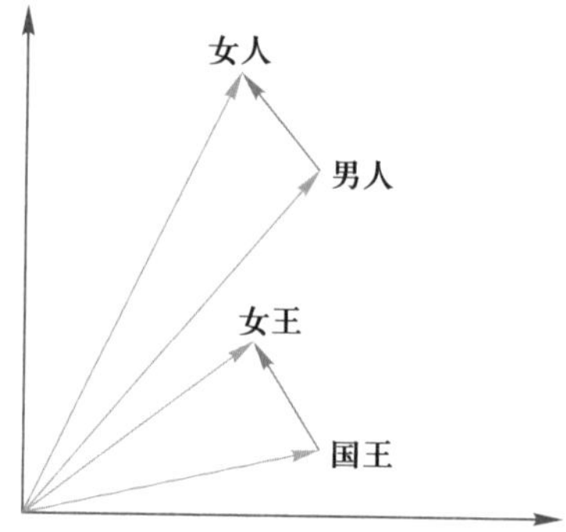

图 4.4　著名的“国王与女王”的例子

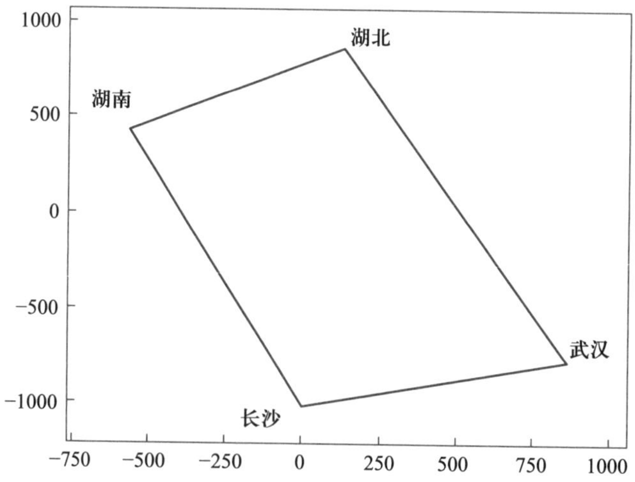

图 4.5　词向量投影

湖南 - 湖北 + 武汉 = 长沙

感兴趣的同学可以上网查找相关资料并自己动手实践相关的结果。

4.5　基于神经网络的自然语言处理

4.5.1　bigram 模型

本节将以 bigram 为例介绍神经网络语言模型。假设词表 W 的大小为 V。我们希望用神经网络表示条件概率 $P(\omega_i|\omega_{i-1})$，即当前词为 ω_{i-1} 时，词表中的每个词 ω 出现在 ω_{i-1} 后的概率。用数学语言来描述这个问题，则是希望寻找一个函数 f，给定词表 $L=\{\omega^1, \omega^2, \cdots, \omega^V\}$，及当前词 ω_{i-1} 作为输入，输出一个长度为 V 的向量 $o=(o_1, o_2, \cdots, o_V)$，其中，$o_i$ 表示词表中第 i 个词出现在 ω_{i-1} 之后的概率。

下面具体说明如何利用神经网络表示这个函数。

首先，由于神经网络只能处理连续输入，需要把词表中的所有词及当前词 ω_{i-1} 都转变为词向量，即 $\{\omega^1, \omega^2, \cdots, \omega^V\}$ 以及 ω_{i-1}。

由于输入的是当前词 ω_{i-1}，可以根据 ω_{i-1} 计算隐藏层 h：

$$h=\delta(W\omega_{i-1}+b)$$

其中，矩阵 W 和向量 b 为神经网络的参数，$\sigma(\cdot)$ 表示激活函数，常见的激活函数有 sigmoid 函数、tanh 函数以及 ReLU 函数等。这里仅考虑一层隐藏层。在实际应用中，可以采用更多的隐藏层以提高神经网络的表达能力。

有了隐藏层 h 之后，需要为词表中的每个词 ω^i 计算其对应的概率。这里的计算目标是输出一个概率分布。因此，我们将当前的计算视作一个 V 类的分类问题，并采用 softmax() 函数进行最后概率值的计算。具体来说，对于词表中的词 ω^i，首先根据隐藏层 h 及其词向量 ω^i 计算该词对应的逻辑值 β_i：

$$\beta_i=h^{\mathrm{T}}U\omega^i$$

其中，矩阵 U 是神经网络的参数。

然后对 β_i 套用 softmax 函数得到最后的概率 α_i，即：

$$P(w^i \mid w_{i-1})=\alpha_i=\mathrm{softmax}(\beta_i)=\frac{\mathrm{e}^{\beta_i}}{\sum_{j=1}^{V}\mathrm{e}^{\beta_j}}$$

在计算中我们共引入了三个神经网络参数：W、b 和 U。这些参数需要从训练数据中学习得到。

4.5.2　训练神经网络

有了神经网络的表示，接下来定义训练数据。与 word2vec 模型一样，在 bigram

模型下，我们认为语料中所有连续出现的词序列（ω_{i-1}，ω_i）都是一个训练数据，即当神经网络的输入是 ω_{i-1} 时，神经网络的分类输出应该是 ω_i。根据多分类问题的损失函数，可以类似地定义在神经网络语言模型下数据（ω_{i-1}，ω_i）的损失函数，即：

$$L(w_{i-1}, w_i) = -\log P(w_i \mid w_{i-1}) = \log\left(\sum_{j=1}^{V} e^{\beta_j}\right) - \beta_i$$

定义了损失函数之后，只需用梯度下降算法优化神经网络的参数即可。注意到，与 word2vec 中的二分类问题不同，由于这里使用多分类问题进行建模，并采用了 softmax 函数，因此无须利用负采样生成额外的负例。

4.5.3 基于神经网络的 *n*-gram 模型

神经网络语言模型可以很容易地推广到 trigram、4-gram 或者任意 k-gram。以 trigram 模型为例。在 trigram 中，需要计算的条件概率为 P（$\omega_i | \omega_{i-2}\omega_{i-1}$），在对应的神经网络中也同样需要计算一个隐藏层 h。与 bigram 不同的是，此时 h 的输入有两个词向量 ω_{i-2} 和 ω_{i-1}。只需将这两个词向量拼接在一起输入隐藏层即可。具体来说，假设 ω_{i-2} 和 ω_{i-1} 为两个 d 维的词向量，则可将其拼接成长度为 $2d$ 的向量［ω_{i-2}，ω_{i-1}］来计算 h，即：

$$h = \delta\left(W\left[\omega_{i-2}, \omega_{i-1}\right] + b\right)$$

其余部分的计算不需要做任何改变。

类似地，对于任意 k-gram 只需将 k-1 个词向量拼接之后计算隐藏层即可。k 越大，神经网络的表达能力就越强。当然，神经网络的参数量也更多，训练需要的数据也越多，优化目标函数也更困难。

图 4.6 展示了神经网络语言模型的具体计算流程。

最后，本章介绍的神经网络语言模型只能应用于特定 k 值下的 k-gram 模型。而通过之前的介绍我们知道，n-gram 模型其实是真实条件概率 P（$\omega_i | \omega_1\omega_2 \cdots \omega_{i-1}$）的近似。那是否能利用神经网络对整个序列进行建模呢？答案是肯定的。在前沿研究中，有两种广泛用于对文本建模的神经网络结构——循环神经网络（recurrent neural network）和基于注意力机制的神经网络（attention-based neural network）。基于这两种相对复杂的神经网络模型，可以开发出许多实际生活中的自然语言应用，包括人机对话系统（如智能手机的语音助手）、翻译系统（如百度翻译与微信翻译）、摘要和标题生成（如今日头条的新闻标题辅助创作系统）以及搜索引擎的关键词匹配等。限于篇幅和深度，本书不对此深入介绍，感兴趣的同学可以自行研究。

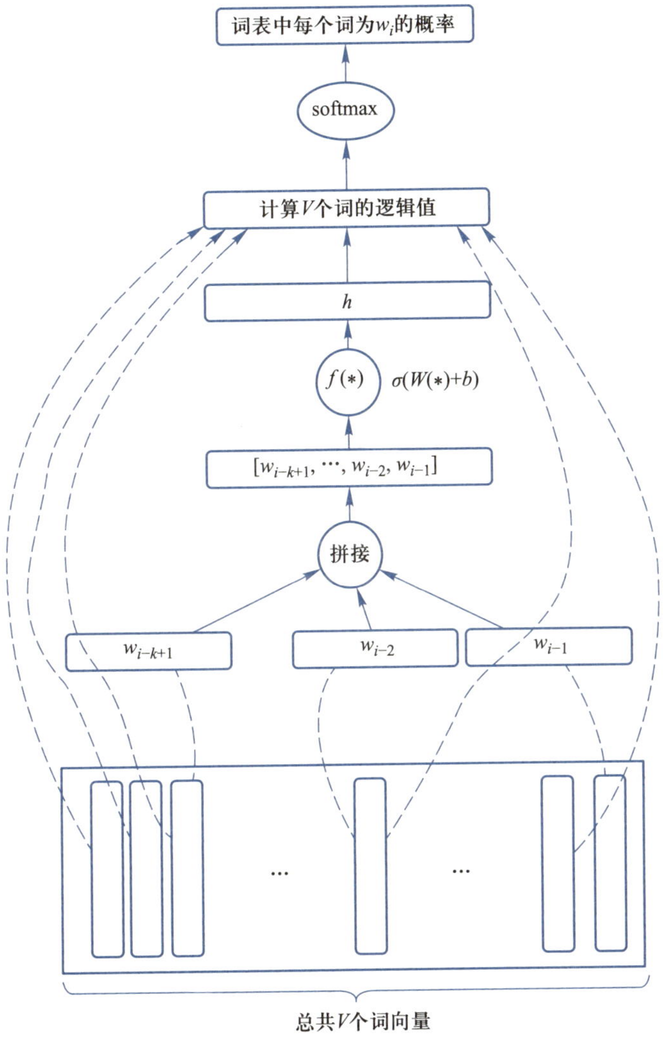

图 4.6　神经网络语言模型的计算流程

本章小结

本章介绍了自然语言处理的基本概念和发展历程，重点讲述了语言模型的构建方法及其在 NLP 中的重要应用。通过统计方法（如 n-gram 模型）和神经网络方法（如 Word2vec），语言模型能够捕捉语言中的统计规律和语义关系，进而支持 NLP 任务，如文本生成、文本改错等。此外，还介绍了如何通过困惑度来评估语言模型的有效性。

第 5 章　语音识别

5.1　什么是语音识别

语音识别，广义上讲就是让计算机理解人类语言，具体来说是将人说出的话转换为文本的技术，也被称为自动语音识别（automatic speech recognition，ASR）。语音识别一般和文字识别、人脸识别等技术一同被认为是模式识别的一个分支。但是，即使同样是语音识别，在不同的环境和条件下也会有所不同，需要具体问题具体分析。

5.1.1　语音识别的基本原理

语音识别有哪些用途呢？举一个简单的例子，我们都用过 QQ 或者微信，想必对语音转换并不陌生，在不方便听语音的时候往往会将语音转换成文字进行阅读。那计算机如何知道哪个声音对应哪个字呢？这便是语音识别的一个应用领域。

为了解决这个问题，需要知道语音识别的原理。我们知道音频有音调、响度、音色等特征，这些特征可以用来区分不同的声音。对于涉及少量的分类任务而言，识别这些特征并不困难。但是语音识别面临的挑战是需要对每个发音都进行分类。这意味着类别数量占语言中的文字数量相等。因此，即使是计算能力很强的计算机，执行这样的任务也是很耗费资源和时间的。

那么有没有好一点的方法，能在减少类别的同时又能保证准确度呢？其实人类的语言都是按照一定的规律组成的，如汉字都是通过拼音来确定读法的。这样看来区别拼音的声母（23 个）和韵母（24 个）比区别成千上万个汉字简单多了。不过仅仅这样我们的识别准确率还是不够。例如，对于“ni hao”，计算机识别成“你好”还是“尼浩”呢？如果是我们自己来识别肯定是识别成“你好”，因为我们都学过了汉字的语言表达规律。如果让计算机也掌握这项能力，那么它识别汉字的准确度就基本能够满足我们的需求了。

语音识别的基本原理是让机器通过识别和理解过程把语音信号转变为相应的文本或命令，也就是让机器听懂人类的语音。图 5.1 展现了语音识别的过程。语音识别技术是要识别每一个音的，所以需要将成段的语音分成若干小段。再将每个小段都识别成一个语音帧，再把这些帧根据声学特性组成声母和韵母，这就完成了我们语音识别的第一个阶段，也就是完成了识别“ni hao”的过程。接下来，我们就要确定它到底是“你好”还是“尼浩”了。要完成这个过程，就需要通过语言表达规律即语言模型来判断最终的输出是否是我们预期的“你好”。

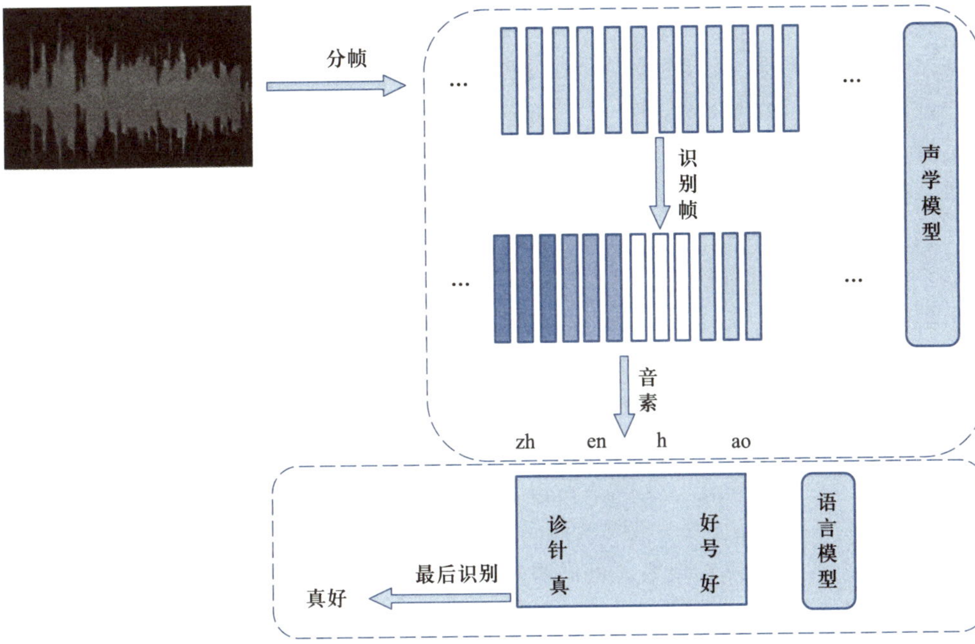

图 5.1　语音识别的过程

5.1.2　语音识别系统的组成及工作流程

笼统地讲，语音识别过程就是计算机采集人发出的声波并将其转化为可以处理的数字信号。语音识别过程主要包括语音信号采集、语音信号预处理、语音信号的特征参数提取、向量量化、语音识别五个部分。

1. 语音信号的采集

语音信号的采集过程就是将人类说话时发出的声音通过麦克风等设备转换成数字信号的过程。首先，麦克风接收到人类说话时发出的声音波，将声音波转换成电信号。接着，这个电信号经过模数转换器被转换成数字信号。然后，通过处理器进行处理和存储。最终，这些数字信号可以被传输到其他设备进行播放或分析。上述过程就是将声音信号转换成数字信号的过程。

2. 语音信号预处理

语音信号预处理过程是为了让计算机更好地理解和识别我们说话的内容。首先，采集到的语音信号会经过预处理，包括去除噪声和调整音量等操作，以确保语音信号的质量。接着，语音信号会被分割成小段，每一小段被称为一帧，这样可以更好地分析每一段语音的特征。然后，对每一帧语音进行特征提取，比如，提取声音的频率、能量和声音强度等特征。最后，这些提取出来的特征会被送入模型进行识别，从而让计算机能够理解我们说的话。整个预处理过程就是为了让计算机更准确地识别和理解我们说话的内容。

3. 语音信号的特征参数提取

人说话的声音可以看作是一种波动，而这种波动的速度最快可以达到每秒 10 000 次（我们称之为 10 kHz）。根据香农采样定理，如果我们想用计算机记录和分析这些声音波动，我们需要以至少每秒 20 000 次（也就是 20 kHz）的速度来采集数据。

我们把声音波动切成很多小段，每一段称为“帧”。为了确保不会漏掉任何重要的信息，我们会让每一帧有一些重叠。比如，如果我们每秒采集 20 000 次数据，那么每一帧就是 1/100 s（也就是 10 ms），并且包含 200 个数据点。

当用麦克风这样的设备去收集声音时，实际上是在捕捉声音的波形。虽然这些波形包含了声音的所有信息，但光靠眼睛看是看不出什么的。所以，我们需要从这些采集到的数据中提取出有用的特征，这样计算机才能识别出我们说的是哪个词。

声波的采样数据可以绘制成一个平面图，x 轴表示时间，y 轴表示振幅，如图 5.2 所示。声波有两个主要特征：振幅和频率。图 5.2 所示的声波波形实际由 3 个正弦波叠加而成，但用肉眼很难分辨。为了能够看清楚声波中包含的主要频率波形，通常将采样信号经过傅立叶变换得到相应的频谱。再从频谱中看出波形中与不同音素匹配的主控频率组成成分。图 5.3 所示的声波波形的频率清晰地展现了这段声音波形包含的正弦波的振幅和频率。可以看出，这段声波中主要有 3 个正弦波，它们的幅值分别是 3 个峰值的幅值，频率分别是 3 个峰值对应的频率。

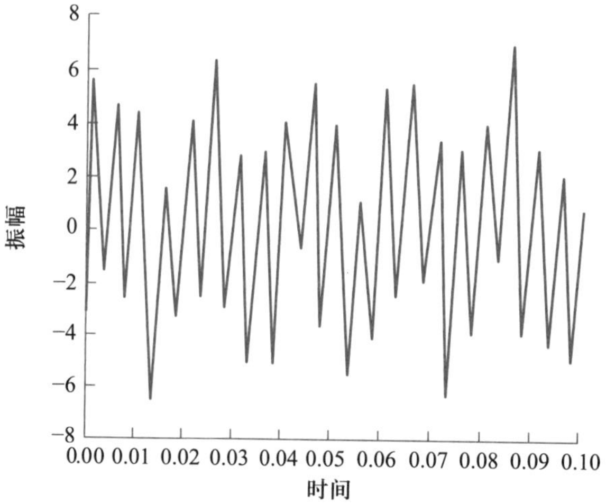

图 5.2 声波波形

4. 向量量化

向量量化（vector quantization，VQ）技术是 20 世纪 70 年代后期发展起来的一种数据压缩和编码技术。

在标量量化中，整个动态范围被分成若干个小区间，每个小区间有一个代表值，对于一个输入的标量信号，量化时落入小区间的值就用这个代表值代替。因为这时

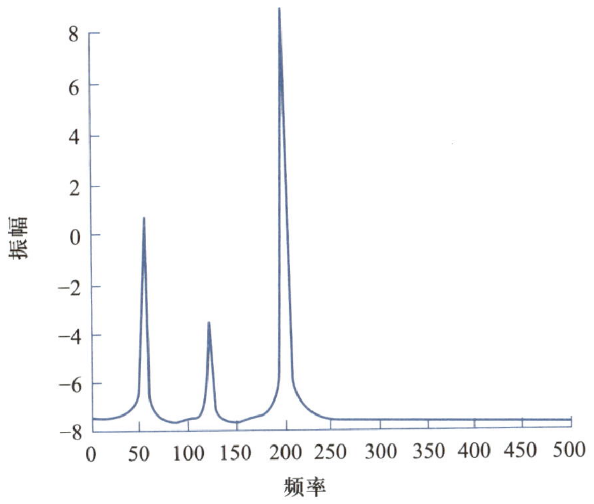

图 5.3 声波频谱

的信号量是标量，所以也叫标量量化。例如，将 [0,4] 区间分为 4 个小区间如果输入的值为 2.5，则用 2.5 所在的区间的代表值 3 代替 2.5。

举个例子，我们一般用年龄来描述人变老的过程。通常我们说多少岁，但实际上我们每过一天甚至每过一小时都在变老，这就是把时间划分得很细。比如，某人现在是 18 岁又过了 3 个月 12 天 15 小时，这就是他确切的年龄。但如果我们不那么精确，只按年来算，那他就是 18 岁；如果按照月来算，他就是 18 岁又 3 个月。这个简化的过程就叫作标量量化。

向量量化也是类似的类比法，只不过是在更多维度上进行。好比我们现在不仅看年龄，还要看身高和体重，这三个一起构成了一个三维空间（就像一个立体的坐标系）。如果很多人的身高和体重都差不多，就可以用一个代表性的数据来代表他们所有人，这个简化的过程就是向量量化。

向量量化就是把很多相关的数据打包在一起（如一个人的语音特征），然后在更高维度的空间里进行分类，这样虽然丢失了一些细节信息，但可以大大减少我们需要处理的数据量。

5. 语音识别

当收集了一堆语音特征后，就可以通过这些特征来判断说话人说了什么词。识别时用到的模型有隐马尔可夫模型、循环神经网络模型等，将在 5.3 节具体介绍。

当模型接收到一个新的语音特征序列时，它会根据训练时学到的知识，预测出最可能的文本序列。这一步就像是猜谜游戏，模型要在它的“记忆库”中快速检索，找到最匹配的词语组合。

解码策略也是多种多样，如贪心解码（每次选择最可能的单词）、束搜索解码（考虑多个可能路径）等。这些策略就像是不同的解谜策略，有的追求速度，有的追求准确性。

最终，这些被模型“理解”了的声音，变成了屏幕上一行行的文字，完成了从声波到意义的跨越。这不仅是一次技术的转换，更是人与机器间无声的对话，打开了无数沟通与创造的可能性。

5.2 语音特征

随着科技的飞速发展，人工智能领域取得了巨大进步。语音识别技术作为其中的一个重要分支，已经逐渐融入了我们的日常生活。本节将重点介绍语音识别中的关键环节之一：语音特征。

5.2.1 语音信号的数字化

在语音识别的奇幻之旅中，一切从“听”开始。想象一下，当你轻声细语或是高声谈笑时，周围空气中波动的声波，就像是海浪一样，一波接一波地传递开来。而在语音识别的世界，这第一站的“听众”就是麦克风。麦克风将这些空气中的振动巧妙地捕捉下来，然后通过物理原理将其转化为电信号。

但这还不够，因为计算机的世界里，一切都得用数字说话。于是，接下来的步骤就是将这些电信号转变成数字信号，这个过程称为模数转换（analog-to-digital conversion，ADC）。想象一下，当你对着手机说“打开灯光”，你的声音在空气中荡漾，被麦克风捕捉，然后被转化成一系列的数字，就像是用数字密码锁记录下了你的话语。这一步骤至关重要，因为它确保了我们的声音能够被计算机理解。

其实，手机或计算机是通过处理声波来识别声音的。首先，麦克风会捕捉声波，然后将其转换成电信号，就像我们的耳朵把声音传递给大脑一样。但是计算机不像人脑，它不能直接读懂连续的信号，所以要对电信号做些处理。我们会让声波在时间上被分成一段一段的，也就是采样；再让声波的大小也变成一段一段的，这就是量化。这样连续的声波就变成了计算机能读懂的离散的电信号，然后计算机就能识别并保存这个声音了。这个过程主要包括采样、量化和编码这三个步骤，如图 5.4 所示。

（1）采样：类似我们定时拍照，采样是在某些特定时刻对模拟信号进行测量，把连续的时间分成一段段离散的片段。

（2）量化：想象我们把一个长条分成很多小格子，量化就是将信号的强度分成很多小段，让每个小段都由一个数值代表。

（3）编码：类似我们用数字表示颜色，编码是将量化后的整数值转换成二进制数（由 0 和 1 组成的连续数字），也就是计算机能读懂的语言。

5.2.2 特征提取

特征提取是语音识别过程中的重要环节。特征提取就是把语音信号中最重要的部分找出来。它通过处理和分析我们说的话，找到能够代表这些话的关键信息，然

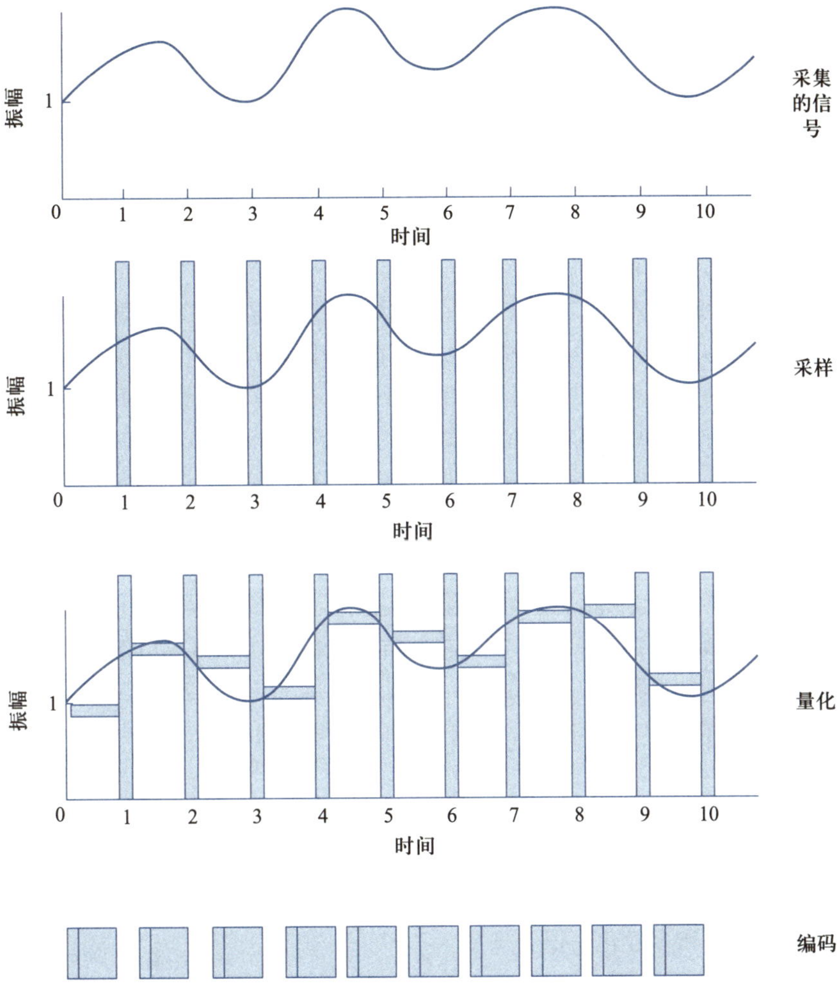

图 5.4　声音的采样、量化和编码

后把这些信息转化成计算机能读懂的数据格式。特征提取做得好不好，会直接影响到语音识别的准确性和效率。

一旦声音被数字化，接下来的任务就是从这串长长的数字中，找到真正能代表我们说话内容的“指纹”——特征。特征提取，作为语音识别技术的核心环节之一，其任务是将原始的音频信号转换为机器学习算法易于理解的形式。接下来，介绍特征提取的流程。

1. 预处理

在特征提取之前，首先对原始音频数据进行预处理，包括采样和量化。采样是将连续的模拟信号按照一定的时间间隔截取，量化则是将每个采样点的模拟电压值转换为数字表示。这一过程确保了声音信息能够以计算机能够处理的数字形式存在。

2. 分帧

为了分析音频的动态特征，我们需要将连续的音频流分割成一系列较短的片段，这一步骤称为分帧。每个片段称为一帧，通常持续几十毫秒。分帧就像是将一段连续的电影胶片剪辑成一帧帧的画面，每一帧都包含了声音的一个短暂片段。

3. 加窗

减少分帧会带来的边界效应（即一帧的开头和结尾可能会突然变化导致产生噪声）。因此，在操作时会对每一帧施加一个窗口函数，比如，汉明窗或汉宁窗。这一步就像是在每一帧的边缘涂抹上一层柔和的色彩，使得相邻帧之间的过渡更加平滑。

4. 特征提取方法

接下来，我们进入核心环节——从每一帧音频中提取出具有区分度的特征，这些特征能够反映声音的本质特性。

① 梅尔频率倒谱系数（MFCCs）：这是一种广泛使用的语音特征提取方法。它首先将音频信号从时域转换到频域，然后根据人耳的听觉特性，将频率轴进行非线性映射（梅尔标度），再计算一系列的倒谱系数。MFCCs 能够很好地捕捉到语音的频谱包络，是语音识别中最经典的特征之一。

② 线性预测编码（linear predictive coding，LPC）：LPC 通过分析当前样本与过去几个样本的关系，预测下一时刻的样本值，从而提取出反映声道特性的参数。这种方法对于语音质量的压缩和合成非常有效。

③ 感知线性预测（perceptual linear prediction，PLP）：PLP 是在 LPC 基础上发展起来的，更加注重模拟人耳的听觉感知特性，因此在噪声环境下表现更好。

④ 梅尔频率滤波器组（Mel Filter Banks）：在 MFCCs 之前，直接从频域信号通过一组基于梅尔频率的滤波器，提取出不同频率段的能量分布，也是一种常用的特征表示方法。

⑤ 深度学习特征提取：近年来，随着深度学习技术的发展，直接从原始音频信号中学习特征变得越来越普遍。例如，使用卷积神经网络（CNN）和循环神经网络（RNN）等模型，能够在无监督或半监督的情况下自动提取高级特征，这些特征往往能更好地适应复杂和多样化的语音场景。

5. 特征降维

提取出的特征往往维度较高，为了减少计算负担和避免过拟合，我们通常会采用特征降维技术，如主成分分析（PCA）、线性判别分析（LDA）或 t-SNE 等，来保留特征中的主要信息，去除冗余部分。

通过上述各环节，原始的音频信号被转化为一系列富含信息的特征向量，这些特征不仅保留了语音的主要特性，而且适配了后续的机器学习模型处理。特征提取的过程就像是在声音的汪洋大海中筛选出一颗颗璀璨的珍珠，为语音识别的魔法铺平道路。

5.2.3 频谱分析

我们听过很多歌手唱歌，有些声音低沉沙哑，有些声音嘹亮高亢。即使他们唱同一首歌，我们也能根据他们的音色分辨出是谁在唱。

那计算机是如何识别这些的呢？这里就需要计算机分析音频的依据——频谱。如图 5.5 所示。频谱的横坐标代表频率，纵坐标代表幅度——相应频率的声音对应的振幅。不同频率的声音占的能量多少，在频谱图上反映的就是频谱幅度的相对大小。

例如，一段乐曲中的高音强低音弱，那么在一定范围内的频率高的区域频谱的振幅就大，反之，在频率低的区域对应的频谱幅度大。

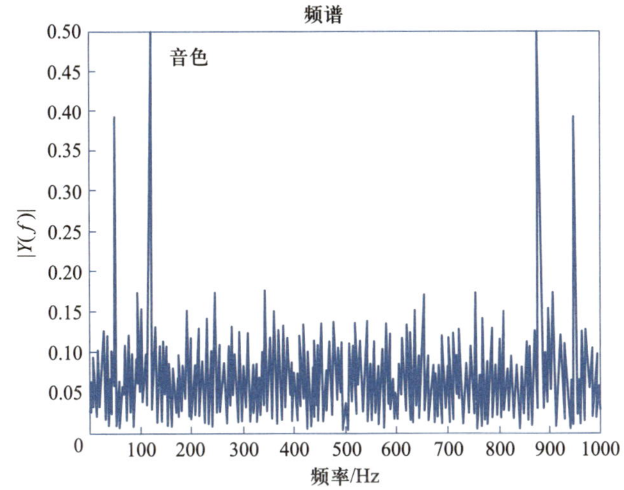

图 5.5　频谱图

通常，使用三个属性描述声音的特征：音调、响度和音色。

（1）音调：音调是指声音的高低。音调越高，表示声音的频率越高；音调越低，频率就越低。通常可以用频谱来展示它。

（2）响度：响度是指说话声音的大小。响度是由声波的大小来决定的。

（3）音色：音色是声音的一个比较复杂的特性。即使音调和响度相同，不同的乐器或不同的人发出的声音也会有所不同。这是因为不同的乐器和人的声带在发声时，除了产生基本的音调频率，还会产生一些更高的频率（如 2 倍、3 倍等），称之为泛音。这些高频成分的强度不同，会带给我们不一样的感觉。这就是为什么即使是同一首歌，不同的人唱出来感觉也不一样的原因。

图 5.6 所示的音色图中第一个最高峰所对应的频率就是音调，而在这个频率的整

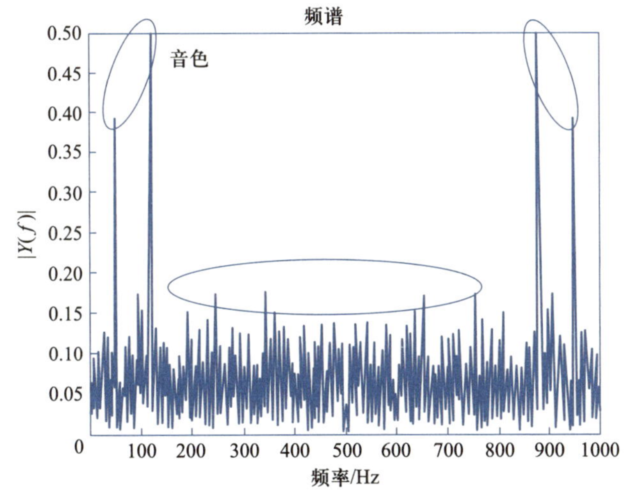

图 5.6　音色图

数倍的位置都有不同大小的峰值，它们之间的比例反映了声音音色的不同。通过这些特性，我们就能大概分辨出这是什么发出的声音了。

5.2.4 噪声去除

当我们要识别的语音信号中夹杂着噪声时，如果能去掉这些噪声，识别的效果会更好。在计算语音信号的能量谱时，可以做一些简单的去噪处理。

语音中的噪声有两种：一种是加性噪声，其类似环境背景噪声，直接和语音信号混合在一起；另一种是乘性噪声，其是因为硬件设备的原因产生的，不可避免。比如，使用麦克风时因为传递特性导致的语音失真。

去除加性噪声相对简单，只要知道噪声的频谱信息，然后在频率空间里将其减掉就行，这种方法叫做频谱减法。

而去除乘性噪声则相对复杂一些，可以先对能量谱取对数，这样就将乘法操作转变为加法操作了，然后再在频率的对数空间里把噪声减掉。

近年来，一种叫作 CMS（cepstrum mean subtraction）的方法越来越流行。这个方法首先求出语音信号倒谱的均值，然后从每一帧的倒谱中减去这个均值。这样做的好处是，可以消除乘性噪声，同时也能在一定程度上处理说话者的差异化特征以及加性噪声。

5.3 语音识别方法

所谓声学模型，是对“从词序列 W 生成特征向量序列 X 的过程”进行建模的结果。人类的语音会根据说话人的不同而发生变化。即使是同一个说话人尽量按同一种方式说话，其特征向量所表达的声学参数也会有微妙的差异，并且特征向量的数量（即语音的长度）也不同。在本章，我们将用概率的形式，即“p（特征向量序列 | 词序列）”来表达这种波动性，并说明如何构建声学模型来计算这个概率。

5.3.1 声学模型：隐马尔可夫模型

1. 马尔可夫模型简介

首先，通过一个简单的例子来介绍马尔可夫链。假设天气有三种状态（晴天、多云、雨天），这三种状态之间的转换关系如图 5.7 所示。

若想要通过今天的天气来推测明天和后天的天气，可以直接根据状态转换关系来推测，这种可以直接观测到的状态转换（晴天→雨天→多云）就称为马尔可夫链。

假设不知道今天的天气而只知道水藻的干湿状态，则也可以通过水藻的状态来推测天气。如图 5.8 所示。

如果我们想推测的事物不能直接观测到，而是需要根据另一种可见的这种观测的事物去推算，就需要用到隐马尔可夫模型。

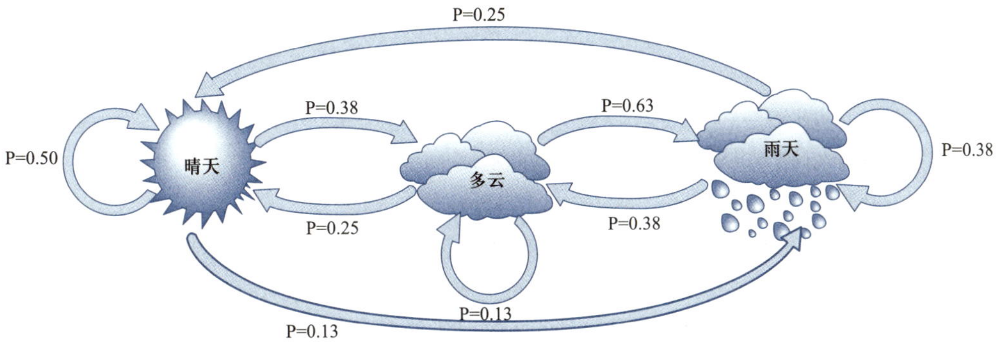

图 5.7　天气状态转换图

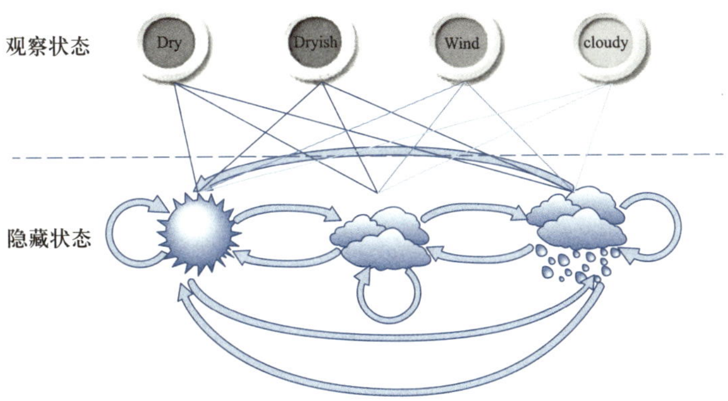

图 5.8　水藻状态图

2. 隐马尔可夫模型原理

隐马尔可夫模型（HMM）是结构最简单的动态贝叶斯网络，是一种著名的有向图结构，主要用于时序数据的建模，在语音识别、自然语言处理等领域有广泛应用。在分词算法中，隐马尔可夫经常用作能够发现新词的算法，通过海量的数据学习，能够将人名、地名、互联网上的新词等一一识别出来，具有广泛的应用场景。

HMM 的五元组如下所示：

（1）隐含状态 S：这些状态之间满足马尔可夫性质，是马尔可夫模型中实际所隐含的状态，如图 5.7 所示的天气序列，这些状态通常无法通过直接观测而得到。

（2）可观测状态 O：在模型中与隐含状态相关联，可通过直接观测而得到，例如，图 5.8 所示的水藻的状态。

（3）初始状态概率矩阵 π：表示隐含状态在初始时刻 t=1 的概率矩阵，例如，如果 t=1 时，$P(S_1)=p_1$、$P(S_2)=p_2$、$P(S_3)=p_3$，则初始状态概率矩阵 $\pi=[p_1 p_2 p_3]$。

（4）隐含状态转移概率矩阵 A：描述了 HMM 模型中各个隐含状态之间的转移概率，$A_{ij}=P(S_j|S_i)$，$1\leqslant i,\ j\leqslant N$ 表示在 t 时刻，状态为 S_i 的条件下，在 t+1 时刻状态是 S_j 的概率。

（5）观测状态转移概率矩阵 B（也称为 confusion matrix，混淆矩阵），令 N 代表隐含状态数目，代表可观测状态数目，则 $B_{ij}=P(O_i|S_j)$，$1\leqslant i\leqslant M$，$1\leqslant j\leqslant N$，

表示在 t 时刻，隐含状态是 S_j 条件下，观察状态为 O_i 的概率。

HMM 的三要素如下：

初始状态概率——π

状态转移矩阵——A

观测概率矩阵——B

两个基本假设如下：

（1）齐次马尔科夫性假设：在 t 时刻的状态只依赖于 $t-1$ 时刻的状态。

（2）观测独立性假设：在任一时刻的观测只依赖于该时刻的状态。

下面通过一个简单的例子来介绍隐马尔可夫模型的五元组和概率计算。

如图 5.9 所示，这里有三个骰子，第一个骰子有 6 个面（称这个骰子为 D6），每个面（1、2、3、4、5、6）出现的概率都是 1/6。

第二个骰子是个四面体（称这个骰子为 D4），每个面（1、2、3、4）出现的概率都是 1/4。

第三个骰子有八个面（称这个骰子为 D8），每个面（1、2、3、4、5、6、7、8）出现的概率都是 1/8。

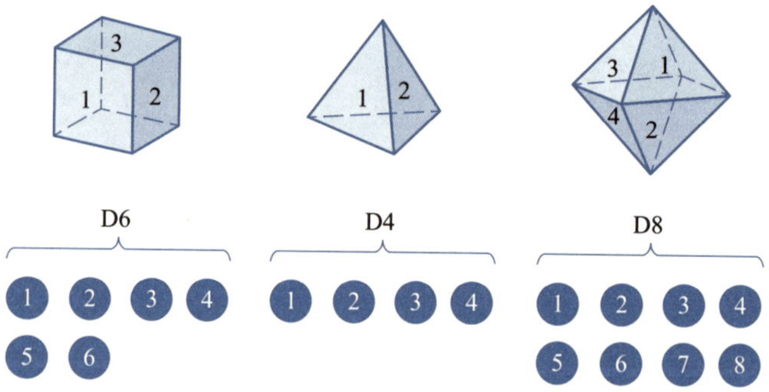

图 5.9 骰子点数

把这三个骰子放入一个黑盒子中，有放回地抽取一个骰子，然后投掷该骰子（假设并不知道该骰子是哪一个），记录投掷的数字，然后通过投掷的数字来推测抽取的骰子的顺序。

例如，如图 5.10 中，得到一个序列值为：1 6 3 5 2 7 3 5 2 4。

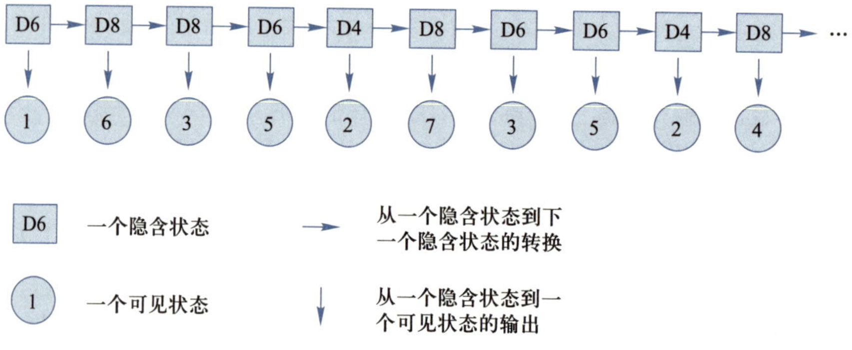

图 5.10 隐马尔可夫模型示意图

这里就包含了两种状态，如图 5.11 所示。

（1）隐含的状态，抽取的是哪一个骰子。

（2）可观测的状态，使用该骰子投出的数值。

假设每个状态间转移的概率（抽取骰子的概率，这里为 1/3）是固定的（即不因观测值数值的改变而改变），则可以得到状态转移矩阵，如图 5.11 所示。

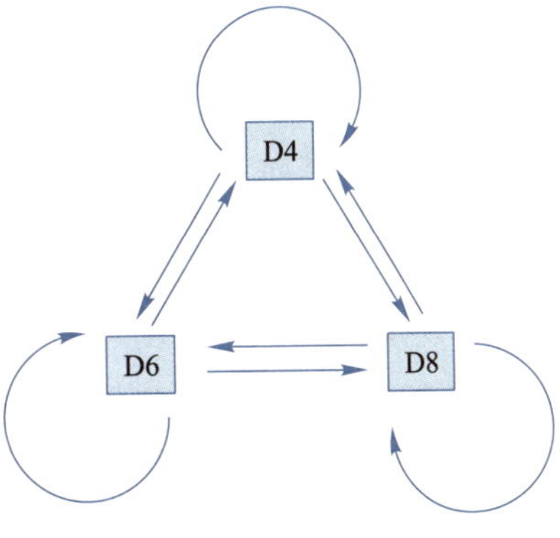

图 5.11　隐含状态转换关系示意图

那么如图 5.12 所示，我们得到计算观测值序列 1 6 3 5 2（这里只取前五个）出现概率的公式为：

$$P=P(D6)*P(D6\to 1)*P(D6\to D8)*P(D8\to 6)*P(D8\to D8)*P(D8\to 3)*P(D8\to D6)*P(D6\to 5)*P(D6\to D4)*P(D4\to 2)$$

$$=\frac{1}{3}*\frac{1}{6}*\frac{1}{3}*\frac{1}{8}*\frac{1}{3}*\frac{1}{8}*\frac{1}{3}*\frac{1}{6}*\frac{1}{3}*\frac{1}{4}$$

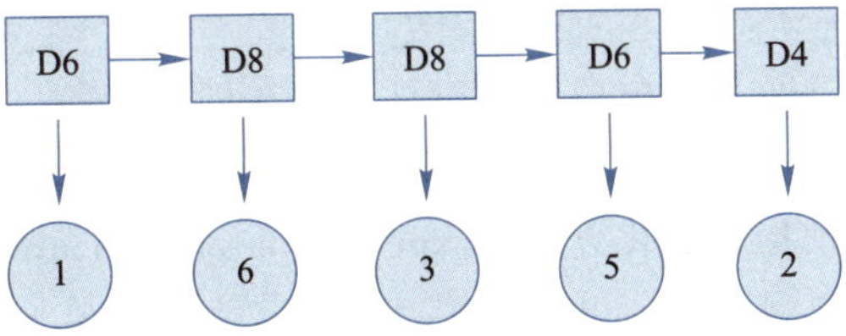

图 5.12　观测值序列示意图

在该例子中：

状态集合 Q={D4，D6，D8}N=3

观测集合 V={1，2，3，4，5，6，7，8}M=8

观测序列 O={1，6，3，5，2，7，3，5，2，4}（我们所记录的数字）

初始概率分布 π={1/3，1/3，1/3}（第一次抽取到的骰子属于{D4，D6，D8}这三种状态中的一种的概率）

状态转移概率分布 A 为一个元素全为 1/3 的 3×3 矩阵

观测概率分布 B 为：

$$\begin{matrix} \frac{1}{4} & \frac{1}{4} & \frac{1}{4} & \frac{1}{4} & \frac{0}{4} & \frac{0}{4} & 0 & 0 \\ \frac{1}{6} & \frac{1}{6} & \frac{1}{6} & \frac{1}{6} & \frac{1}{6} & \frac{1}{6} & 0 & 0 \\ \frac{1}{8} & \frac{1}{8} & \frac{1}{8} & \frac{1}{8} & \frac{1}{8} & \frac{1}{8} & \frac{1}{8} & \frac{1}{8} \end{matrix}$$

在隐马尔可夫模型中，计算特定观测序列的概率的步骤为：求初始状态概率分布、观测概率分布和转移概率矩阵的概率，然后将这些概率相乘。

当某个状态序列的概率值最大，则该状态序列即为，出现该观测值的情况下，最可能出现的状态序列。

（3）状态序列的估计

求 HMM 中输出某个特征向量序列的正确概率值，可以使用前向算法。但是，考虑到在那之后还要联合多个 HMM 对连续语音进行识别，就还有必要知道识别结果都经过了哪几条路径，即语音的各个部分都分别对应着哪个 HMM（即音素）。因此，可以通过将前向算法中的“各汇合路径概率的加和操作”替换成“取最大值操作”，并把概率最大的路径信息保存下来实现。这种同时求得概率和最大路径的方法就是维特比算法。

在模式识别中，通常使用通过前向算法计算出的正确概率值来计算似然度时。但是在语音识别中，大多数情况下会使用根据维特比算法求得的最大似然状态序列的概率。实际上，有研究表明这两种算法在识别精度上基本没有差别。

（4）参数训练

接下来学习 HMM 的训练方法。

在 HMM 中，需要训练的参数是状态转移概率和各个状态的概率密度函数。状态转移概率描述了从一个隐藏状态转移到另一个隐藏状态的概率。这些概率构成了隐藏状态之间的转移矩阵，用于描述系统状态的演化规律。在隐马尔可夫模型中，状态转移概率是表示系统动态特性的重要参数。

状态转移概率可以通过历史数据进行估计。在训练阶段，给定一组已知的隐藏状态序列以及对应的观测状态序列，可以使用最大似然估计（maximum likelihood estimation，MLE）或期望最大化算法（expectation-maximization，EM）等方法来估计状态转移概率。在预测阶段，可以使用已知的状态转移概率和当前状态的概率分布来预测下一个隐藏状态的概率分布。

在实际问题中，状态转移概率应用广泛。例如，在语音识别中，状态转移概率可以表示音素之间的转移概率；在自然语言处理中，状态转移概率可以表示不同词性之间的转移概率；在金融领域中，状态转移概率可以表示不同市场趋势之间的转移概率。

5.3.2 语言模型：*n*-gram 模型

语言模型在语音识别整个流程中的作用，抽象来讲是根据某一或多个领域的语言表达习惯给解码空间引入知识约束，限制解码搜索空间的大小，以便在合理的计算时间内得到有意义的文字序列。

假设在一个部落中文字符号只有“我\吃\小猪\小猪”4 个词语，如果没有任何的语言表达习惯限制，那这 4 个词语一共可以构成 $\sum_{n=0}^{\infty} 4^n$ 种表达。假设部落中的智者考虑到了这种情况，强制大家说话时每句话的字数不超过 20 个，这个部落将会产生 1 466 015 503 701 种语言表达。如果要对这个部落进行语音识别，解码时仅考虑词语序列的不同组合就有 1 466 015 503 701 个路径待搜索。可想而知，解码要花费大量的时间，而对于一些已经发展出高级文明的部落，他们的文字符号有成千上万个，不加任何限制的语言表达可能接近无穷，解码器根本不可能在有限时间内得到识别结果。

但如果加入了语言模型的信息，就会剔除那些不符合语言表达习惯的路径，限制搜索空间的大小，使得解码时间可接受。以语音自动转录场景为例，由于词汇量很大，且无法限定句子的形式，因此就要使用统计语言模型来估计句子的出现概率。这时我们可以使用 n-gram 模型来做近似估计。n-gram 模型是对单词的出现用 $N-1$ 重马尔可夫过程进行近似的模型，第 4 章已经介绍过。

5.3.3 解码器：WFST 模型

将 5.2 节提取的语音特征储存为特征向量后，通过隐马尔科夫模型，等将语音特征先转换为发音的最小单元，如音素特征，便得到了语音识别模型的输入，然后再借助发音词典，将音素串映射到对应的单词。由于同音字词的存在，每一步通常可能保留多个识别的单词，最终的识别结果会保留在一个图里，也称为词图（lattice），单词通常会在储存在路径或节点上，同时引入语言模型 n-gram，目的是作为先验，声学模型和语言模型的分数会一并保留在路径上。从这个词图上生成识别结果的过程就叫解码（decoding），也就是从在图上找出最短的 n 条路径，需要用到搜索算法，因此这一步也可统称为搜索与解码，解码就是在词图上生成识别结果的过程。一般会将生成的识别结果称为假设（hypothesis），意思是这里产生的结果只是一种猜测，我们会保留最好的 n 条结果，称为 n 个最佳候选列表（n-best list），这时候可能会再引入一个语言模型，通常为建模能力更强的神经网络语言模型，对生成的 n 个最佳候选列表进行重打分（rescoring），然后根据得到的分数对识别结果重新排序，这一步会综合声学模型得分和语言模型得分来看，但往往对语言模型的置信度较高，最终得分最高的一条结果作为最终识别结果。

因此，解码器结合声学模型与语言模型，通过搜索算法（如维特比算法、束搜索、注意力机制）找到最可能的文本序列。现代端到端语音识别系统通常采用基于 CTC（connectionist temporal classification）损失函数的序列转导模型或基于注意力机制的序列生成模型，简化了声学模型与语言模型的融合过程。

本章小结

本章介绍了语音识别的基本概念和应用场景，重点描述了语音识别技术通过多个步骤将语音信号转化为计算机可以理解的数字信号，并最终转换为文本或命令。这个过程涉及信号采集、预处理、特征提取和识别等多个环节。其中，特征提取是关键步骤之一，它决定了识别的准确性和效率。同时，使用隐马尔科夫模型等技术可以帮助提高识别的准确性。

第 6 章　数据工程

随着云计算时代的来临，大数据得到了越来越多的应用。“可能感兴趣的人”“猜你喜欢”“购买此商品的人还购买了 ......”，我们在刷微博、网上购物时，经常会在相应位置上看到此类提示。在这些看似简单的用户体验背后，大数据以及大数据产业正在蓬勃发展。然而，这需要特殊的技术，才能在可接受的时间内，有效地分析处理大量的数据集。大数据的意义不在于掌握庞大的数据集信息，而在于对这些含有意义的数据进行专业化分析处理，数据工程应运而生。

6.1 概　　述

6.1.1 认识数据

1. 什么是数据

数据是指对客观事件进行记录并可以鉴别的符号，是对客观事物的性质、状态以及相互关系等进行记载的物理符号或这些物理符号的组合。

数据是可识别的、抽象的符号。它不仅指狭义上的数字，还可以是具有一定意义的文字、字母、数字符号的组合、图形、图像、视频、音频等，也是客观事物的属性、数量、位置及其相互关系的抽象表示。例如，“0，1，2…”“阴、雨、下降、气温”“学生的档案记录”“货物的运输情况”等都是数据。

在计算机科学中，数据是所有能输入计算机并被计算机程序处理的符号的介质的总称，是用于输入电子计算机进行处理，具有一定意义的数字、字母、符号和模拟量等的通称。计算机存储和处理的对象十分广泛，表示这些对象的数据也随之变得越来越复杂。

2. 数据与信息

数据经过加工后就成为信息，信息与数据既有联系，又有区别。

数据是信息的表现形式和载体，可以是符号、文字、数字、语音、图像、视频等。而信息是数据的内涵，信息是加载于数据之上，对数据含义的解释。

数据和信息是不可分离的，信息依赖数据来表达，数据则生动具体表达出信息。

数据是符号，是物理性的，信息是对数据进行加工处理之后所得到的并对决策产生影响的数据，是逻辑性和观念性的；数据是信息的表现形式，信息是数据有意义的表示。数据是信息的表达、载体，信息是数据的内涵，是形与质的关系。数据本身没有意义，数据只有对实体行为产生影响时才成为信息。

3. 数据的语义

数据的表现形式还不能完全表达其内容，需要经过解释，数据和关于数据的解释是不可分的。例如，93 是一个数据，可以是一个同学某门课的成绩，也可以是某个人的体重，还可以是计算机系 2023 级的学生人数。数据的解释是指对数据含义的说明，数据的含义称为数据的语义，数据与其语义是不可分的。

4. 数据的分类

（1）按性质分类。

① 定位数据，如各种坐标数据。

② 定性数据，如表示事物属性的数据（居民地、河流、道路等）。

③ 定量数据，反映事物数量特征的数据，如长度、面积、体积等几何量或质量、速度等物理量。

④ 定时数据，反映事物时间特性的数据，如年、月、日、时、分、秒等。

（2）按表现形式分类。

① 数字数据，如各种统计或量测数据。数字数据在某个区间内是离散的值。

② 模拟数据，由连续函数组成，是指在某个区间连续变化的物理量，又可以分为图形数据（如点、线、面）、符号数据、文字数据和图像数据等，如声音的大小和温度的变化等。

（3）按结构分类

① 结构化数据。结构化数据是指具有较强的结构模式，可以使用关系型数据库表示和存储的数据。每一行表示一个实体的信息，每一行的不同属性表示实体的某一方面，每一行数据具有相同的属性。这类数据本质上是“先有结构，后有数据”。表 6.1 所示是一个结构化数据的例子，每一行数据表示一个实体。

表 6.1 结构化数据

编号	姓名	年龄	性别
1	小红	12	女
2	小明	13	男
3	小亮	18	男

② 半结构化数据。半结构化数据是一种弱化的结构化数据形式，它并不符合关系型数据模型的要求，但仍有明确的数据大纲。这类数据中的结构特征相对容易获取和发现。

③ 非结构化数据。人们日常生活中接触的大多数数据都属于非结构化数据。这类数据没有固定的数据结构，或难以发现统一的数据结构。存储在文本文件中的系

统日志、文档、图像、音频、视频等数据都属于非结构化数据。

5. 模拟数据数字化

数据数字化是将模拟信息转换为数字格式的过程，这一转换对于现代数据存储、分析和处理至关重要。

（1）文本数据数字化

文本可以通过对单词序号化的形式表示成数字。首先将文本进行分词，然后将单词按照词典排序，给定从 0 或者 1 或者 2 开始的序号即可，最后将文本单词的词典序号组合就是文本的数字化表示。

假设存在以下 3 个文本：

文本 1：“我是小明”。

文本 2：“我来自湖南长沙”。

文本 3：“我喜欢辣椒”。

对这 3 个文本进行分词，可以分为：

文本 1：“我　是　小明”。

文本 2：“我　来自　湖南　长沙”。

文本 3：“我　喜欢　辣椒”。

根据文本出现的频率可建立词典如图 6.1（a）所示。

然后如图 6.1（b）所示，根据词典序号，将 3 个文本分为 4 个 token，每个 token 用 6.1（a）所示的词典表示，其中，词典可根据情况自定义，词典中 PAD 表示填充字符，UNK 表示未知字符。

单词	序号
<PAD>	0
<UNK>	1
我	2
湖南	3
长沙	4
是	5
来自	6
喜欢	7
辣椒	8

(a)

	文本1	文本2	文本3
token1	2	2	2
token2	5	6	7
token3	1	3	8
token4	0	4	0

(b)

图 6.1　文本数字化示例

最终可得以上 3 个文本的数字化表示分别为：

文本 1：[2，5，1，0]。

文本 2：[2，6，3，4]。

文本 3：[2，7，8，0]。

（2）声音数据数字化

声音的数字化过程分为采样、量化和编码三个步骤。

① 采样：是指在时间轴上对信号数字化，采样的原理很简单，就是按照固定的

频率对模拟信号的振幅进行取值。这个频率，便是采样率，单位为赫兹，表示每秒钟取得的采样的个数。

② 量化：是在振幅轴上对信号数字化，量化的过程会损失一定的精度，按照精度可以将量化分为 8 位量化、16 位量化、32 位量化等。量化的精度等于相邻两个整数所表示的实数的差值，如果两个实数之间的差距小于这个差值，它们便会被量化为同一个整数。

③ 编码是按照一定格式记录采样和量化后的数字数据。

声音数据的数字化过程如图 6.2 所示。

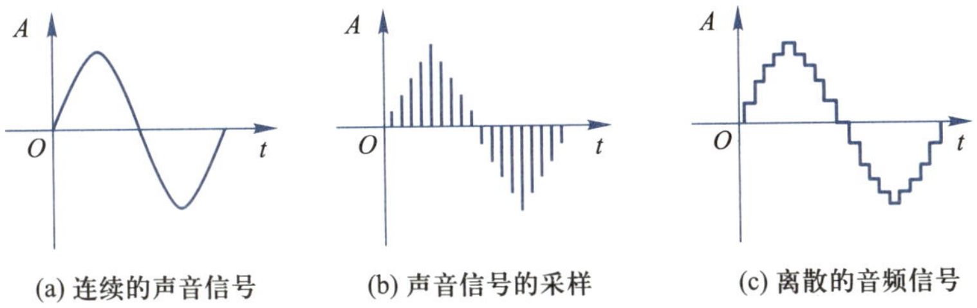

图 6.2　声音数据的数字化过程

（3）图像数据数字化

与声音数据数字化相同，图像数据数字化也包含采样、量化和编码三个步骤。以下是这三个步骤在图像数据中的实施过程：

① 采样：将二维空间上连续的图像在水平和垂直方向上等间距地分割成矩形网状结构，形成的微小方格称为像素，将图像转换成有限个像素构成的集合。

② 量化：将采样后的像素的模拟值转变成数字值，即将表示图像色彩浓淡的连续变化过程分级，用有限的数近似地表示连续变化的采样值。

③ 编码：将采样和量化后的数据以一定的格式记录下来，通常是以二进制数码 0 和 1 的形式存储。

图像数据数字化过程如图 6.3 所示。

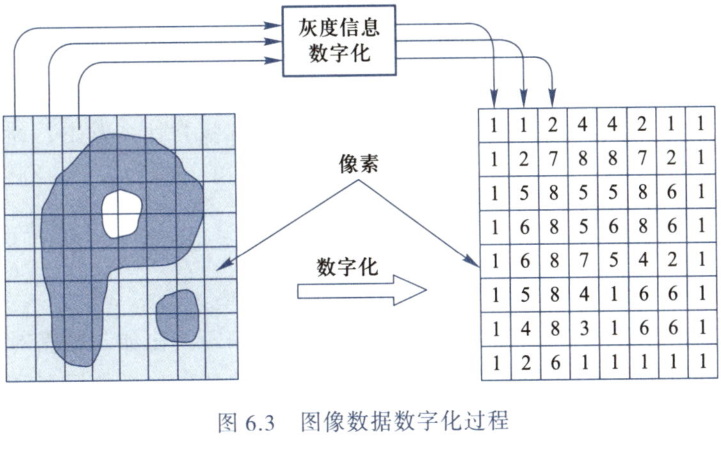

图 6.3　图像数据数字化过程

6.1.2 走进数据工程

数据工程是一门关注数据收集和处理的工程学科。它的目标是设计、构建和管理数据的基础设施，以支持数据科学、数据分析和决策制定。数据工程主要关注数据的采集、清洗和转换，以及数据仓库的构建和维护。数据工程师需要掌握数据库管理、数据 ETL（抽取、转换、加载）和大数据处理框架等技术，以确保数据的可用性和可操作性。

1. 数据工程中的常见概念

（1）数据预处理

为了提升数据质量、降低数据计算的复杂度、减少数据计算量以及提升数据处理的准确性，需要对原始数据进行预处理——数据审计、数据清洗、数据变换、数据集成、数据脱敏、数据规约和数据标注等。

（2）数据计算

在数据科学中，计算模式发生了根本性的变化——从集中式计算、分布式计算、网格计算等传统计算过渡到了云计算。有一定代表性的是 Google 云计算三大核心技术、Hadoop MapReduce 和 YARN 技术的出现。数据计算模式的变化意味着数据科学中所关注的数据计算的主要目标、瓶颈和矛盾发生了根本性变化。

（3）数据管理

在完成数据预处理（或数据计算）之后，需要对数据进行管理，以便再次进行数据处理以及对数据的再利用和长久保存。在数据科学中，数据管理方法与技术发生了根本性的改变——不仅包括传统关系型数据库，而且还出现了一些新兴数据管理技术，如 NoSQL、NewSQL 技术和关系云等。

2. 学习数据工程的目的

学习数据工程的目的是获得对数据的洞察力和理解能力。数据工程是以数据为中心的科学，可以理解为从现实世界到数据世界的投影，通过对数据的收集、分析来解释、预测、洞见和决策，从而为现实世界服务。

3. 数据分析流程

数据分析是指用适当的统计分析方法对收集来的大量数据进行分析，提取有用信息，形成结论，并对数据加以详细研究和概括总结的过程。数据分析的目的有很多，概括起来有 3 种：现状分析、原因分析、预测分析。简单来说，现状分析就是告诉你过去发生了什么，原因分析就是告诉你某一现状为什么发生，预测分析就是预测未来会发生什么。

完整的数据分析流程主要有以下 5 个步骤：

（1）明确目标

明确数据分析的目标，为后面的分析过程做好铺垫。

在进行数据分析之前，我们必须要搞清楚几个问题，比如，数据对象是谁？要解决什么业务问题？我们需要基于对项目的理解，整理出分析的思路和框架，订立目标，如减少客户的流失、优化活动效果、提高客户响应率等。不同的项目的目标是不一样的，使用的分析手段也是不一样的。

（2）数据采集

数据采集是按照确定的数据分析思路和框架内容，有目的地收集、整合相关数据的一个过程，它是数据分析的基础。人们常常通过爬虫、商务合作的方式，获取想要的数据。

（3）数据预处理

数据预处理是对获取的数据进行处理和清理，把不需要的数据剔除掉，把需要的数据加工成我们想要的形式，方便后面的分析。这个阶段在整个数据分析过程中是最耗时的，也在一定程度上保证了数据分析的质量。

（4）数据统计分析

数据统计分析是指通过各种手段、方法和技巧对准备好的数据进行探索、分析，从中发现因果关系、内部联系和业务规划，供决策参考。到了这个阶段，要想驾驭数据并开展数据分析，其一是要熟悉数据分析方法及原理，其二是要熟悉专业数据分析工具的使用，如 Pandas、MATLAB 等，以便进行一些专业的数据统计、数据建模等。

（5）数据可视化

“字不如表，表不如图”。通常情况下，数据分析的结果都会通过图表进行展现。借助图表，数据分析师可以更加直观地表述想要呈现的信息、观点和建议。

6.1.3 Python 数据分析常用模块

Python 是一种高性能的语言，易于学习和调试，并且具有广泛的库支持。Python 之所以能够成为数据分析与挖掘领域的最佳语言，是有其独特的优势的。因为它有很多这个领域相关的库可以用，而且很好用，如 Scrapy、NumPy、Matplotlib、Pandas、Sklearn、Keras、Gensim 等。

（1）数据采集模块 Scrapy。

Scrapy 是一个用 Python 实现的开源网页爬虫框架，主要用于网页数据抓取和分析。它提供了所有的基础功能，包括解析 HTML（或其他格式的数据）、处理 HTTP 请求、处理 Cookies 和 Session、多线程抓取等，还提供了多种类型的爬虫模型，适用于不同的需求。

（2）数值计算模块 NumPy。

数值计算模块 NumPy 是一个用于实现科学计算的库，尤其是在实现数据分析时，该模块是一个必不可少的基础库。NumPy 模块不仅支持大量的维度数组与矩阵运算，还针对数组运算提供大量的数学函数库。NumPy 模块是一个运行速度非常快的数学库，可以实现的科学计算包括：

- 一个强大的 N 维数组对象 ndarray。
- 比较成熟的（广播）函数库。
- 整合 C/C++/Fortran 代码的工具。
- 实用的线性代数、傅立叶变换和随机数生成函数等功能。

（3）数据处理模块 pandas。

数据处理模块 pandas 是基于 NumPy 的一种工具，该工具是为解决数据分析任务而创建的，是一个开源的并且通过 BSD 许可的库。

pandas 的数据结构中有两大核心，分别是 Series 与 DataFrame。其中，Series 是一维数组，和 NumPy 中的一维数组类似。这两种一维数组与 Python 中基本数据结构 list 相近，Series 可以保存多种类型的数据，如布尔值、字符串、数字类型等。DataFrame 是一种表格形式的数据结构，类似于 Excel 表格，是一种二维的表格型数据结构。

（4）数据可视化模块 Matplotlib。

数据可视化模块 Matplotlib 是一个 Python 绘图库，它不仅可以绘制 2D 图表，还可以绘制 3D 图表。中间的“plot”表示绘图，而结尾的“lib”表示它是一个集合。

Matplotlib 模块在绘制图表时非常简单，只需几行代码即可实现绘制条形图、折线图、散点图、饼图等。matplotlib.pyplot 子模块提供了类似于 MATLAB 的界面，尤其是与 IPython 结合使用时。其中的每个函数都可以对图形进行更改，例如，创建图形、在图形中创建绘图区域、绘制线条样式、设置字体属性、设置轴属性等。

（5）机器学习模块 Sklearn。

机器学习模块 Sklearn 是一个简单有效的数据挖掘和数据分析工具，可以让用户在各种环境下重复使用。Sklearn 模块是基于 NumPy、SciPy 和 Matplotlib 构建的。

该模块将很多机器学习算法进行了封装，即使对算法不是很熟悉的用户也可以通过调用函数的方式轻松建模。Sklearn 模块可以实现数据的预处理、分类、回归、PCA 降维、模型选择等工作。它是实现数据分析时必不可少的一个模块库。

6.2 数据采集

数据采集是指利用各种手段和技术收集各种数据，这些数据可以是图片、视频、文本等各种形式，采集的目的是为了进行数据挖掘、分析、研究等。随着互联网的快速发展，数据采集变得越来越重要，因为数据可以为我们提供非常有价值的信息和洞察力。本节将详细介绍数据采集的来源、数据采集相关技术和网络爬虫。

6.2.1 数据来源

数据采集是搜集符合数据挖掘要求的原始数据，原始数据是研究者拿到的一手或者二手资料，既可以是从现有、可用的无尽数据中搜集提取到的自己想要的二手数据，也可以经过问卷调查、采访、沟通等方式获得的一手资料。不管用哪种方法得到数据的过程，都可以叫作数据采集。

数据采集的来源可以分成两类：直接来源——一手数据；间接来源——二手数据。

1. 一手数据

一手数据是指通过研究者实施的调查或实验活动获得的数据。所以，获得一手数据的方法有两种：调查或实验。

通过调查得到的一手数据叫作调查数据。调查数据是针对社会现象的。比如，调查现在的经济形势、人的心理现象、工厂的生产效率等。调查的形式分为普查和抽样。普查是对一个总体内部的所有个体进行调查，国家进行的人口普查就是最典型的普查形式。普查的结果是最贴近总体真实表现的，是无偏见的估测。但是普查的成本太高，少有项目采用这种方式。抽样则在生活中被应用得更加广泛。由于数据分析挖掘涉及的总体数据量一般很大，如果要做普查，不花费大量的时间与金钱几乎是不可能的。所以，我们会从总体中抽取部分有代表性的个体进行调查，并用这部分个体的数据去反映整体，这就是抽样。调查的方法不管是普查还是抽样，数据采集通常采用以下三种方式：① 自填式，填写调查问卷（电子或书面）；② 面访式，面对面采访；③ 电话式，电话联络。

通过实验得到的一手数据叫作实验数据。以针对自然现象的数据为例，比如，植物背光生长得快慢、小白鼠对食物的记忆规律等都是实验数据。实验方法需要研究者设计实验，并记录结果、整合为数据，以服务于后期的数据分析与挖掘工作。实验的设计需要满足一个大原则：有实验组与对照组。实验组是只有要研究的变量发生变化的组；对照组是保持变量不变的组。这样，通过控制变量的方法，就能得到观测数据。

2. 二手数据

二手数据是指原本已经存在，是由别人采集的，使用者通过重新加工或整理得到的数据。所以，要想获得二手数据也有两种方法：系统内部采集或系统外部采集。

系统内部采集在工作中是常见的数据采集方法。要进行数据分析的企业大多会有自己的数据，这些数据一般会保存在数据库中。在数据库中，会保存企业内部的生产数据，人们将企业的生产过程数字化并存储在计算机中，数据挖掘师可以通过软件提取想要的数据。系统内部数据一般都与企业的生产相关，涉及用户信息的保密与商业机密等问题。

系统外部采集的数据是更宏观、更公开的数据。这些数据大部分不是针对某一家企业自己的运营与生产情况，而是偏重于社会的外部环境以及行业的经济形势。例如，统计部门或政府的公开资料、统计年鉴；调查机构、行业协会、经济信息中心发布的数据情报；专业期刊；图书；博览会；互联网。系统外部采集数据的源头众多，采集方法也有很多，利用 Excel 或者网络爬虫工具都是可选的方法。

6.2.2　数据采集技术

数据采集是数据分析中重要的一环，它通过传感器数据、社交网络数据、移动互联网数据等方式获得各种类型的结构化、半结构化及非结构化的海量数据。由于采集的数据种类错综复杂，对于这些不同种类的数据，必须要进行数据分析，通过提取技术将复杂格式的数据，进行数据提取，从数据原始格式中提取出我们需要的数据，这里可以丢弃一些不重要的字段。对于提取后的数据，由于源头采集的数据可能不准确，所以必须进行数据清洗，对那些不准确的数据进行过滤、剔除。针对不同的应用场景，进行数据分析时所使用的工具或系统也有所不同，这时需要对数据进行转换操作，将数据转换成不同的数据格式，最终按照预先定义好的数据仓库模型，将数据加载到数据仓库中。

在现实生活中，产生数据的方式有很多，并且不同种类的数据产生的方式也不同。主要有以下数据采集技术。

1. 传统的手工采集方法

这种方法需要人工参与，通过问卷调查、访谈、观察等方式来收集数据。手工采集方法适用于小样本、复杂或难以量化的情况。它的优点是灵活性高，适应性强，能够获取详细和质量较高的数据。然而，手工采集方法的劣势在于耗时耗力，容易受到调查者主观性和偏见的影响。

2. 自动化采集方法

随着科技的发展，自动化的数据采集方法越来越受到关注。自动化采集方法通过电子设备、传感器、监测系统等自动获取数据。它可以快速、准确地采集大量数据，并能够连续监测和记录变化。自动化采集方法的优点是节省时间和人力成本，减少人工错误，提高数据的可信度。然而，自动化采集方法的缺点是需要先建立好监测系统，对设备的维护和管理要求较高。系统日志采集和感知设备数据采集是两种典型的自动化数据采集系统。

（1）系统日志采集

许多公司的业务平台每天都会产生大量的日志数据。对于这些日志信息，公司可以从中得到很多有价值的数据。通过对这些日志信息进行数据分析，挖掘公司业务平台日志数据中的潜在价值，可为公司决策提供可靠的数据保证。系统日志采集系统所做的事情就是收集日志数据，供离线和在线的实时分析使用。

（2）感知设备数据采集系统

感知设备数据采集是指通过传感器、摄像头和其他智能终端自动采集信号、图片或录像来获取数据。大数据智能感知系统需要实现对结构化、半结构化、非结构化的海量数据的智化识别、定位、跟踪、接入、传输、信号转换、监控、初步处理和管理等。

3. 网络采集方法

随着互联网的普及，网络采集方法成为一种重要的数据获取途径。网络采集方法通过搜索引擎、社交媒体、网站等在线资源来搜集数据。它可以获取大规模的多种形式的数据，包括文字、图片、视频等。

该方法利用网络爬虫或一些网站平台（如 Twitter 和新浪微博）提供的公共 API（application programming interface，应用程序接口）等方式从网站上获取数据，这样就可以将非结构化数据和半结构化数据从网页中提取出来，并将其清洗后转换成结构化的数据，最终存储为统一的本地文件数据。从技术手段来说，有多种网络爬虫工具。PHP、Java 等编程语言以及本书详细介绍的 Python 都可以被用来开发网络爬虫工具。

网络采集方法的优点是获取数据迅速方便，更新及时，且可以进行跨地域的数据收集。然而，网络采集方法也面临一些挑战，比如，网络数据的真实性和有效性需要进行验证，网络数据隐私和安全问题也需要引起重视。

6.2.3　网络爬虫 Scrapy

Scrapy 是用 Python 实现的为了爬取网络数据、提取结构性数据而编写的应用型框架。它具有速度快、扩展性强、使用简便等特点，即便是新手也能迅速掌握并编写出所需要的爬虫程序，它被广泛应用于数据挖掘、监测和自动化测试。

1. 安装 Scrapy

Scrapy 有两种安装方法，一是使用 pip install 来安装，这需要安装大量的依赖库；二是在 Anaconda 环境下安装，操作比较简单。这里主要介绍第二种方法。

Anaconda 是一个用于科学计算的 Python 发行版，支持 Linux、macOS、Windows 系统，提供了包管理与环境管理功能，可以很方便地解决多版本 Python 并存、切换以及各种第三方包安装问题。

在完成安装 Anaconda 后，以管理员身份打开 cmd，输入“conda install scrapy”就可以安装 Scrapy 了。

安装完成后，在命令行程序中输入“scrapy”命令并按 Enter 键，如果显示如图 6.4 所示的信息，则说明 Scrapy 环境安装成功。

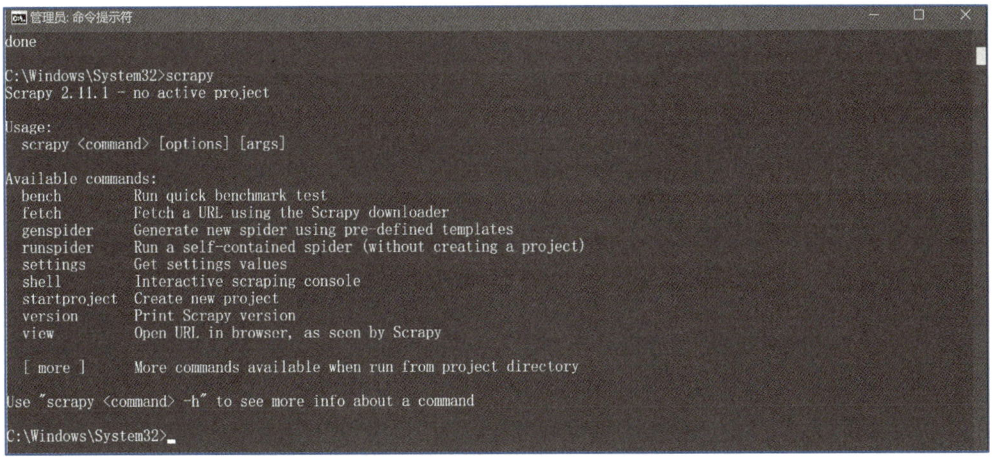

图 6.4　Scrapy 环境安装成功

2. Scrapy 框架结构

如图 6.5 所示，Scrapy 整个框架一共分为五个部分：爬虫（SPIDERS）、实体管道（ITEM PIPELINES）、下载器（DOWNLOADER）、调度器（SCHEDULER）、Scrapy 引擎（ENGINE）。这五个部分互相协作，共同完成整个爬虫项目的工作。

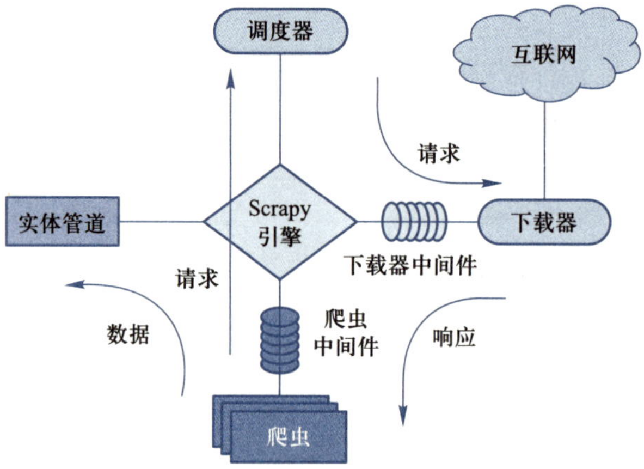

图 6.5 Scrapy 框架结构

爬虫模块：整个爬虫项目中需要我们手动实现的核心部分，其最主要的功能是解析网页内容、产生爬取项、产生额外的爬取请求。

实体管道模块：主要功能是将爬取筛选完毕的数据写入文本或数据库等。

下载器模块：主要功能就是从网上获取网页内容，是 Scrapy 预先为我们准备好的，不需要我们自己编写，可直接使用。

调度器模块：对所有的爬取请求进行调度管理，同样也是不需要我们编写的模块，通过简单的配置能实现多线程、并发处理等强大功能。

Scrapy 引擎模块：整个框架的控制中心，它控制着所有模块的数据流交换，并根据不同的条件触发相对应的事件，同样，这个模块也是不需要我们编写的。

以上是各个模块的作用，当整个项目运行的时候，它们相互配合，完成数据的爬取。整个工作流程如图 6.6 所示。

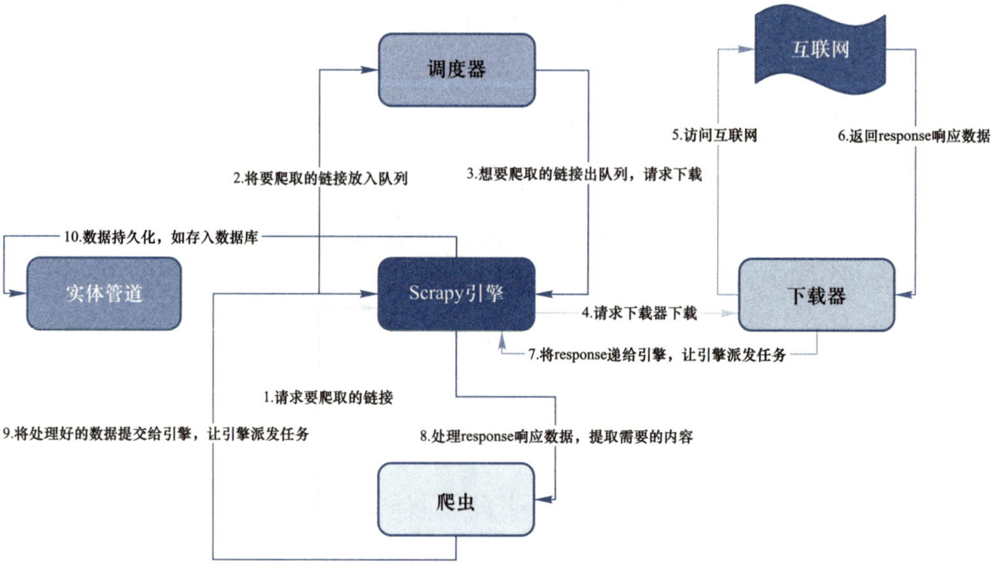

图 6.6 Scrapy 框架工作流程

图 6.6 中的箭头代表数据的流向，工作流程中包含以下步骤：

第 1 步：引擎从爬虫处获得爬取请求链接。

第 2 步：引擎将爬取请求转发给调度器，调度指挥进行下一步。

第 3 步：引擎从调度器处获得下一个要爬取的请求。

第 4 步：引擎将爬取请求通过中间件发送给下载器，请求下载器下载。

第 5 步：下载器访问互联网。

第 6 步：下载器获得返回的响应数据。

第 7 步：爬取网页后，下载器返回一个响应给引擎。

第 8 步：引擎将获取的响应数据返回给爬虫处理。

第 9 步：爬虫处理响应后，产生爬取项和新的请求给引擎。

第 10 步：引擎将爬取项发送给实体管道，写出数据。

当上述流程完成后，引擎将会把爬取请求再次发给调度器进行调度，开始下一个周期的爬取。

3. 基础 Spider 源码解析

正如前面所讲，在 Scrapy 中，设置抓取网站的链接、构建解析网页的方法及编写抓取的过程都需要在 Spider 中完成。Scrapy 有个命令是 runspider，这个命令的作用是将 Spider 当作一个 Python 文件去执行，而不用创建一个完整的项目，也就是说最简单的爬虫项目只有一个文件。由此可以看出 Spider 对于 Scrapy 的重要性，然而 Scrapy 类通常需要自己构造，我们写爬虫程序的时候大部分时间和精力都会耗费在这里。

（1）Spider 的爬取流程

Spider 主要做如下两件事情：一是模拟爬取网站的动作，二是分析爬取下来的网页。整个爬取流程如下：

① 根据 URL 生成 Request，并指定回调方法处理 Response。第一个 Request 是通过 start_requests() 产生的。

② 在回调方法中，解析 Response，返回 Item 实例或者 Request 实例，或者这两种实例的可迭代对象。

③ 在回调方法中，使用 Selectors 来提取数据。

④ 最后 Spider 会返回 Item 给 Pipline 进而完成数据的清洗、持久化等操作。

（2）类 Scrapy、Spider 的基础属性及常用方法

Scrapy 提供了几款基础的 Spider，我们需要基于它们来实现自己的 Spider。其中，scrapy.spider 类是最简单的 Spider，其他的 Spider 必须继承这个类。

这个类里提供了 start_requests() 方法的默认实现，能读取 start_urls 属性并按此发出请求，获取返回的结果并调用 parse() 方法解析结果。另外它还有一些基础属性，下面对这些进行讲解：

① name。这个属性是字符串变量，是这个类的名称，代码会通过它来定位 Spider，所以它必须唯一，它是 Spider 最重要的属性。

② allowed_domains。这个属性是一个列表，里面记载了允许采集的网站的域名，该值如果没被定义或者为空时表示对所有的域名都不进行过滤操作。如果 URL

的域名不在这个变量中，那么这个 URL 将不会被处理。

③ start_urls。这个属性是一个列表或者元组，其作用是存放抓取网页的起始地址。当没有实现 start_requests() 方法时，默认会从这个列表开始抓取。

④ custom_settings。这个属性是一个字典，存放 settings 键值对，用于覆盖项目中的 settings.py 的值，可以做到在一个项目的不同 Spider 中有不同的配置。

⑤ crawler。这个属性是由 from_crawler() 方法设置的，代表本 Spider 类对应的 crawler 对象，crawler 对象中包含了很多项目组件，利用它可以获取项目的一些配置信息。

⑥ settings。利用这个属性可以直接获取项目的全局设置变量。

⑦ logger。这个属性用于记录日志。

（3）Spider 的一些常用方法

除了一些基础属性，Spider 还有一些常用的方法，下面一一进行介绍。

① from_crawler()。这是一个类方法，Scrapy 创建 Spider 的时候会调用它。在实例化这个 Spider 以后，这个实例才有 settings 和 crawler 属性。

② start_requests()。这个方法用于生成第一次链接，创建 Request。在爬虫程序开始运行后，Scrapy 会调用 start_requests()，其内部会默认调用 make_requests_from_url() 方法，根据 start_urls 列表每一个链接生成 Request。我们只需要把要开始爬取的链接放入 start_urls 中即可，当然也可以不定义 start_urls，这样就需要生成自定义的 Request 对象，然后获取 Response 后再将其传递给自定义的回调函数处理。start_requests() 在整个爬虫程序运行过程中只会执行一次。

③ make_requests_from_url（url）。这个方法可以接收一个链接，返回一个 Request 对象。这里的 Request 初始化没有回调方法，而是默认采用 parse() 方法作为回调。

④ parse（self，response）。这个方法作为默认回调方法，Request 没有指定回调方法的时候会调用它，这个回调方法和别的回调方法一样返回值只能是 Request、字典和 item 对象，或者它们的可迭代对象。

⑤ closed（reason）。当爬虫程序结束运行时这个方法会被调用，其参数是一个字符串，是结束的原因。若想在爬虫程序结束后再执行一些操作时可以写在这里。

4. Scrapy 实例

下面我们将使用 Spider 爬取京东网站中“华为”产品的数据信息，在京东网站中以关键字“华为”进行搜索后，爬取搜索结果第一页中的产品名称、产品价格、产品链接以及产品店铺名称。

（1）网页源代码分析

为方便大家理解，我们对请求网址进行简化，去掉其中不必要的传递参数，这是分析的起点。在浏览器地址栏输入网址后，按下 Enter 键，在显示的网页中单击鼠标右键，选择“查看网页源代码”选项，部分源代码如图 6.7 所示。

对需要爬取的数据进行分析，得到如图 6.8 所示的结果。我们需要获取的产品的信息都存放在 class 属性为“gl-i-Wrap”的 <div> 标签中。产品名称是其中 class 属

```
▼<div id="J_goodsList" class="goods-list-v2 gl-type-1 J-goods-list">
  ▼<ul class="gl-warp clearfix" data-tpl="1">
    ▶<li data-sku="100064200258" data-spu ware-type="10" bybt="0" class="gl-item">…</li>
    ▼<li data-sku="100009344217" data-spu="100009344217" ware-type="10" bybt="0" class="gl-item">
      ▼<div class="gl-i-wrap">
        ▶<div class="p-img">…</div>
        ▶<div class="p-price">…</div>
        ▶<div class="p-name p-name-type-2">…</div>
        ▶<div class="p-commit" data-done="1">…</div>
        ▶<div class="p-shop" data-dongdong data-selfware="1" data-score="5" data-reputation="99" data-done="1">…</div>
        ▶<div class="p-icons" id="J_pro_100009344217" data-done="1">…</div>
        ▶<div class="p-operate">…</div>
         <div class="p-stock hide" data-province="山东"></div>
       </div>
     </li>
    ▶<li data-sku="100057734134" data-spu="100057734134" ware-type="10" bybt="0" class="gl-item">…</li>
```

图 6.7　京东搜索页部分源代码

性为“p-nme p-name-type-2”的 <div> 标签下 <em> 标签的文本。产品链接是相同 <div> 标签下的 <a> 标签中的链接。

```
▼<div class="p-name p-name-type-2">
  ▼<a target="_blank" title="支持6A大电流|高品质线芯|双面导电铝箔屏蔽|1m线长" href="//item.jd.com/100009344217.htm
   l" onclick="searchlog(1, '100009344217','1','1','','flagsClk=2097575');">
    ▼<em>
       <font class="skcolor_ljg">华为</font>
       "原装6A数据线 USB Type-A转USB Type-C/1m线长/支持66W (11V6A) 充电 白色CC790" == $0
     </em>
     <i class="promo-words" id="J_AD_100009344217">支持6A大电流|高品质线芯|双面导电铝箔屏蔽|1m线长</i>
   </a>
 </div>
```

图 6.8　产品名称和链接对应的 html 标记

产品价格是其中 class 属性为“p-price”的 <div> 标签下的 <i> 标签的文本，如图 6.9 所示。

```
▼<div class="p-price">
  ▼<strong class="J_100009344217" data-presale="0" data-yuyue="0" data-yushou="0" data-done="1" stock-done="1">
     <em>￥</em>
     <i>29.90</i> == $0
   </strong>
 </div>
```

图 6.9　产品价格对应的 html 标记

产品店铺名称是其中 class 属性为“p-shop”的 <div> 标签下的 <a> 标签的文本，如图 6.10 所示。

```
▼<div class="p-shop" data-dongdong data-selfware="1" data-score="5" data-reputation="99" data-done="1">
  ▼<span class="J_im_icon">
     <a target="_blank" class="curr-shop hd-shopname" onclick="searchlog(1,'1000004259',0,58)" href="//mall.jd.com/
     index-1000004259.html?from=pc" title="华为京东自营官方旗舰店">华为京东自营官方旗舰店</a> == $0
     <b class="im-02" style="background:url(//img14.360buyimg.com/uba/jfs/t26764/156/1205787445/713/9f715eaa/5bc425
     5bN0776eea6.png) no-repeat;" title="联系客服" onclick="searchlog(1,1000004259,0,61)"></b>
   </span>
 </div>
```

图 6.10　产品店铺对应的 html 标记

（2）编写爬虫程序

① 实例项目初始化。在安装 Scrapy 后，只需要输入一条简单的指令“scrapy startproject jd_spider”就可以新建项目。如果创建成功，则返回如图 6.11 所示的结果。

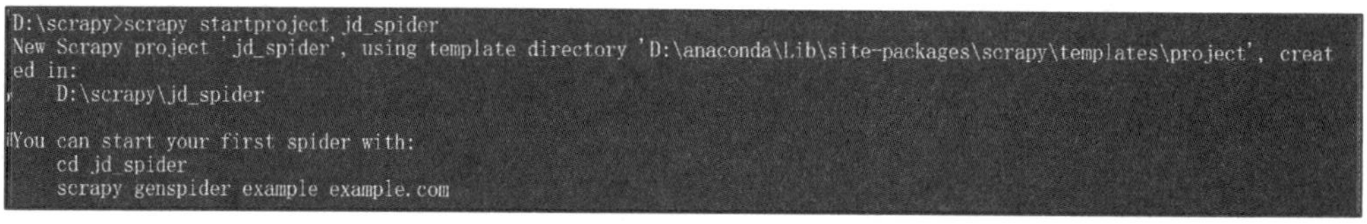

图 6.11 Scrapy 初始化项目

对应的项目目录“D：\scrapy”下出现一个文件夹，其中文件夹名与项目名相同（即为 jd_spider），其下包含一个同名的子文件和配置文件 scrapy.cfg，如图 6.12 所示。

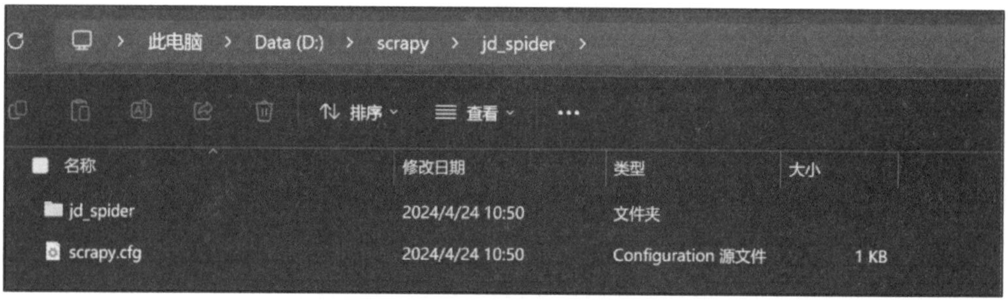

图 6.12 Scrapy 初始化项目第一层文件夹结构

进入 jd_spider 文件夹，该文件夹的文件结构如图 6.13 所示。

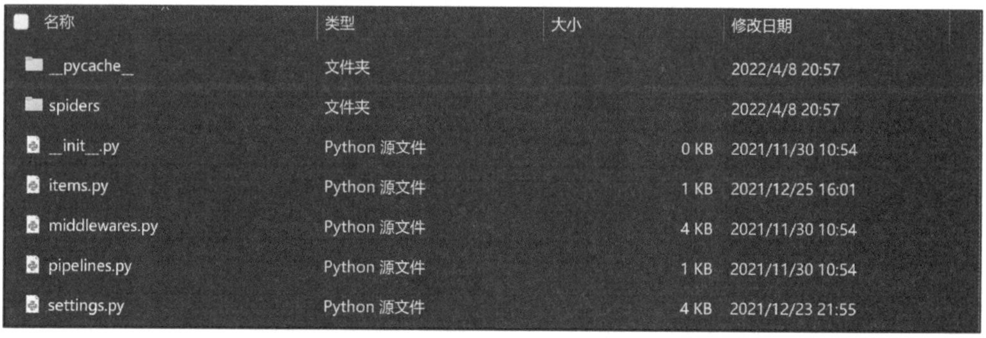

图 6.13 Scrapy 初始化项目第二层文件夹结构

图 6.13 中每个文件或文件夹的作用如下：

init.py：爬虫项目的初始化文件，用来对项目进行初始化。

items.py：爬虫项目的数据容器文件，用来定义要获取的数据。

pipelines.py：爬虫项目的管道文件，用来对 items 中的数据进行进一步加工处理。

settings.py：爬虫项目的设置文件，包含了爬虫项目的设置信息。

middlewares.py：爬虫项目的中间件文件。

spiders 文件夹：放置 Spider 代码的文件夹。

② 定义要抓取的数据。在目录中打开 items.py，定义需要抓取的数据，例如：

```
import scrapy
class JdSpiderItem(scrapy.Item):
      pname=scrapy.Field()
      purl=scrapy.Field()
      pprice=scrapy.Field()
      pshop=scrapy.Field()
      pass
```

其中，pname 是要抓取的产品名称，purl 是产品链接，pprice 是产品价格，pshop 是产品店铺名称。

③ 编辑 jd_spider.py 文件。若要编写爬虫程序，必须创建一个 Spider。在 jd_spider/spiders/ 目录下创建一个“新建文本文件”，将文件重命名为 jd_spider.py，该文件主要包含一个 JdSpider 类。编辑 jd_spider.py 文件如下：

```
import scrapy
from jd_spider.items import JdSpiderItem

class JdSpider(scrapy.Spider):
     name="Jd_spider"
     allowed_domains=['jd.com']
     start_urls=['https://search.jd.com/Search?keyword= 华为 &page=1']
     snew_url='https://search.jd.com/s_new.php?keyword= 华为 &page=2'

     def parse(self,response):
         for div in response.xpath('//div[@class="gl-i-wrap"]'):
             item=JdSpiderItem()
             pprice=div.xpath('.//div[(@class="p-price")]//i/
                    text()').extract()
                 pname=div.xpath('.//div[(@class="p-name
                       p-name-type-2")]//em/text()').extract()
              pshop=div.xpath('.//div[(@class="p-shop")]//
                    a/text()').extract()
                purl=div.xpath('.//div[(@class="p-name
                      p-name-type-2")]/a/@href').extract()
               item['pname']=''.join(pname)
               item['purl']=''.join(purl)
```

```
                    item['pprice']=''.join(pprice)
                    item['pshop']=''.join(pshop)
                    yield item
            snewheaders={'referer':response.url}
yield scrapy.Request(self.snew_url,callback=self.snew_
parse,headers=snewheaders)

    def snew_parse(self,response):
        for div in response.xpath('//div[@class="gl-i-wrap"]'):
            item=JdSpiderItem()
            pprice=div.xpath('.//div[(@class="p-price")]//i/
text()').extract()
                pname=div.xpath('.//div[(@class="p-name
p-name-type-2")]//em/text()').extract()
            pshop=div.xpath('.//div[(@class="p-shop")]//a/
text()').extract()
                purl=div.xpath('.//div[(@class="p-name
p-name-type-2")]/a/@href').extract()
                item['pname']=''.join(pname)
                item['purl']=''.join(purl)
                item['pprice']=''.join(pprice)
                item['pshop']=''.join(pshop)
                yield item
```

name 在其中设置为“Jd_spider”，这是 Spider 的逻辑名称。

allowed_domains 是允许爬取的域名列表，由于我们不止要用到“search.jd.com”，后面的例子中还用到了“item.jd.com”，因此在这里设置爬取域名为“jd.com”下的数据。

start_urls 是起始爬取链接，设置为要爬取的起始网址“https://search.jd.com/Search?keyword=华为&page=1”。

在 parse() 函数中编写程序实现数据的具体爬取过程，这里需要使用 Xpath 确定数据在网页上的位置才能进行数据提取。参照前面对搜索页首页源码的分析结果，先对 class 属性为“gl-i-wrap”的 <div> 标签进行遍历，然后初始化 item 对象并保存产品名称、产品链接、产品价格、产品店铺名称等数据。

④ 编辑 settings.py 文件。为防止恶意爬取数据，网站一般都会检查 header 信息。在本实例中，京东网站对 header 中的浏览器信息进行了检测，因此必须在 settings.py 文件的末尾添加一行代码“USER_AGENT='Mozilla/5.0（Windows NT 6.1；WOW64）AppleWebKit/537.36（KHTML，like Gecko）Chrome/45.0.2454.101 Safari/537.36”，用来设置浏览器信息，不然就会出现错误，导致爬取不到数据。

⑤ 执行命令。前面我们在类 JdSpider 中设置了 name="Jd_spider"，现在我们再

次进入项目文件夹下执行命令："scrapy crawl Jd_spider -o items.csv"。执行过程如图 6.14 所示。

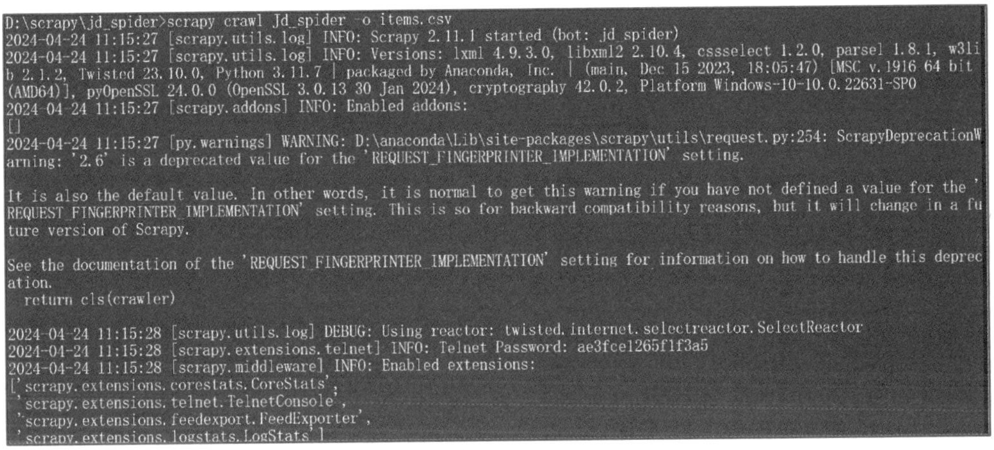

图 6.14　Scrapy 项目执行过程

可以看到，在项目文件夹第一层下生成了 items.csv 文件，结果如图 6.15 所示。

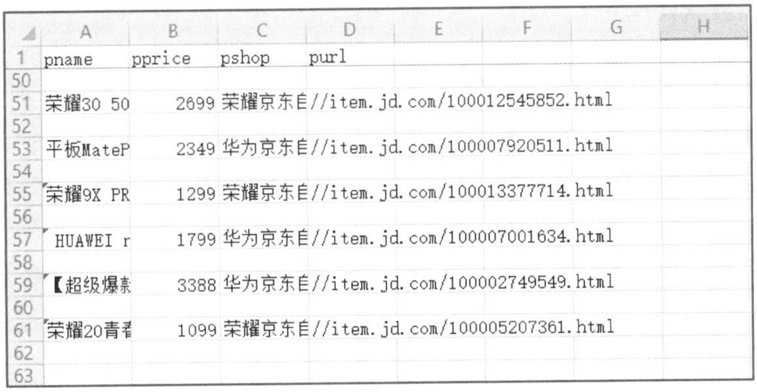

	A	B	C	D	E	F	G	H
1	pname	pprice	pshop	purl				
50								
51	荣耀30 50	2699	荣耀京东自	//item.jd.com/100012545852.html				
52								
53	平板MateP	2349	华为京东自	//item.jd.com/100007920511.html				
54								
55	荣耀9X PR	1299	荣耀京东自	//item.jd.com/100013377714.html				
56								
57	HUAWEI r	1799	华为京东自	//item.jd.com/100007001634.html				
58								
59	【超级爆款	3388	华为京东自	//item.jd.com/100002749549.html				
60								
61	荣耀20青春	1099	荣耀京东自	//item.jd.com/100005207361.html				
62								
63								

图 6.15　Scrapy 执行结果

6.3　数据预处理

现实世界中的数据大都是不完整、有噪声、不一致的，以致无法直接进行数据挖掘。通过数据预处理技术对数据进行处理，可提高被采集的数据的质量。数据预处理有数据清洗、数据集成、数据归约等多种方法。在数据挖掘之前使用这些数据处理技术，能大大提高数据挖掘模式的质量，降低实际挖掘所需要的时间。

6.3.1 数据清洗

采集之后的数据，肯定有不少是重复或者无用的，此时需要对数据进行清洗。那么什么是数据清洗呢？一般来说，数据清洗是指在数据集中发现不准确、不完整或不合理的数据，并对这些数据进行修补或移除以提高数据质量的过程。通常，数据清洗过程由 5 个步骤构成，第 1 步是定义错误类型，第 2 步是搜索并标识错误实例，第 3 步是改正错误，第 4 步是记录错误实例和错误类型，第 5 步是修改数据录入程序以减少未来的错误。

在按照数据清洗步骤进行工作的时候还需要重视格式检查、完整性检查、合理性检查和极限检查，这些工作也在数据清洗过程中完成。数据清洗对保持数据的一致性和更新起着重要的作用，因此被用于多个行业。所以说数据清洗对随后的数据分析非常重要，因为它能提高数据分析的准确性。但是数据清洗依赖复杂的关系模型，会带来额外的计算和延迟导致的开销，所以必须在数据清洗模型的复杂性和分析结果的准确性之间进行平衡。

现实世界的数据常常是不完整的、有噪声的、不一致的，针对这三点，分别有对应的数据清洗的方法：遗漏数据处理、噪声数据处理和不一致数据处理。

1. 遗漏数据处理

假设在分析一个商场的销售数据时，发现有多个记录的属性值为空，如“顾客收入”属性，则对于为空的属性值，可以采用以下方法进行遗漏数据处理。

（1）忽略该条记录。若一条记录中有属性值被遗漏了，则将这条记录排除。但是，若带有遗漏值的记录在整体记录中占比较大时，排除过多带有遗漏值的记录会影响数据分析结果，这种方法就不再有效了。

（2）手工填补遗漏值。一般这种方法比较耗时，而且对于存在许多遗漏情况的大规模数据集而言，显然可行性较差。

（3）利用默认值填补遗漏值。对一个属性的所有遗漏值均可利用一个事先确定好的值来填补，如都用“OK”来填补。但当一个属性的遗漏值较多时，若采用这种方法，就可能误导数据挖掘进程。因此这种方法虽然简单，但并不推荐使用，或使用时需要仔细分析填补后的情况，以尽量避免使最终挖掘结果产生较大误差。

（4）利用均值填补遗漏值。计算一个属性值的平均值，并用此值填补该属性所有遗漏的值。例如，若顾客的平均收入为 10 000 元，则用此值填补“顾客收入”属性中所有被遗漏的值。

（5）利用同类别均值填补遗漏值。这种方法尤其适合在进行分类挖掘时使用。例如，若要对商场顾客按信用风险进行分类挖掘时，就可以用在同一信用风险类别（如良好）下的“顾客收入”属性的平均值，来填补所有在同一信用风险类别下“顾客收入”属性的遗漏值。

（6）利用最可能的值填补遗漏值。可以利用回归分析、贝叶斯计算公式或决策树推断出该条记录特定属性的最大可能的取值。例如，利用数据集中其他顾客的属性值，可以构造一个决策树来预测“顾客收入”属性的遗漏值。这种方法是一种较常用的方法，与其他几种方法相比，它最大限度地利用了当前数据所包含的信息来帮助预测所遗漏的数据。

2. 噪声数据处理

被测变量如果发生了随机性（非规律性）的错误和变化就会产生噪声。常见的噪声数据处理方法有三种，分别是分箱法、聚类法、回归法。下面将以分箱法和回归法为例，通过给定一个数值型属性（如价格）来说明平滑去噪的具体方法。

（1）分箱法

分箱法（Bin 方法）是一个常用的方法，所谓的分箱法，就是将需要处理的数据根据一定的规则放进“箱子”里，然后对每一个箱子里的数据进行测试，并根据数据中的各个“箱子”的实际情况采取一定的方法对数据进行处理。

如何进行分箱呢？可以按照记录的行数进行分箱，使得每箱具有相同的记录数。或者把每箱的区间范围设置为一个常数，这样就能够根据区间的范围进行分箱。其实也可以自定义区间进行分箱。这三种方式都是可以的。分好箱号，就可以求每一个箱的平均值中位数，或者使用极值来绘制折线图。一般来说，折线图的宽度越大，光滑程度也就越明显。

分箱法通过利用应被平滑数据点的周围点（近邻）对一组排序数据进行平滑。排序后的数据被分配到若干箱（称为 Bin）中。如图 6.16 所示，对 Bin 的划分方法一般有两种，一种是等高方法，即每个 Bin 中的元素的个数相等，另一种是等宽方法，即每个 Bin 的取值间距（左右边界之差）相同。

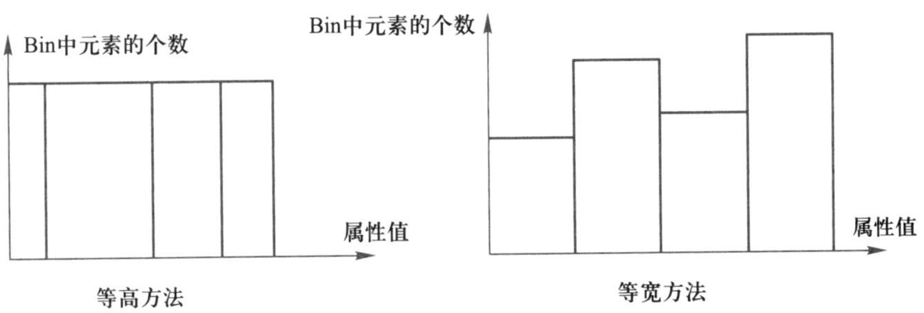

图 6.16　两种典型的 Bin 划分方法

例如，对商品价格利用 Bin 方法进行平滑去噪。首先，对“价格”数据进行排序；然后，将其划分为若干等高的 Bin，即每个 Bin 包含三个数值；最后，既可以利用每个 Bin 的均值进行平滑，也可以根据每个 Bin 的边界进行平滑。

① 排序后的价格数据为：4,8,15,21,21,24,25,28,34。

② 这些数据波划分为等高的 Bin，具体为：

- Bin1：4,8,15
- Bin2：21,21,24
- Bin3：25,28,34

③ 根据每个 Bin 的平均值进行平滑处理后的结果为：

- Bin1：9,9,9
- Bin2：22,22,22

- Bin3：29,29,29

④ 根据 Bin 的边界进行平滑处理的结果为：

- Bin1：4,4,15
- Bin2：21,21,24
- Bin3：25,25,34

利用均值进行平滑处理时，第一个 Bin 中的 4、8、15 均用该 Bin 的均值替换，利用边界进行平滑处理时，对于给定的 Bin，其最大值与最小值就构成了该 Bin 的边界，利用每个 Bin 的边界值（最大值或最小值）可替换该 Bin 中的所有值。

一般来说，每个 Bin 的宽度越宽，其平滑效果越明显。

（2）回归法

回归法就是利用数据描点绘制图像，然后对图像进行光滑处理。回归法有两种：一种是单线性回归，另一种是多线性回归。

单线性回归就是找出两个属性的最佳直线，能够用一个属性预测另一个属性，如图 6.17 所示。

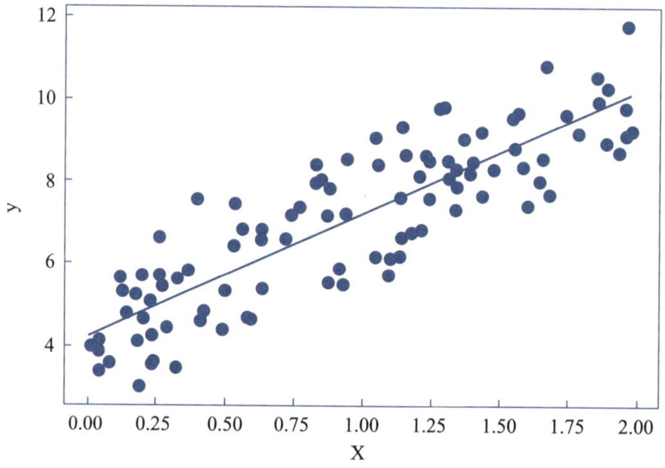

图 6.17 单线性回归

多线性回归就是找到很多个属性，从而将数据拟合到一个多维面，这样就能够消除噪声，如图 6.18 所示。

借助线性回归方法（包括多线性回归方法）就可以获得多个变量之间的拟合关系，从而达到利用一个（或一组）变量值来预测其他变量取值的目的。利用回归分析方法所获得的拟合函数，能够帮助平滑数据及除去其中的噪声。

除了上述两种方法外，还有人机结合检查的方法，可以帮助发现异常数据。这种人机结合检查的方法比手工检查方法效率要高得多。

3. 不一致数据处理

由于在不同的数据库中会产生同一属性取名不同的问题，这使得数据在集成时会发生不一致的情况。现实世界的数据库常出现数据记录内容不一致的问题，对其中的一些数据可以利用它们与外部的关联，手工解决这种不一致的问题。例如，数据录入错误一般可以通过与原始数据进行对比来加以纠正。

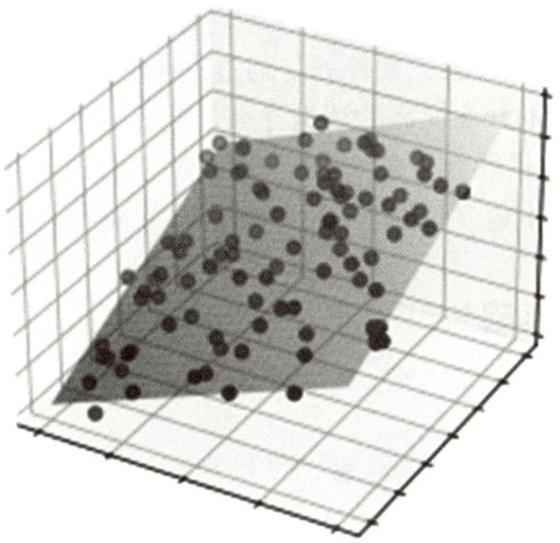

图6.18　多线性回归

6.3.2　数据集成

1. 数据集成概述

在数据集成的过程中，要考虑以下几个问题。

（1）模式集成问题。模式集成问题就是如何使来自多个数据源的实体相互匹配，这就会涉及实体识别问题。例如，如何确定一个数据库中的“customer_id”与另一个数据库中的“customer_number”是否表示同一实体。

（2）冗余问题。冗余问题是数据集成中经常发生的另一个问题。若一个属性可以从其他属性中推演出来，那这个属性就是冗余属性。例如，一个顾客数据表中的“平均月收入”属性就是冗余属性，显然它可以根据“总收入”属性计算出来。此外，属性命名的不一致也会导致集成后的数据集出现数据冗余问题。

（3）数据值冲突检测与消除问题。在现实世界中，来自不同数据源的实体，其属性值或许不同。问题产生的原因可能是比例尺度或编码方式等存在差异。例如，“质量”属性在一个系统中采用公制，而在另一个系统中却采用英制；再如，“价格”属性在不同地点采用不同的货币单位。这些差异会为数据集成带来许多问题。

2. 数据集成的相关方法

（1）数据复制方法。将各个数据源的数据复制到与其相关的其他数据源上，并维护数据源整体上的数据一致性，可以提高信息共享的效率。

（2）网格技术。数据网格技术是在计算网格技术的基础上发展起来的，对于数据集成的大型科学研究具有重大的科研和应用价值，它为具有数据密集型或有协作需求的大型科学应用和研究提供了支撑平台。数据网格技术主要解决的是在广域环境下分布的海量存储资源的统一访问与管理的问题，可以很好地解决海量数据难于组织、难以处理的问题。

（3）数据仓库。该方法将各个数据源的数据复制到同一处 – 数据仓库中。用户则像访问普通数据库一样直接访问数据仓库。数据仓库又称为 ETL，数据仓库的使用由三个步骤构成：提取、转换和装载。其中提取就是连接源系统并选择和收集必要的数据用于随后的分析处理；变换就是通过一系列的规则将提取的数据转换为标准格式；装载就是将提取并变换后的数据导入目标存储设备。

（4）数据联合。数据联合会创建一个虚拟的数据库，从分离的数据源查询并合并数据。虚拟数据库并不包含数据本身，而是存储了真实数据及其存储位置的信息。

6.3.3 pandas 基础知识

1. pandas 数据结构

如果从底层视角观察 pandas 对象，可以把它们看成增强版的 numpy 结构化数组，行列不再只是简单的整数索引，还可以带上标签。pandas 引入了两个新的数据结构：Series 和 DataFrame。

要导入 pandas 可以使用语句：import pandas as pd。

（1）Series（数据序列）

pandas 中的 Series 是一个类，Series 对象实际上是一个一维的 numpy 数组，其很多操作和 numpy 数组类似，例如，元素访问、切片等操作基本是一致的。Series 对象支持基于整数利基于标签（字符串）的索引，并提供了索引操作方法。创建一个 Series 对象的方法是调用其构造函数，其语法格式如下：

```
import pandas as pd
s=pd.Series(data=None,index=None,dtype=None,name=None,copy=False)
```

其中各参数意义如表 6.2 所示。

表 6.2 Series 对象的参数及说明

参数	说明
data	读写的数据，包含 Series 对象，可以是 numpy 数组或类数组对象、字典 dict 对象或者一系列标量值
index	一维类数组对象或一维索引对象；索引对象必须和 data 具有相同的长度，默认为 RangeIndex（0,1,2…n）；如果 data 是一个字典对象，并且同时提供了 index，则 index 会覆盖字典的键值
dtype	可为 numpy.dtype 或者 None；若为 None，则可以自动推断出 data 的类型
name	给创建的对象命名
copy	指明是否复制输入数据；为 boolean 类型；默认为 False
fastpath	是一个内部使用的参数；开发者可忽略
无参数	创建一个长度为 0 的空序列

Series 对象的主要属性是 data 和 index。如果传给构造函数的是一个列表，那么 index 值是从 0 起递增的整数；如果传入的是一个字典，就会生成 index-value 对应

的 Series。可在初始化的时候以关键字参数指定一个 index 属性。

（2）DataFrame（二维数组表结构）

DataFrame 是最常用的 pandas 对象，类似于 Excel 表格。完成数据读取后，数据就以 DataFrame 数据结构形式存储在内存中。但此时并不能直接开始统计分析工作，需要用 DataFrame 的属性与方法对数据分布、大小等基本的数据状况进行收集，然后才能进行相应的统计分析。

Series 可以看作是 DataFrame 中的一列，也可以是单独存在的一维数据结构。

DataFrame 可以看作是由多个 Series 按列排列构成的表格，它既有行索引也有列索引，因此可以方便地进行行列选择、过滤、合并等操作。

2. DataFrame 基础操作

① 创建 DataFrame 对象。

【例 6.1】构建 Series 对象实例

```
import pandas as pd
from IPython.display import display
# 1.创建一个空的 DataFrame 对象
df=pd.DataFrame()
print(" 创建一个空的 DataFrame 对象：",df)
# 2.从列表中创建 DataFrame 对象，提供了列名索引：行索引从 0 开始
colNames=[" 学号 "," 姓名 "," 班级 "," 年龄 "]
dataList=[["20201001"," 张三 "," 商务 2001",18],
          ["20201002"," 李四 "," 商务 2001",17]]
# 从列表中创建 DataFrame 对象
dfCust=pd.DataFrame(dataList,columns=colNames)
print("-"*35)
print(" 从列表中创建的 DataFrame 对象为：")
display(dfCust)# 按标准显示 DataFrame 对象
# 3.从字典中创建 DataFrame 对象，学生考试成绩
dataList1={" 姓名 ":[" 张三 "," 李四 "," 王五 "," 赵六 "],
" 数学 ":[99,88,77,66],
" 语文 ":[91,81,71,61],
" 英语 ":[68,78,88,98]}
dfScores=pd.DataFrame(dataList1)
print("-"*35)
print(" 从字典中创建的 DataFrame 对象为：")
display(dfScores)    # 按标准显示 DataFrame 对象
#  4.从字典中创建 DataFrame 对象，应用 index 参数自定义行索引
# 应用 index 参数创建 DataFrame 对象
dfScores1=pd.DataFrame(dataList1,index=(10,9,8,7))
print("-"*35)
print(" 应用 index 参数创建的 DataFrame 对象为：")
display(dfScores1)    # 按标准显示 DataFrame 对象
```

例 6.1 的输出结果如图 6.19 所示。

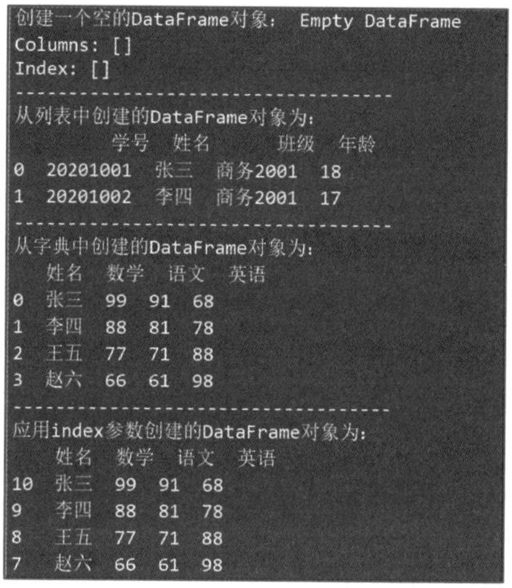

```
创建一个空的DataFrame对象:  Empty DataFrame
Columns: []
Index: []
-----------------------------------
从列表中创建的DataFrame对象为:
          学号  姓名        班级   年龄
0  20201001  张三  商务2001  18
1  20201002  李四  商务2001  17
-----------------------------------
从字典中创建的DataFrame对象为:
   姓名  数学  语文  英语
0  张三  99  91  68
1  李四  88  81  78
2  王五  77  71  88
3  赵六  66  61  98
-----------------------------------
应用index参数创建的DataFrame对象为:
    姓名  数学  语文  英语
10  张三  99  91  68
9   李四  88  81  78
8   王五  77  71  88
7   赵六  66  61  98
```

图 6.19　例 6.1 的输出结果

② 查看 DataFrame 的常用属性。

查看 DataFrame 的常用属性。DataFrame 的常用属性有 values、index、columns 和 dtypes，分别可以获取元素、索引、列名和类型。

【例 6.2】 利用 values、index、columns 和 dtypes 属性获取 DataFrame 的属性值。

```
import pandas as pd
from IPython.display import display
df1=pd.DataFrame({"姓名":["张三","李四","王五","赵六"],"数学":
[99,88,77,66],"语文":[91,81,71,61],"英语":[68,78,88,98]})
display(df1)
print('DataFrame 对象的值为:\n',df1.values)
print('DataFrame 对象的列名为:',df1.columns)
print('DataFrame 对象的索引为:',df1.index)
print('DataFrame 对象的元素个数为:',df1.size)
print('DataFrame 对象的维度为:',df1.ndim)
print('DataFrame 对象的形状为:',df1.shape)
print('DataFrame 对象的转置为:\n',df1.T)
```

例 6.2 的输出结果如图 6.20 所示。

③ 查看和更改 DataFrame 中的数据。

• head() 和 tail() 方法：使用这两种方法可以得到多行数据，但是得到的数据都是从开始或者末尾获取的连续数据。

• loc() 和 iloc() 方法：是针对 DataFrame 索引名称的切片方法，能够实现所有单层索引切片操作。

loc() 方法的语法格式如下：

```
DataFrame.loc[行索引名称或条件，列索引名称]
```

```
   姓名  数学  语文  英语
0  张三   99   91   68
1  李四   88   81   78
2  王五   77   71   88
3  赵六   66   61   98
DataFrame对象的值为：
 [['张三' 99 91 68]
 ['李四' 88 81 78]
 ['王五' 77 71 88]
 ['赵六' 66 61 98]]
DataFrame对象的列名为：  Index(['姓名', '数学', '语文', '英语'], dtype='object')
DataFrame对象的索引为：  RangeIndex(start=0, stop=4, step=1)
DataFrame对象的元素个数为：  16
DataFrame对象的维度为：  2
DataFrame对象的形状为：  (4, 4)
DataFrame对象的转置为：
      0    1    2    3
姓名  张三  李四  王五  赵六
数学  99   88   77   66
语文  91   81   71   61
英语  68   78   88   98
```

图 6.20　例 6.2 的输出结果

iloc() 方法的语法格式如下：

```
DataFrame.iloc[行索引位置，列索引位置]
```

iloc() 与 loc() 的区别是，iloc 接收的必须是行索引和列索引的位置。

【例 6.3】 查看和更改 DataFrame 中的数据。

```
import pandas as pd
# 根据字典创建 DataFrame 对象 df1
df1=pd.DataFrame({"姓名":["张三","李四","王五","赵六"],"数学":
[99,88,77,66],"语文":[91,81,71,61],"英语":[68,78,88,98]})
# 访问单列数据
print('使用字典方式访问数据为:\n',df1['姓名'])# 使用字典方式输出
姓名列
print('使用属性方式访问数据为:\n',df1.姓名)# 使用属性方式输出姓名列
# 访问多列数据
#使用字典方式输出多列的全部记录
print('输出多列全部数据:\n',df1[['姓名','数学']])
# 使用字典方式输出多列的前两条记录
print('输出多列部分数据:\n',df1[['姓名','数学']][:2])
# 使用字典方式输出全部列的 1~2 号记录
print('输出全部列部分数据:\n',df1[:][1:3])
# 使用 DataFrame 的 head() 和 tail() 方法访问多行数据
```

```
# 使用head()方法输出全部列的前两条记录
print('使用head()方法访问数据:\n',df1.head(2))
# 使用tail()方法输出全部列的后两条记录
print('使用tail()方法访问数据:\n',df1.tail(2))
#loc()和iloc()方法
print('获取第0、2行的姓名、数学字段数据为:\n',df1.loc[[0,2],
['姓名','数学']])
# 左右均闭
print('获取前3行的姓名、数学字段数据为:\n',df1.loc[0:2,['姓
名','数学']])
print('获取第2行数据为:\n',df1.iloc[2])
print('获取第0、2行的第1、2列数据为:\n',df1.iloc[[0,2],[1,2]])
print('获取前2行的第1、2列数据为:\n',df1.iloc[0:2,[1,2]])
# loc条件输出
print('按loc条件输出的数据为:\n',df1.loc[df1['姓名']=='王
五',['姓名','数学']])
# iloc条件输出
print('按iloc条件输出的数据为:\n',df1.iloc[(df1['姓名']==
'王五').values,[0,1]])
df1.loc[df1['姓名']=='王五',['姓名']]='王六'   #更改姓名
print('更改后姓名为王五的数据为:\n',df1.loc[df1['姓名']=='王
五',['姓名','数学']])
print('更改后姓名为王六的数据为:\n',df1.loc[df1['姓名']=='王
六',['姓名','数学']])
```

例6.3的输出结果如图6.21所示。

```
使用字典方式访问数据为:
 0    张三
1    李四
2    王五
3    赵六
Name: 姓名, dtype: object
使用属性方式访问数据为:
 0    张三
1    李四
2    王五
3    赵六
Name: 姓名, dtype: object
输出多列全部数据:
    姓名  数学
0  张三  99
1  李四  88
2  王五  77
3  赵六  66
输出多列部分数据:
    姓名  数学
0  张三  99
1  李四  88
输出全部列部分数据:
    姓名  数学  语文  英语
1  李四  88  81  78
2  王五  77  71  88
```

```
使用head()方法访问数据:
   姓名  数学  语文  英语
0  张三  99  91  68
1  李四  88  81  78
使用tail()方法访问数据:
   姓名  数学  语文  英语
2  王五  77  71  88
3  赵六  66  61  98
获取第0、2行的姓名、数学字段数据为:
   姓名  数学
0  张三  99
2  王五  77
获取前3行的姓名、数学字段数据为:
   姓名  数学
0  张三  99
1  李四  88
2  王五  77
获取第2行数据为:
 姓名    王五
数学    77
语文    71
英语    88
Name: 2, dtype: object
获取第0、2行的第1、2列数据为:
   数学  语文
0  99  91
2  77  71
获取前2行的第1、2列数据为:
   数学  语文
0  99  91
1  88  81
按loc条件输出的数据为:
   姓名  数学
2  王五  77
```

```
按iloc条件输出的数据为:
   姓名  数学
2  王五  77
更改后姓名为王五的数据为:
 Empty DataFrame
Columns: [姓名, 数学]
Index: []
更改后姓名为王六的数据为:
   姓名  数学
2  王六  77
```

图 6.21　例 6.3 的输出结果

3. 利用 pandas 读写外部数据

读 / 写外部数据是 pandas 进行数据预处理、建模与分析的前提。不同的数据类型，需要使用不同的函数读取。常见的数据源有三种，分别是数据库数据、文本文件（包括一般文本文件和 csv 文件）和 Excel 文件。pandas 内置了十余种数据读取函数和对应的数据写入函数。此处，重点讲解 pandas 对外部文本文件的读写。

文本文件是一种由若干行字符构成的计算机文件，它是一种典型的顺序文件。csv 是一种用分隔符分隔的文件格式，csv 文件以纯文本形式存储表格数据（数字和文本），其分隔符不一定是逗号。

pandas 提供了 read_csv() 方法读取 csv 格式存储表格数据。下面以 6-4.csv 文件为例，展示利用 pandas 读取 csv 文件。

【例 6.4】 利用 pandas 读取 csv 文件。

```
import pandas as pd
detail=pd.read_csv('6-4.csv',sep='\t',encoding='utf8')
print(detail)
```

例 6.4 的输出结果如图 6.22 所示。

```
          课程号,课程名称,学分
0    15010001,高级办公自动化,5
1      15010002,电子商务概论,4
2   15010003,数据库原理与应用,5
3         15010004,统计学,3
4       15010005,会计学原理,4
5        15010006,初级财务,4
6        15010007,中级会计,5
```

图 6.22　例 6.4 的输出结果

Pandas 提供了 to_csv() 方法将 DataFrame 类型的数据存储为 csv 文件。

【例 6.5】 利用 pandas 将数据写入 csv 文件。

```
import pandas as pd
# 三个字段分别为 name、site 和 age
name=["Google","Runoob","Taobao","Wiki"]
site=["www.google.com","www.runoob.com","www.taobao.
com","www.wikipedia.org"]
age=[90,40,80,98]
# 字典
dict={'name':name,'site':site,'age':age}
df=pd.DataFrame(dict)
# 保存 dataframe
df.to_csv('6-5.csv')
```

输出 csv 文件的内容为：

	name	site	age
0	Google	www.google.com	90
1	Runoob	www.runoob.com	40

2	Taobao	www.taobao.com	80
3	Wiki	www.wikipedia.org	98

6.3.4　pandas 数据预处理

1. 重复数据的检测与处理

处理重复数据是数据分析经常面对的问题之一。对重复数据进行处理前，需要分析重复数据产生的原因以及去除这部分数据后可能造成的不良影响。

pandas 提供了一个名为 drop_duplicates 的去重方法。该方法只对 DataFrame 或者 Series 类型有效。这种方法不会改变数据的原始顺序，并且兼具代码简洁和运行稳定的特点。

drop_duplicates() 方法的基本语法如下：

```
DataFrame.drop_duplicates(self,subset=None,keep='first',inplace=False)
```

使用 drop_dupilicates() 方法去重时，当且仅当 subset 参数中的特征重复时才会执行去重操作，去重时可以选择保留哪一个，甚至可以不保留。

该方法的常用参数及其说明如表 6.3 所示。

表 6.3　drop_duplicates() 方法的常用参数及其说明

参数名称	说明
subset	接收 string 或 sequence。表示进行去重的列。默认为 None，表示全部列
keep	接收特定 string。表示重复时保留第几个数据。First：保留第一个；Last：保留最后一个；False：只要有重复都不保留。默认为 first
inplace	接收 boolean。表示是否在原表上进行操作。默认为 False

【例 6.6】使用 drop_dupilicates() 方法去重。

```
import pandas as pd
pd.set_option('display.unicode.ambiguous_as_wide',True) # 设置列对齐
pd.set_option('display.unicode.east_asian_width',True)  # 设置列对齐
# 读取本书配套资源中的 " 商品 .xlsx" 文件中的第 1 个工作表
detail=pd.read_csv('6-6.csv')
print(' 原始商品表 :')
print(detail)
sp_bh=detail.drop_duplicates()     # 记录去重
print(' 记录去重之后的商品表 :')
print(sp_bh)
sp_bh1=detail[' 商品编号 '].drop_duplicates()# 只输出去重后的商
品编号字段值
```

```
print('商品编号去重之后的商品编号表：')
print(sp_bh1)
# 根据一个或多个特征值去重：根据商品编号、商品名称字段值去重
sp_bh2=detail.drop_duplicates(subset=['商品编号','商品名称'])
print('商品编号、商品名称去重之后的商品表：')
print(sp_bh2)
```

例 6.6 的输出结果如图 6.23 所示。

```
原始商品表：
        商品编号        商品名称  单位   数量     单价      金额  产地
0  111100000003       防滑轮外圈    只  10.0    30.0     300.0  成都
1  111100000003    防滑轮外圈带油    只  40.0  5500.0  220000.0  重庆
2  111100000003       防滑轮外圈    只  10.0    30.0     300.0  成都
3  111100000004         防滑轮  NaN   5.0     NaN       0.0  绵阳
记录去重之后的商品表：
        商品编号        商品名称  单位   数量     单价      金额  产地
0  111100000003       防滑轮外圈    只  10.0    30.0     300.0  成都
1  111100000003    防滑轮外圈带油    只  40.0  5500.0  220000.0  重庆
3  111100000004         防滑轮  NaN   5.0     NaN       0.0  绵阳
商品编号去重之后的商品编号表：
0    111100000003
3    111100000004
Name: 商品编号, dtype: int64
商品编号、商品名称去重之后的商品表：
        商品编号        商品名称  单位   数量     单价      金额  产地
0  111100000003       防滑轮外圈    只  10.0    30.0     300.0  成都
1  111100000003    防滑轮外圈带油    只  40.0  5500.0  220000.0  重庆
3  111100000004         防滑轮  NaN   5.0     NaN       0.0  绵阳
```

图 6.23　例 6.6 的输出结果

2. 缺失值的处理

数据中的某个或某些特征的值是不完整的，这些值称为缺失值。在数据分析时应检查有没有缺失的数据，如果有则将其删除或替换为特定的值，以减小对最终数据分析结果的影响。pandas 提供了识别缺失值的方法 isnull 以及识别非缺失值的方法 notnull，这两种方法在使用时返回的都是布尔值，即 True 或 False。DataFrame 支持使用 dropna() 方法丢弃带有缺失值的数据行，或者使用 fillna() 方法对缺失值进行批量替换，也可以使用 loc() 和 iloc() 方法直接对符合条件的数据进行替换。

（1）删除法

删除法是指将含有缺失值的特征值或者记录删除，这是一种最简单的缺失值处理方法。pandas 提供了简便的删除缺失值的方法 dropna()，通过参数控制，该方法既可以删除观测记录，也可以删除特征值，该方法的基本语法如下：

```
DataFrame.dropna(self,axis=0,how='any',thresh=None,subset=None,
inplace=False)
```

（2）替换法

替换法是指用一个特定的值替换缺失值。缺失值的特征可分为数值型和类别型，两者处理方法也是不同的。缺失值的特征为数值型时，通常利用均值、中位数和众数等描述其中趋势的统计量来代替缺失值；缺失值的特征为类别型时，则选择使用众数来替换缺失值。pandas 库提供了替换缺失值的函数 fillna()，其基本语法如下：

```
DataFrame.fillna(value=None,method=None,axis=None,inplace=False,
limit=None)
```

【例 6.7】使用 dropna() 和 fillna() 方法删除和填充缺失值。

```
from copy import deepcopy
import pandas as pd
from IPython.display import display
pd.set_option('display.unicode.ambiguous_as_wide',True)
# 设置列对齐
pd.set_option('display.unicode.east_asian_width',True)
# 设置列对齐
detail=pd.read_csv('6-7.csv')    # 读取本书配套资源中的“6-7.csv”文件
print('原始商品表：'.ljust(58,'='))
display(detail)
# 显示缺失值行
print('缺失数据行：'.ljust(58,'='))
display(detail[detail['单位'].isnull()])
# 删除缺失值记录
drop_values_null = detail.dropna()
print('删除缺失值商品表：'.ljust(56,'='))
display(drop_values_null)
# 填充缺失值行
detail1=deepcopy(detail)# 复制数据
# 使用固定值替换缺失值
detail1.loc[detail1.单位.isnull(),'单位']="只"
# 使用整体均值的 50% 填充缺失值
detail1.fillna({'单价':round(detail1['单价'].mean()*0.5)},inplace=
True)
print('填充缺失值并重新计算后的商品表：')
#根据填充的单价，重新计算金额
detail1.eval('金额=数量*单价',inplace=True)
print(detail1)
```

例 6.7 的执行结果如图 6.24 所示。

3. 异常值检测与处理

异常值是指明显偏离正常范围的数值，有时也称为离群点，检测异常值就是检

```
原始商品表：==================================================
         商品编号          商品名称  单位   数量     单价        金额   产地
0  111100000003         防滑轮外圈     只   10.0     30.0      300.0  成都
1  111100000003   防滑轮外圈带油     只   40.0   5500.0   220000.0  重庆
2  111100000003         防滑轮外圈     只   10.0     30.0      300.0  成都
3  111100000004            防滑轮   NaN    5.0      NaN        0.0  绵阳
缺失数据行：==================================================
         商品编号  商品名称  单位  数量  单价  金额  产地
3  111100000004    防滑轮   NaN   5.0   NaN   0.0  绵阳
删除缺失值商品表：==============================================
         商品编号          商品名称  单位   数量     单价        金额   产地
0  111100000003         防滑轮外圈     只   10.0     30.0      300.0  成都
1  111100000003   防滑轮外圈带油     只   40.0   5500.0   220000.0  重庆
2  111100000003         防滑轮外圈     只   10.0     30.0      300.0  成都
填充缺失值并重新计算后的商品表：
         商品编号          商品名称  单位   数量     单价        金额   产地
0  111100000003         防滑轮外圈     只   10.0     30.0      300.0  成都
1  111100000003   防滑轮外圈带油     只   40.0   5500.0   220000.0  重庆
2  111100000003         防滑轮外圈     只   10.0     30.0      300.0  成都
3  111100000004            防滑轮     只    5.0    927.0     4635.0  绵阳
```

图 6.24　例 6.7 的执行结果

验数据中是否有输入错误以及是否含有不合理的数据。在数据分析时，需要把这些数据删除或替换为特定的值（例如人为设定的正常范围边界值），减小对最终数据分析结果的影响。异常值处理的关键是根据实际情况准确定义正常范围边界值，超出正常范围的数值认为是异常值。

在数据预处理时，异常值是否剔除，需视具体情况而定，因为有些异常值可能蕴含着有用的信息。异常值的常见处理方法如表 6.4 所示。

表 6.4　异常值的常见处理方法

异常值处理方法	方法描述
删除含有异常值的记录	直接将含有异常值的记录删除
视为缺失值	将异常值视为缺失值，利用缺失值处理的方法进行处理
平均值修正	可用前后两个观测值的平均值修正该异常值
不处理	直接在具有异常值的数据集上进行挖掘建模

【例 6.8】异常值检测与处理

```
import pandas as pd
pd.set_option('display.unicode.ambiguous_as_wide',True)
# 设置列对齐
pd.set_option('display.unicode.east_asian_width',True)
# 设置列对齐
detail=pd.read_csv('6-8.csv')#读取本书配套资源中的“6-8.csv”
文件
```

```
print('原始商品表:')
print(detail)
print('显示单价异常的记录:')
print(detail[detail.单价>5000])   # 显示单价>5000的记录
detail.loc[detail.单价>5000,'单价']=45
detail.loc[detail.单价==45,'金额']=round(detail.数量*detail.
单价,4)
# 根据修改的单价，重新计算金额
print('显示单价修改后的记录:')
print(detail[detail.单价==45])   # 显示单价=45的记录
```

例 6.8 的执行结果如图 6.25 所示。

```
原始商品表:
          商品编号       商品名称  单位   数量     单价       金额   产地
0  111100000003      防滑轮外圈    只  10.0    30.0     300.0   成都
1  111100000003  防滑轮外圈带油    只  40.0  5500.0  220000.0   重庆
2  111100000003      防滑轮外圈    只  10.0    30.0     300.0   成都
3  111100000004        防滑轮   NaN   5.0     NaN       0.0   绵阳
显示单价异常的记录:
          商品编号       商品名称  单位   数量     单价       金额   产地
1  111100000003  防滑轮外圈带油    只  40.0  5500.0  220000.0   重庆
显示单价修改后的记录:
          商品编号       商品名称  单位   数量   单价     金额   产地
1  111100000003  防滑轮外圈带油    只  40.0  45.0  1800.0   重庆
```

图 6.25　例 6.8 的执行结果

4. 数据集成

数据集成是将不同来源的数据组合成有价值、有意义的信息的过程。pandas 通过堆叠合并和主键合并等多种合并，可以将关联的数据信息合并到一张表中。

（1）堆叠合并

堆叠就是简单地把两个表拼在一起，也被称为轴向连接、绑定或连接。依照连接轴的方向，数据堆叠可分为：横向堆叠和纵向堆叠。

在 Pandas 中使用 concat() 函数堆叠数据，其使用的一般语法格式如下：

```
DataFrame.concat(objs,axis=0,join='outer',join_axes=None,ignore_index=
False,keys=None,levels=None,names=None,verify_integrity=False,copy=True)
```

上述语法中的主要参数如下：

- objs：一个列表，内容可以是 DataFrame 或者 Series，可以混合。
- axis：默认是 0 代表按行合并，如果等于 1 代表按列合并。
- join：接收 inner 或 outer，表示其他轴向上的索引是按交集（inner）还是并集（outer）进行合并，默认为 outer。
- ignore_index：是否忽略掉原来的数据索引。

【例 6.9】使用 concat() 方法横向和纵向合并数据。

```
import pandas as pd
pd.set_option('display.unicode.ambiguous_as_wide',True)
# 设置列对齐
pd.set_option('display.unicode.east_asian_width',True)
# 设置列对齐
print('横向合并：'.ljust(58,'='))
# 读取商品编号、商品名称
detail1=pd.read_csv('6-9.csv',usecols=['商品编号',"商品名称"])
# 读取单位、数量、单价
detail2=pd.read_csv('6-9.csv',usecols=["单位",'数量','单价'])
print("商品表1:\n",detail1)
print("商品表2:\n",detail2)
detail3=pd.concat([detail1,detail2],axis=1)    # 横向合并
print('横向合并后的商品表：\n',detail3)
print('纵向合并：'.ljust(58,'='))
# 读取商品编号、商品名称、单位
detail4=pd.read_csv('6-9.csv',usecols=['商品编号',"商品名称",'单位'])
# 读取商品编号、商品名称、单位
detail5=pd.read_csv('6-9.csv',usecols=['商品编号',"商品名称",'单位'])
print("商品表1:\n",detail4)
print("商品表2:\n",detail5)
detail6=pd.concat([detail4,detail5],axis=0)# 纵向合并
print('纵向合并后的数据：\n',detail6)
```

例 6.9 的执行结果如图 6.26 所示。

```
横向合并：==========================================================
商品表1:
          商品编号          商品名称
0  111100000003      防滑轮外圈
1  111100000003  防滑轮外圈带油
2  111100000003      防滑轮外圈
3  111100000004          防滑轮
商品表2:
   单位  数量    单价
0   只  10.0    30.0
1   只  40.0  5500.0
2   只  10.0    30.0
3  NaN   5.0     NaN
横向合并后的商品表:
          商品编号          商品名称 单位  数量    单价
0  111100000003      防滑轮外圈   只  10.0    30.0
1  111100000003  防滑轮外圈带油   只  40.0  5500.0
2  111100000003      防滑轮外圈   只  10.0    30.0
3  111100000004          防滑轮  NaN   5.0     NaN
```

```
纵向合并：=====================================================
商品表1：
          商品编号        商品名称 单位
0  111100000003       防滑轮外圈    只
1  111100000003     防滑轮外圈带油    只
2  111100000003       防滑轮外圈    只
3  111100000004         防滑轮  NaN
商品表2：
          商品编号        商品名称 单位
0  111100000003       防滑轮外圈    只
1  111100000003     防滑轮外圈带油    只
2  111100000003       防滑轮外圈    只
3  111100000004         防滑轮  NaN
纵向合并后的数据：
          商品编号        商品名称 单位
0  111100000003       防滑轮外圈    只
1  111100000003     防滑轮外圈带油    只
2  111100000003       防滑轮外圈    只
3  111100000004         防滑轮  NaN
0  111100000003       防滑轮外圈    只
1  111100000003     防滑轮外圈带油    只
2  111100000003       防滑轮外圈    只
3  111100000004         防滑轮  NaN
```

图 6.26　例 6.9 的执行结果

（2）主键合并

主键合并，即通过一个或多个键将两个数据表的行拼接起来，类似于数据表连接中的 join。针对两个包含不同字段的表，将其根据某几个字段一一对应拼接起来，结果集的列数为两个原数据表的列数之和减去连接键的数量。

pandas 库中的 merge() 函数可以实现主键合并，该函数的语法如下：

```
DataFrame.merge(left,right,how='inner',on=None,left_on=None,
                right_on=None,left_index=False,right_index=False,
                sort=False,suffixes=('_x','_y'),copy=True,
                indicator=False,validate=None):
```

上述语法的主要参数如下：

- left：接收 DataFrame 或 Series；表示要添加的新数据 1；无默认值。
- right：接收 DataFrame 或 Series；表示要添加的新数据 2；无默认值。
- how：接收 inner、outer、left、right；表示数据的连接方式；默认值为 inner。
- on：接收 string 或 sequence；表示两个数据合并的主键（必须一致）；默认值为 None。
- left_on：接收 string 或 sequence；表示 left 参数接收数据用于合并的主键；默认值为 None。
- right_on：接收 string 或 sequence；表示 right 参数接收数据用于合并的主键；

默认值为 None。

- left_index：接收 boolean；表示是否将 left 参数接收数据的 index 作为连接主键；默认值为 False。
- right_index：接收 boolean；表示是否将 right 参数接收数据的 index 作为连接主键；默认值为 False。
- sort：接收 boolean；表示是否根据连接键对合并后的数据进行排序；默认值为 False。
- suffixes：接收 tuple；表示用于追加到 left 和 right 参数接收数据列名相同时的后缀；默认值为（'_x'，'_y'）。
- copy：接收 boolean；表示是否允许复制数据，默认值为 True。
- indicator：接收 boolean；表示是否添加列组合名称，默认值为 False。

【例 6.10】使用 merge() 方法实现主键合并。

```
import pandas as pd
pd.set_option('display.unicode.ambiguous_as_wide',True)  # 设置列对齐
pd.set_option('display.unicode.east_asian_width',True)  # 设置列对齐
print('横向合并:'.ljust(58,'='))
# 读取商品编号、商品名称
detail1=pd.read_csv('6-10.csv',usecols=['商品编号',"商品名称"])
# 读取商品编号、单价
detail2=pd.read_csv('6-10.csv',usecols=["商品编号",'单价'])
print("商品表1:\n",detail1)
print("商品表2:\n",detail2)
# merge()用于合并数据，左右两表的主键名称一致
detail3=pd.merge(detail1,detail2,on='商品编号')
print('merge合并后的数据:\n',detail3)
```

例 6.10 的执行结果如图 6.27 所示。

```
商品表1:
          商品编号        商品名称
0  111100000003       防滑轮外圈
1  111100000003    防滑轮外圈带油
2  111100000003       防滑轮外圈
3  111100000004         防滑轮
商品表2:
          商品编号     单价
0  111100000003    30.0
1  111100000003  5500.0
2  111100000003    30.0
3  111100000004     NaN
merge合并后的数据:
          商品编号        商品名称      单价
0  111100000003       防滑轮外圈    30.0
1  111100000003       防滑轮外圈  5500.0
2  111100000003       防滑轮外圈    30.0
3  111100000003    防滑轮外圈带油    30.0
4  111100000003    防滑轮外圈带油  5500.0
5  111100000003    防滑轮外圈带油    30.0
6  111100000003       防滑轮外圈    30.0
7  111100000003       防滑轮外圈  5500.0
8  111100000003       防滑轮外圈    30.0
9  111100000004         防滑轮     NaN
```

图 6.27　例 6.10 的执行结果

6.4　数据统计分析

数据统计分析作为数据处理的中间步骤，向前承接了数据采集和清洗，对已经汇总的数据进行统计分析并分类；向后衔接了数据可视化，在数据分析过程中也会用到数据可视化工具。

6.4.1　数据分析概述

数据统计分析指用适当的统计方法对采集来的大量数据进行分析，将它们加以汇总并消化理解，以求最大化地开发数据的功能，发挥数据的作用。数据统计分析是为了提取有用信息并形成结论而对数据进行详细研究和概括总结的过程。

数据分析有狭义和广义之分。狭义的数据分析指根据分析目的，采用对比分析、分组分析、交叉分析和回归分析等分析方法，对收集的数据进行处理分析，提取有价值的信息，发挥数据的作用，并得到一个或多个特征统计量结果的过程。一般情况下人们说的数据分析就是指狭义的数据分析。而广义的数据分析指针对收集的数据运用基础探索、统计分析、深层挖掘（应用机器学习技术），发现数据中有用的信息和未知的规律与模式，为下一步业务决策提供理论与实践依据。

对于数据分析能干什么，其实可以简单地举几个例子：

（1）淘宝可以通过观察用户的购买记录、搜索记录等选择商品进行推荐。

（2）在股票市场，人们可以根据相应的股票数据进行分析、预测，从而做出买进还是卖出的决策。

（3）今日头条可以将数据分析应用到新闻推送算法当中。

（4）爱奇艺可以为用户提供个性化电影推荐服务。

其实数据分析不仅可以助力上述系统的形成，也可以运用在制药行业，帮助人们预测什么样的化合物更有可能制成高效药物等。

可以说数据分析相关岗位是未来所有公司不可或缺的。目前社会上获取数据的方式繁多，面对如此巨量的数据，从业者只有拥有相应的数据分析技能，才可满足众多岗位的职责需求。

6.4.2 常见数据统计指标

统计指标是统计学中用来描述数据特征和分布的量，可以帮助我们更好地理解和分析数据。在数据分析和决策中，常用的统计指标有：均值、中位数、众数、标准差、方差、百分位数和相关系数等。下面将对这些常用的统计指标进行详细介绍。

1. 均值

均值是最常用的统计指标之一，它是一组数据的平均值。计算均值的方法是将所有数据相加，然后除以数据的个数。均值可以反映数据的集中趋势，是描述数据总体水平的重要指标。

2. 中位数

中位数是将一组数据按照大小排列后，位于中间位置的数值。

如果数据个数为奇数，则中位数就是中间那个数；如果数据个数为偶数，则中位数是中间两个数的平均值。中位数可以反映数据的中间位置，相对于均值更具有稳定性。

3. 众数

众数是一组数据中出现次数最多的数值。一个数据集可能有一个或多个众数，也可能没有众数。众数可以反映数据的集中趋势，特别适用于描述分类数据。

4. 标准差

标准差是用来衡量数据的离散程度的指标。它是各个数据与均值之差的平方的平均值的平方根。标准差越大，表示数据的离散程度越大；标准差越小，表示数据的离散程度越小。

5. 方差

方差是标准差的平方，也是用来衡量数据的离散程度的指标。方差和标准差一样，都可以反映数据的离散程度，但在具体应用中，常用标准差来描述数据的离散程度。

6. 分位数

统计学上的分位数可以帮助我们了解数据分布，分位数一般用 p 来表示。原则上 p 是可以取 0 到 1 之间的任意值的，但是有一个四分位数是 p 分位数中较为有名的。

所谓四分位数，即把数值由小到大排列并分成四等份，处于三个分割点位置的数值就是四分位数。

为了更一般化，在计算的过程中，我们考虑 p 分位。当 p 等于 0.25、0.5 或 0.75 时，就是在计算四分位数：

- 第 1 四分位数（Q1），又称“较小四分位数”，等于该样本中所有数值由小到大排列后第 25% 的数字。
- 第 2 四分位数（Q2），又称“中位数”，等于该样本中所有数值由小到大排列后第 50% 的数字。
- 第 3 四分位数（Q3），又称“较大四分位数”，等于该样本中所有数值由小到大排列后第 75% 的数字。

7. 百分位数

百分位数是将一组数据按照大小排列后，将数据分为 100 份的指标。第 p 百分位数是指将数据分为 100 份后，位于前 p 份的数据值。例如，第 25 百分位数是将数据分为 100 份后，位于前 25 份的数据值。百分位数可以帮助我们了解数据的分布情况。

8. 相关系数

相关系数是用来衡量两个变量之间相关程度的指标。相关系数的取值范围在 -1 到 1 之间，绝对值越接近 1 表示相关性越强，绝对值越接近 0 表示相关性越弱。相关系数可以帮助我们判断两个变量之间的关系以及预测变量之间的变化趋势。

6.4.3　pandas 统计分析

本节将对某个班级的学生数据在教材资源 score.csv 中，先需要对其进行统计分析，每个学生参加了 4 门课程，获得了对应的分数，“Project_num”列是学生负责的项目个数。

学生成绩的示例数据如表 6.5 所示。

表 6.5　学生成绩示例数据

	Name	Math_A	English_A	Math_B	English_B	Project_num	Sex
0	Alice	1.1	3	1.7	5	2	F
1	Bob	2.2	2.6	2.5	2.6	3	M
2	Cathy	3.3	2	3.6	2.4	0	M

续表

	Name	Math_A	English_A	Math_B	English_B	Project_num	Sex
3	Dany	4.4	1.7	2.4	1.3	1	F
4	Ella	5	3	5	3	7	M
5	Ford	3.2	3.3	2.2	3.6	2	F
6	Gary	2.4	4.4	3.3	2.4	1	M
7	Ham	1.5	5	4.4	5	5	M
8	Ico	4.3	3.2	1.5	2.2	3	F
9	Jack	4.5	2.4	4.3	3.1	4	M

1. 数据的总体描述

（1）统计数据的行数 len（Dataframe）。

（2）对列统计该列有多少种不同的值 Dataframe['column'].nunique()。

（3）对列中每种不同的值进行计数 Dataframe['column'].value_counts()。

（1）~（3）三个统计分析任务的代码实现如例 6-11 所示。

【例 6.11】 利用 pandas 对行和列中的值进行统计分析。

```
import pandas as pd
df=pd.read_csv('score.csv')
print("-"*35)
print(" 数据的行数为: ")
# 统计数据的行数
print(len(df))
print("-"*35)
print(" 性别种类数为: ")
# 统计性别种类数
print(df['Sex'].nunique)
print("-"*35)
print(" 每种性别的人数: ")
# 统计每种性别有多少人
print(df['Sex'].value_counts())
print("-"*35)
print(" 整张表格的统计描述: ")
```

例 6.11 的执行结果如图 6.28 所示。

（4）对整张表格中的数值数据进行统计描述 Dataframe.describe()。

describe() 函数是 pandas 中的一个统计方法，用于生成数据集的基本描述性统计信息，包括均值、标准差、最小值、最大值、25%、50% 和 75% 等。默认无参数情况下，它只会统计数值型数据的统计信息，对于非数值型数据会输出计数、唯一值数、出现频率最高的值和频率等。

```
---------------------------------
数据的行数为:
10
---------------------------------
性别种类数为:
<bound method IndexOpsMixin.nunique of 0    F
1    M
2    M
3    F
4    M
5    F
6    M
7    M
8    F
9    M
Name: Sex, dtype: object>
---------------------------------
每种性别的人数:
Sex
M    6
F    4
Name: count, dtype: int64
```

图 6.28　例 6.11 的执行结果

（5）对所有数据类型进行统计描述 Dataframe.describe（include='all'）。

（6）对指定的列进行统计描述 Dataframe.Column.describe()。

（4）~（6）三个统计分析任务的代码实现如例 6.12 所示。

【例 6.12】 利用 pandas 对数据进行整体统计分析。

```
import pandas as pd
df=pd.read_csv('score.csv')
print("-"*35)
print(" 整张表格数值型数据的统计描述: ")
# 对整张表格进行统计描述（这里仅对数值型的列进行统计）
print(df.describe())
print("-"*35)
print(" 整张表格所有数据的统计描述: ")
# 对整张表格进行统计描述（所有类型进行统计）
print(df.describe(include='all'))
print("-"*35)
print(" 对指定的列进行统计描述: ")
# 对指定的列进行统计描述
print(df.Math_A.describe())
```

例 6.12 的执行结果如图 6.29 所示。

2. 指定统计指标分析

pandas 提供了如表 6.6 所示的统计函数，利用这些函数可以对数据进行全方位的统计描述。

```
-----------------------------------
整张表格数值型数据的统计描述:
       Unnamed: 0     Math_A  English_A     Math_B  English_B  Project_num
count    10.00000  10.000000  10.000000  10.000000  10.000000    10.000000
mean      4.50000   3.190000   3.060000   3.090000   3.060000     2.800000
std       3.02765   1.355196   1.014561   1.211473   1.189958     2.097618
min       0.00000   1.100000   1.700000   1.500000   1.300000     0.000000
25%       2.25000   2.250000   2.450000   2.250000   2.400000     1.250000
50%       4.50000   3.250000   3.000000   2.900000   2.800000     2.500000
75%       6.75000   4.375000   3.275000   4.125000   3.475000     3.750000
max       9.00000   5.000000   5.000000   5.000000   5.000000     7.000000
-----------------------------------
整张表格所有数据的统计描述:
        Unnamed: 0   name     Math_A  ...  English_B  Project_num  Sex
count     10.00000     10  10.000000  ...  10.000000    10.000000   10
unique         NaN     10        NaN  ...        NaN          NaN    2
top            NaN  Alice        NaN  ...        NaN          NaN    M
freq           NaN      1        NaN  ...        NaN          NaN    6
mean       4.50000    NaN   3.190000  ...   3.060000     2.800000  NaN
std        3.02765    NaN   1.355196  ...   1.189958     2.097618  NaN
min        0.00000    NaN   1.100000  ...   1.300000     0.000000  NaN
25%        2.25000    NaN   2.250000  ...   2.400000     1.250000  NaN
50%        4.50000    NaN   3.250000  ...   2.800000     2.500000  NaN
75%        6.75000    NaN   4.375000  ...   3.475000     3.750000  NaN
max        9.00000    NaN   5.000000  ...   5.000000     7.000000  NaN

[11 rows x 8 columns]
-----------------------------------
对指定的列进行统计描述:
count    10.000000
mean      3.190000
std       1.355196
min       1.100000
25%       2.250000
50%       3.250000
75%       4.375000
max       5.000000
Name: Math_A, dtype: float64
```

图 6.29 例 6.12 的执行结果

表 6.6 pandas 中常见的统计函数

函数	函数的含义
Dataframe.sum()	求和
Dataframe.count()	计数
Dataframe.quantile()	求分位数
Dataframe.max()	求最大值
Dataframe.min()	求最小值
Dataframe.mean()	求均值
Dataframe.var()	求方差
Dataframe.std()	求标准差

【例 6.13】利用 pandas 对数据进行指定统计指标分析。

```
import pandas as pd
df=pd.read_csv('score.csv')
df=df[['Math_A','English_A','Math_B','English_B','Project_num']]
print("提取数据的科目列的数据为：")
print(df)
print("数学 A 成绩的和为：")
print(df[['Math_A']].sum())
print("数学 A 成绩计数为：")
print(df[['Math_A']].count())
print("数学 A 成绩第一四分位和第三四分位为：")
print(df[['Math_A']].quantile([0.25,0.75]))
print("数学 A 成绩最大值为：")
print(df[['Math_A']].max())
print("数学 A 成绩最小值为：")
print(df[['Math_A']].min())
print("数学 A 成绩平均值为：")
print(df[['Math_A']].mean())
print("数学 A 成绩方差为：")
print(df[['Math_A']].var())
print("数学 A 成绩标准差为：")
print(df[['Math_A']].std())
```

例 6.13 的执行结果如图 6.30 所示。

3. 数据批量操作

（1）对每个元素应用同一个自定义函数 double()。

```
def double(x):
    return x*2
Dataframe.apply(double)
```

上述语句中，首先定义了一个自定义函数 double()，该函数返回值为输入值的两倍。然后对一个 Dataframe 对象应用 double() 函数，对该 Dataframe 中的数值乘以 2，对于字符串重复写两遍。

（2）对指定列中的数值应用同一个自定义函数 double()。

```
def double(x):
    return x*2
Dataframe.Column.apply(double)
```

```
数学A成绩的和为：
Math_A    31.9
dtype: float64
数学A成绩计数为：
Math_A    10
dtype: int64
数学A成绩第一四分位和第三四分位为：
      Math_A
0.25   2.250
0.75   4.375
数学A成绩最大值为：
Math_A    5.0
dtype: float64
数学A成绩最小值为：
Math_A    1.1
dtype: float64
数学A成绩平均值为：
Math_A    3.19
dtype: float64
数学A成绩方差为：
Math_A    1.836556
dtype: float64
数学A成绩标准差为：
Math_A    1.355196
dtype: float64
```

图 6.30　例 6.13 的执行结果

【例 6.14】 利用 apply() 对数据进行批量操作。

```
import pandas as pd

def double (x):
    return x*2

df=pd.read_csv('score.csv')
print(" 所有数据 *2:")
print(df.apply(double))
print(" 数学 A 的成绩 *2:")
print(df.Math_A.apply(double))
```

例 6.14 的执行结果如图 6.31 所示。

4. 数据排序

DataFrame 中的 sort_values()、sort_index() 方法支持沿某个方向按值或标签进行排序并返回一个新的 DataFrame 对象。

sort_values() 方法的使用格式如下：

```
pd.DataFrame.sort_values(by,axis=0,ascending=True,
                         inplace=False,kind='quicksort',na_position='last')
```

```
所有数据*2:
   Unnamed: 0         name  Math_A  ...  English_B  Project_num  Sex
0           0   AliceAlice     2.2  ...       10.0            4   FF
1           2       BobBob     4.4  ...        5.2            6   MM
2           4   CathyCathy     6.6  ...        4.8            0   MM
3           6     DanyDany     8.8  ...        2.6            2   FF
4           8     EllaElla    10.0  ...        6.0           14   MM
5          10     FordFord     6.4  ...        7.2            4   FF
6          12     GaryGary     4.8  ...        4.8            2   MM
7          14       HamHam     3.0  ...       10.0           10   MM
8          16       IcoIco     8.6  ...        4.4            6   FF
9          18     JackJack     9.0  ...        6.2            8   MM

[10 rows x 8 columns]
数学A的成绩*2:
0     2.2
1     4.4
2     6.6
3     8.8
4    10.0
5     6.4
6     4.8
7     3.0
8     8.6
9     9.0
Name: Math_A, dtype: float64
```

图 6.31　例 6.14 的执行结果

sort_index() 方法默认根据行标签对所有行排序，也可根据列标签对所有列排序，或根据指定某列或某几列对行排序，其的使用格式如下：

```
pd.DataFrame.sort_index(axis=0,level=None,ascending=True,inplace=False,
kind='quicksort',na_position='last',sort_remaining=True,by=None)
```

sort_values() 和 sort_index() 方法的参数说明如表 6.7 所示。

表 6.7　sort_values() 和 sort_index() 的参数说明

参数名称	说明
by	str or list of str；如果 axis=0，那么 by=" 列名 "；如果 axis=1，那么 by=" 行名 "
axis	default 0，默认按照列排序，即纵向排序；如果为 1，则是横向排序
ascending	布尔型，True 则升序，如果 by=[' 列名 1', ' 列名 2']，则该参数可以是 [True, False]，即第一字段升序，第二个降序
inplace	布尔型，是否用排序后的数据框替换现有的数据框
kind	排序方法，接收 'quicksort' 'mergesort' 'heapsort'，默认为 'quicksort'
na_position	接收 'first' 'last'，默认为 'last'，缺失值排在最后面
level	默认 None，否则按照给定的 level 顺序排列

【例 6.15】利用 sort_values() 和 sort_index() 对数据进行排序。

```
import pandas as pd
df=pd.read_csv('score.csv')
print(" 原始数据为 :")
print(df)
print('sort_values 显示按 Math_A,English_A 降序排序的成绩表前 3 行记录 :')
# 排序时先按照 Math_A 排序，若遇相同值，则按照 English_A 排序
print(df.sort_values(by=['Math_A','English_A'],ascending=False)[:3])
print('sort_index 显示按列名称降序排序前 3 行记录 :')
print(df.sort_index(axis=1,ascending=False)[:3])
```

例 6.15 的执行结果如图 6.32 所示。

```
原始数据为:
   Unnamed: 0   name  Math_A  English_A  Math_B  English_B  Project_num Sex
0           0  Alice     1.1        3.0     1.7        5.0            2   F
1           1    Bob     2.2        2.6     2.5        2.6            3   M
2           2  Cathy     3.3        2.0     3.6        2.4            0   M
3           3   Dany     4.4        1.7     2.4        1.3            1   F
4           4   Ella     5.0        3.0     5.0        3.0            7   M
5           5   Ford     3.2        3.3     2.2        3.6            2   F
6           6   Gary     2.4        4.4     3.3        2.4            1   M
7           7    Ham     1.5        5.0     4.4        5.0            5   M
8           8    Ico     4.3        3.2     1.5        2.2            3   F
9           9   Jack     4.5        2.4     4.3        3.1            4   M
sort_values显示按Math_A,English_A降序排序的成绩表前3行记录:
   Unnamed: 0  name  Math_A  English_A  Math_B  English_B  Project_num Sex
4           4  Ella     5.0        3.0     5.0        3.0            7   M
9           9  Jack     4.5        2.4     4.3        3.1            4   M
3           3  Dany     4.4        1.7     2.4        1.3            1   F
sort_index显示按列名称降序排序前3行记录:
    name  Unnamed: 0 Sex  Project_num  Math_B  Math_A  English_B  English_A
0  Alice           0   F            2     1.7     1.1        5.0        3.0
1    Bob           1   M            3     2.5     2.2        2.6        2.6
2  Cathy           2   M            0     3.6     3.3        2.4        2.0
```

图 6.32　例 6.15 的执行结果

5. 分组聚合统计

pandas 提供了一个灵活高效的 groupby() 函数，配合 agg() 函数，能够实现分组聚合统计的操作。

（1）使用 groupby() 函数进行数据分组

groupby() 函数能够根据索引或者字段对数据进行分组，得到一个 groupby 对象，该对象支持大量的描述性统计方法。其常用参数与语法格式如下：

```
pd.DataFrame.groupby(by=None,axis=0,level=None,as_index=True,
                sort=True,group_keys=True,squeeze=Flase,**kwargs)
```

groupby() 函数的参数及其说明如表 6.8 所示。

需要注意的是，分组后的结果并不能直接查看，而是被存在内存中，输出的

是内存地址。实际上，分组后的数据对象 groupby 类似于 Serise 与 DataFrame，是 pandas 提供的一种对象。

表 6.8　groupby() 函数的参数及其说明

参数名称	说明
by	接收 list、string、mapping 或 generator。用于确定进行分组的依据。无默认值
axis	接收 int。表示操作的轴向，默认对列进行操作。默认值为 0
level	接收 int 或者索引名。代表标签所在级别。默认值为 None
as_index	接收 boolean。表示聚合后的聚合标签是否以 DataFrame 索引形式输出。默认值为 True
sort	接收 boolean。表示是否对分组依据、分组标签进行排序。默认值为 True
group_keys	接收 boolean。表示是否显示分组标签的名称。默认值为 True
squeeze	接收 boolean。表示是否在允许的情况下对返回数据进行降维。默认值为 False

【例 6.16】使用 groupby() 函数进行数据分组。

```
import pandas as pd
df=pd.read_csv('score.csv')
print("原始数据为：")
print(df)
cjgroup=df[['Math_A','Sex']].groupby(by='Sex')#按性别进行分组成绩汇总
print(cjgroup)#输出汇总对象，显示内存地址
print('按性别分组后，每组的成绩均值为：\n',cjgroup.mean())
print('按性别分组后，每组的成绩标准差为：\n',cjgroup.std())
print('按性别分组后，每组的大小（记录数）为：\n',cjgroup.size())
```

例 6.16 的执行结果如图 6.33 所示。

（2）利用 agg()、aggregate() 函数聚合数据

agg() 函数和 aggregate() 函数对 DataFrame 对象操作时的功能几乎完全相同，因此只需要掌握其中一个函数的使用方法即可。

agg()、aggregate() 函数都支持对每个分组应用聚合函数，包括 Python 内置函数和自定义函数。DataFrame 的 agg() 与 aggregate() 的语法格式分别如下：

```
DataFrame.agg(func,axis =0,*args,**kwargs)
DataFrame.aggregate(func,axis=0,*args,**kwargs)
```

agg() 和 aggregate() 函数的参数及其说明如表 6.9 所示。

```
原始数据为:
   Unnamed: 0   name  Math_A  English_A  Math_B  English_B  Project_num Sex
0           0  Alice     1.1        3.0     1.7        5.0            2   F
1           1    Bob     2.2        2.6     2.5        2.6            3   M
2           2  Cathy     3.3        2.0     3.6        2.4            0   M
3           3   Dany     4.4        1.7     2.4        1.3            1   F
4           4   Ella     5.0        3.0     5.0        3.0            7   M
5           5   Ford     3.2        3.3     2.2        3.6            2   F
6           6   Gary     2.4        4.4     3.3        2.4            1   M
7           7    Ham     1.5        5.0     4.4        5.0            5   M
8           8    Ico     4.3        3.2     1.5        2.2            3   F
9           9   Jack     4.5        2.4     4.3        3.1            4   M
<pandas.core.groupby.generic.DataFrameGroupBy object at 0x0000017534268FD0>
按性别分组后，每组的成绩均值为:
     Math_A
Sex
F      3.25
M      3.15
按性别分组后，每组的成绩标准差为:
       Math_A
Sex
F    1.532971
M    1.375136
按性别分组后，每组的大小(记录数)为:
 Sex
F    4
M    6
dtype: int64
```

图 6.33　例 6.16 的执行结果

表 6.9　agg() 和 aggregate() 函数的参数及其说明

参数名称	说明
func	接收 list、dict、function；表示应用于每行或每列的函数；无默认值
axis	接收 0 或 1；代表操作的轴向；默认值为 0
*args	表示位置参数传递
**kwargs	表示关键字参数传递

【例 6.17】 使用 agg() 函数聚合数据。

```
import pandas as pd
import numpy as np
df=pd.read_csv('score.csv')
print("原始数据为:")
print(df)
print('所有学生的数学A成绩之和与均值为:\n',df['Math_A'].agg([np.sum,np.mean]))
```

```
cjgroup=df[['Math_A','Sex']].groupby(by='Sex')#按性别进行分组成绩汇总
print('按性别分组后，每组的成绩均值为：\n',cjgroup.agg(np.mean))
```

例 6.17 的执行结果如图 6.34 所示。

```
原始数据为:
   Unnamed: 0   name  Math_A  English_A  Math_B  English_B  Project_num Sex
0           0  Alice     1.1        3.0     1.7        5.0            2   F
1           1    Bob     2.2        2.6     2.5        2.6            3   M
2           2  Cathy     3.3        2.0     3.6        2.4            0   M
3           3   Dany     4.4        1.7     2.4        1.3            1   F
4           4   Ella     5.0        3.0     5.0        3.0            7   M
5           5   Ford     3.2        3.3     2.2        3.6            2   F
6           6   Gary     2.4        4.4     3.3        2.4            1   M
7           7    Ham     1.5        5.0     4.4        5.0            5   M
8           8    Ico     4.3        3.2     1.5        2.2            3   F
9           9   Jack     4.5        2.4     4.3        3.1            4   M
所有学生的数学A成绩之和与均值为:
 sum     31.90
mean     3.19
Name: Math_A, dtype: float64
按性别分组后，每组的成绩均值为:
     Math_A
Sex
F      3.25
M      3.15
```

图 6.34　例 6.17 的执行结果

6.5　数据可视化

随着大数据时代的到来，各行各业产生的数据呈指数级增长。为了从海量数据中智能地获取有价值的信息，数据可视化技术越来越受到人们的关注，它秉持“化繁为简”“数据图示化”的理念，使用图形、图表等可视化方式来直观地展示数据，使数据分析变得越发简单且高效。

6.5.1　数据可视化概述

数据可视化是数据描述的图形表示，是当今数据分析当中发展最快速也最引人注目的领域之一。数据可视化与信息图形、信息可视化、科学可视化以及统计图形密切相关。当前，在研究、教学和开发领域，数据可视化均是表现极为活跃而又关键的方面。

数据可视化旨在借助图形化手段，清晰、有效地传达与沟通信息。为了有效地传达信息，美学形式与功能需要齐头并进，并通过直观地传达关键的特征，帮助人

们实现对于相当稀疏而又复杂的数据集的深入洞察。

数据可视化的基本思想是将数据库中每一个数据项作为单个图元表示，大量的数据项构成数据图像；同时将数据的各个属性值以多维数据的形式表示，从不同的维度观察数据，从而对数据进行更深入的观察和分析。

无论原始数据被映射为哪种图形数据，最终要达到的目的只有一个——准确、高效、全面地传递信息，进而建立起数据间的关系，使人们发现数据间的规律和特征，并挖掘出有价值的信息，从而提高数据沟通的效率。

为了让大家直观地看出文字数据与图形数据之间的差异，下面通过一个 KPI（key performance indicator，关键绩效指标）报告的示例进行说明。假设某公司员工在整理全年 KPI 报告时准备了表格和图形两种形式的数据，分别如表 6.10 和图 6.35 所示。

表 6.10 某公司 KPI 报告——表格

季度	实际值	目标值	差距值
Q1	73.58%	73.51%	0.07%
Q2	74.61%	73.51%	1.10%
Q3	72.61%	73.51%	-0.90%
Q4	73.94%	73.51%	0.43%
年累计	73.61%	73.51%	0.10%

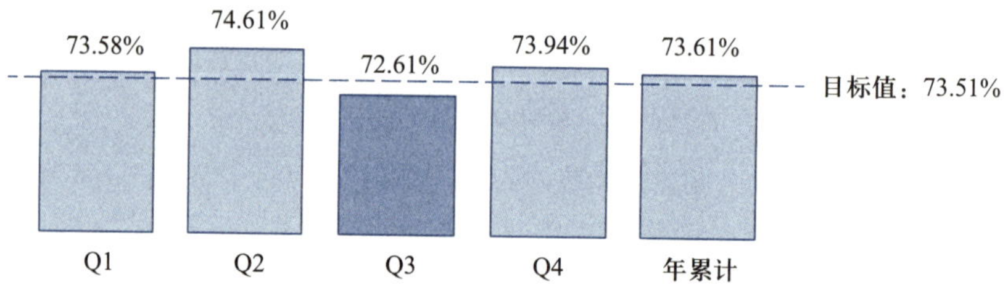

图 6.35 某公司 KPI 报告图形

表 6-9 中列举了各季度的实际值、目标值和差距值，方便公司领导快速地知道具体的数值，但无法快速地了解各季度之间的比较情况。在图 6.31 中，每个矩形条的高度代表各季度实际值的多少，矩形条的上方标注了具体的值，下方标注了季度或年累计；虚线位置对应各季度目标值的多少；矩形条的颜色区分了是否完成指标的情况：填充蓝色的矩形条代表已完成指标的季度，填充红色的矩形条代表未完成指标的季度。由图 6.31 可知，Q3 对应的矩形条颜色较深，说明 Q3 未完成工作指标；Q2 对应矩形条的高度超过虚线且距离最远，说明该季度的工作完成得最好。公司领导通过图形可以快速且准确地了解各季度的情况，以便对公司下一年的工作做出有效决策。

综上所述，数据可视化是数据分析工作中重要的一环，对数据潜在价值的挖掘有着深远的影响。随着数据可视化平台的拓展、表现形式的变化，以及实时动态效果、用户交互使用等功能的增加，数据可视化的内涵正在不断扩大，相信数据可视化的应用领域会越来越广泛。

1. 数据可视化的目标

数据可视化就是运用计算机图形和图像处理技术，将数据转化为图形、图像显示出来。其根本目的是实现对稀疏、杂乱、复杂数据的深入洞察，呈现数据背后有价值的信息，并不是简单地将数据转化为可见的图形符号和图表。数据可视化能将不可见的数据现象转化为可见的图形和图表，能将错综复杂、看起来没法解释和没有关联的数据联系起来，从而帮助人们发现规律和特征，获得更有商业价值的洞见。数据可视化利用合适的图表清晰而直观地表达信息，实现让数据自我解释、让数据说话的目的。人类右脑记忆图像的速度比左脑记忆抽象的文字的速度快约 100 万倍，因此数据可视化能够加深和强化受众对于数据的理解和记忆。

通俗地说，数据可视化的目的是"让数据说话"，数据可视化目前已经发展成为一种很好的故事讲述方式。

2. 数据可视化的优势

（1）提高信息处理速度

人脑对图表信息的处理速度要比对文字信息的快约 10 倍。使用图表来呈现复杂的数据，可以确保人们对关系的理解要比使用那些混乱的报告或电子表格更快。

（2）数据显示的多维性

数据可视化将每一维度的值分类、排序、组合和显示，这样我们就可以看到表示对象或事件的数据的多个属性或变量。

（3）更直观地展示信息

数据可视化使我们能用一些简单的图形展现那些复杂的信息，甚至单个图形也能做到。决策者使用数据可视化可以轻松地解释各种不同的数据源。丰富而有意义的图形有助于忙碌的主管和业务伙伴了解现在的问题和未来的计划。

（4）突破大脑记忆能力的限制

实际上，在观察物体的时候，我们的大脑和计算机一样有长期记忆（硬盘）和短期记忆（内存）。我们看到文字和图表，再一遍一遍地进行短期记忆之后，它们就可能成为长期记忆。

很多研究已经表明，图文结合能够帮助读者更好地了解所要学习的内容。图表更容易理解、更有趣，也更容易让人们记住。

3. Python 可视化库

Python 在进行数据可视化的时候，能够用到的工具包很多，例如，以下几个：

（1）Seaborn

Seaborn 是一个基于 matplotlib 的高级可视化效果库，偏向于统计作图。相比 matplotlib，它的语法相对简单些，绘制出来的图不需要花很多工夫去修饰，但是它的绘图方式比较受局限，不够灵活。

（2）Plotly

Plotly 也是一个用于实现可视化交互的库。它不仅支持 Python，还支持 R 语言。Plotly 的优点是能提供 Web 在线交互。

（3）Turtle

Turtle 容易操作，对初学者十分友好。对于初学者来说，可以用它生成许多有趣的可视化的内容，也可以用它画出很多奇妙的图案。

（4）Matplotlib

Matplotlib 是 Python 中最流行的绘图库，它模仿 MATLAB 中的绘图风格，提供了一整套与 MATLAB 相似的绘图 API，通过这些 API，可以轻松地绘制出高质量的图形。

6.5.2 常见可视化图表类型

常见的可视化图表主要有以下几类：

1. 柱形图

柱形图由一系列宽度相等的纵向矩形条组成的图表，它使用矩形条的高度表示数值，以此反映不同分类数据之间的差异。

如图 6.36 所示的柱形图，展示了 2015—2018 年阿里巴巴公司的营业收入情况，每根柱子表示年份，柱子的高度为该年的营收情况。

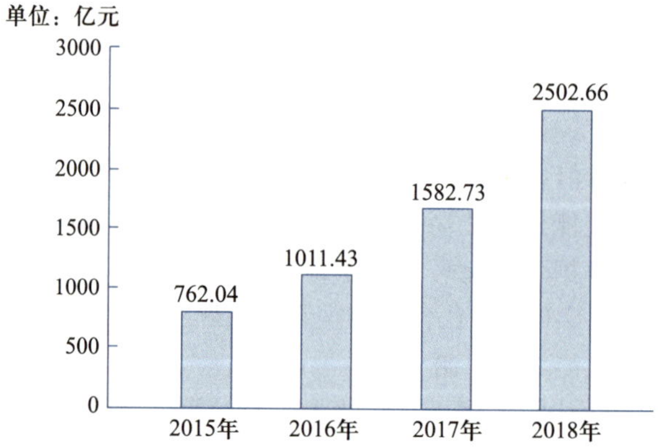

图 6.36　2015—2018 年阿里巴巴公司的营收情况

2. 折线图

折线图是将数据标注成点，并通过直线将这些点按某种顺序连接而成的图表，它以折线的倾斜程度来形象地反映事物沿某一维度的变化趋势，能够清晰地展示数据增减的趋势、速率、规律及峰值等特征。

如图 6.37 所示的折线图，展示了海口市 2018 年 4 月 23—29 日的最高气温和最低气温的变化情况，横轴坐标为日期，纵轴坐标为温度值，图中上方折线上的方形点表示每天的最高温，图中下方折线上的圆形点表示每天的最低温。

3. 条形图

条形图是横置的柱形图，由一系列高度相等、长短不一的横向矩形条组成。

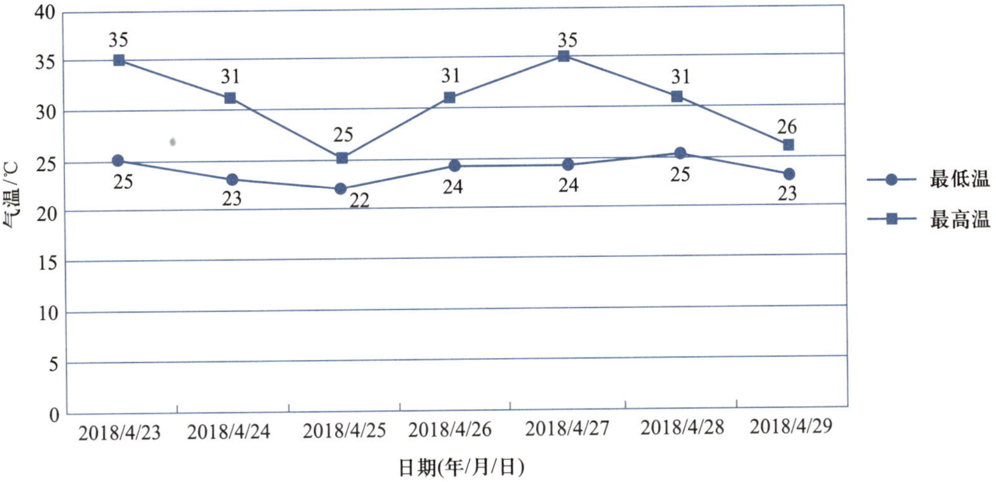

图 6.37　海口市 2018 年 4 月 23—29 日的最高气温和最低气温的变化情况

如图 6.38 所示的条形图，展示了 2019 年上半年快手用户对各类商品广告的关注率，横轴坐标为关注率的比例，纵轴坐标商品种类，每个数据条表示一类商品，条的长度为该类商品的关注率比例。

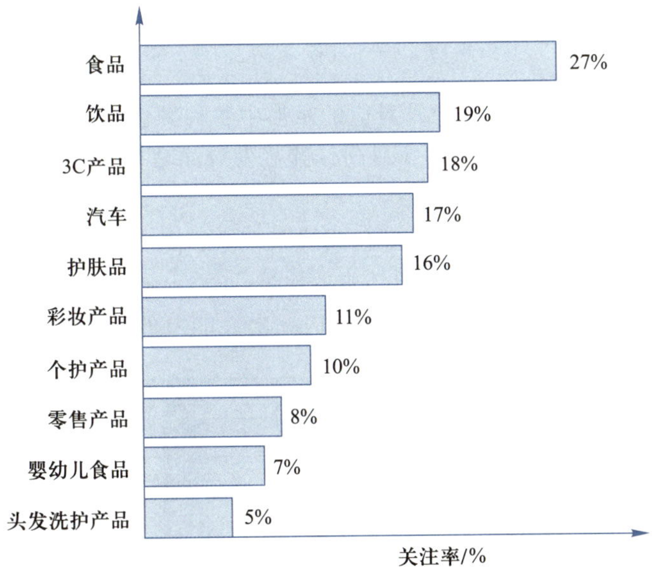

图 6.38　2019 年上半年快手用户对各类商品广告的关注率

4. 堆积图

堆积图可分为堆积面积图、堆积柱形图和堆积条形图。

(1) 堆积面积图：由若干条折线与折线或水平坐标轴之间的填充区域组成的图表，用于强调每个部分的变化趋势。

如图 6.39 所示的 1—5 月各类违纪问题分析的堆积面积图，横轴为月份，纵轴为违纪问题次数。每种颜色表示一类违纪问题，每种颜色的折线表示该类违纪问题

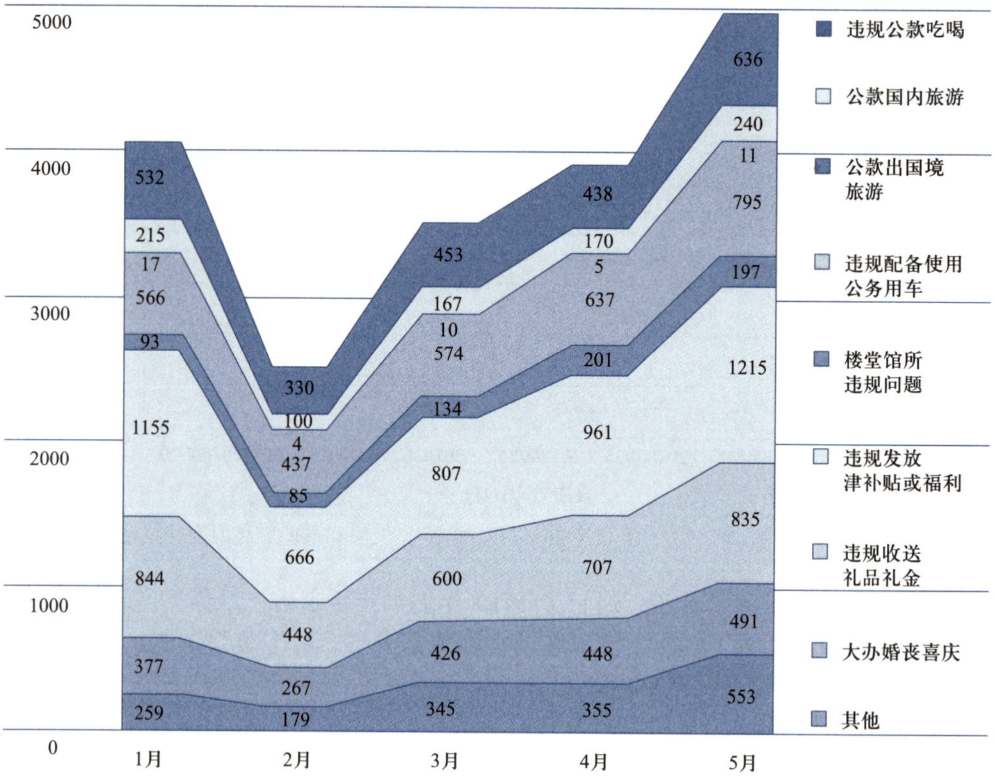

图 6.39　1—5 月各类违纪问题分析

1—5 月的变化走势，横轴上每个月对应的矩形中各种颜色面积的大小表示该月各类违纪问题发生次数的差异。例如，1 月份，违规发放津贴补贴或福利这类违纪问题发生最多，其他最少。

（2）堆积柱形图：由若干个以颜色或线条填充、高度不一的纵向柱堆叠而成的图表，主要用于反映各构成部分在总体中的比重。

如图 6.40 所示的 2017 年全球及各地区一次性能源的消费结构堆积柱形图，横

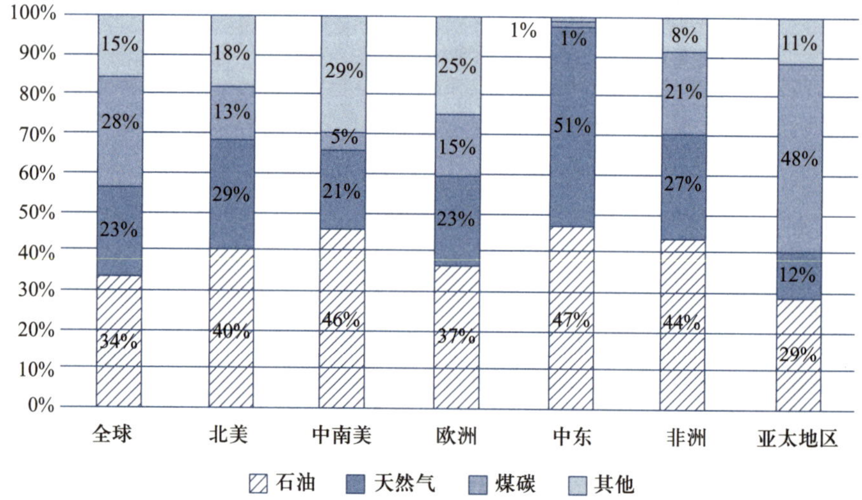

图 6.40　2017 年全球及各地区一次性能源的消费结构

轴为地区，纵轴为一次性能源占的消费比例。每根柱子上每种图案区域的高度为该种图案表示的一次性能源占的消费比例。例如，在全球石油消费比例最高，但在亚太地区煤炭消费比例最高。

（3）堆积条形图：由若干个以颜色或线条填充、长度不一的横向矩形条堆叠而成的图表，同堆积柱形图相同，用于反映各构成部分在总体中的比重。

如图 6.41 所示的某物流公司 2014 年各运输方式的运费情况，横轴为每种交通运输方式的运费，纵轴为月份。每条矩形条的上每种颜色的长度为该种运输方式的运费。

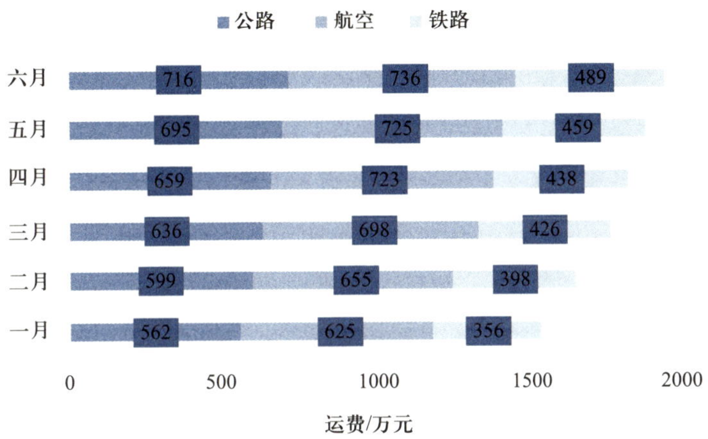

图 6.41　某物流公司 2014 年各运输方式的运费情况

5. 直方图

直方图又称为质量分布图，是由一系列高低不等的纵向矩形条或线段组成的图表，用于反映数据的分布和波动情况。直方图通常将连续型数据分割成若干个不重叠的值范围分段，以此作为 x 轴的数据，将每个范围分段中统计的值频率作为 y 轴的数据，适用于了解产品质量的分布规律、估算施工过程中的不合格率等工程领域，或者识别人脸特征的人工智能领域。例如，某厂商对 100 个抽样产品的质量级别评定情况如图 6.42 所示。

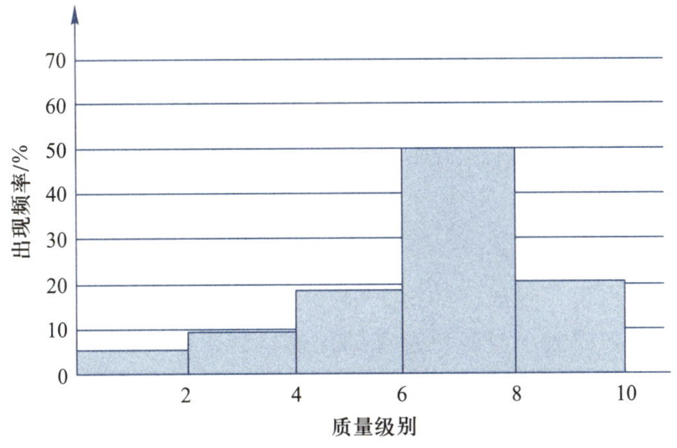

图 6.42　某厂商对 100 个抽样产品的质量级别评定情况

注意：

柱形图与直方图展示的效果非常相似，但两者又有所不同，主要区别为：

（1）柱形图用于展示离散型数据（记录不同类别的数据）的分布，而直方图用于展示连续型数据（一定区间内连续数值所组成的数据）的分布。

（2）柱形图的各矩形条之间具有固定的间隙，而直方图的各矩形条之间没有任何间隙。

6. 箱形图

箱形图又称为盒须图、箱线图，是一种利用数据中的5个统计量（最小值、下四分位数、中位数、上四分位数和最大值）描述数据的图表，主要用于反映一组或多组数据的对称性、分布程度等信息，因形状如箱子而得名。箱形图能够识别异常值、判断偏态与尾重、比较数据形状，适用于品质管理的场景。

例如，不同厂家所生产地毯的耐用性比较如图6.43所示。图6.43中4个图形从左到右依次代表厂家1、厂家2、厂家3和厂家4所产的地毯。

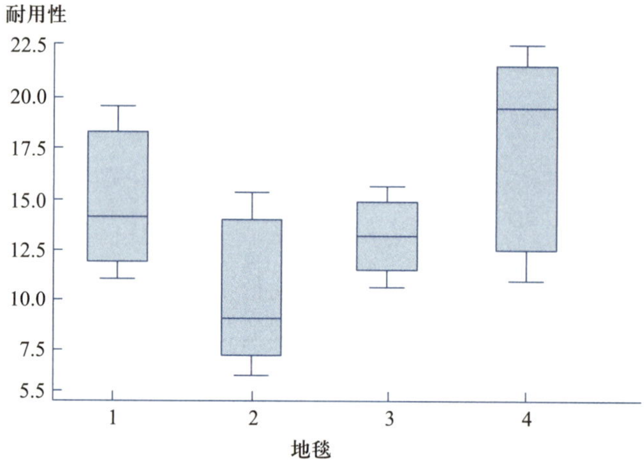

图6.43　不同厂家所生产地毯的耐用性比较

由图6.43可发现，每个图形的结构相同，包括一个矩形箱体、上下两条竖线、上下两条横线，其中箱体代表数据的集中范围，上下两条竖线分别代表数据向上和向下的延伸范围，上下两条横线分别代表最大值和最小值。若数据中存在异常值（也称为离群值），则会以圆圈的形式显示到图中横线上方或下方。为了便于理解，下面通过图6.44来描述箱形的结构及异常值。

7. 饼图

饼图是由若干个面积大小不一、以条形或颜色填充的扇形组成的圆形图表，它使用圆表示数据的总量，组成圆的每个扇形表示数据中各项占总量的比例大小，主要用于显示数据中各项大小与各项总和的比例。饼图中的圆与扇形分别代表整体与部分，可以形象地展示数据整体与各项数据的关系，适用于快速了解整体数据中各项数据分配情况的场景。例如，2018年全国居民的人均消费支出情况如图6.45所示。

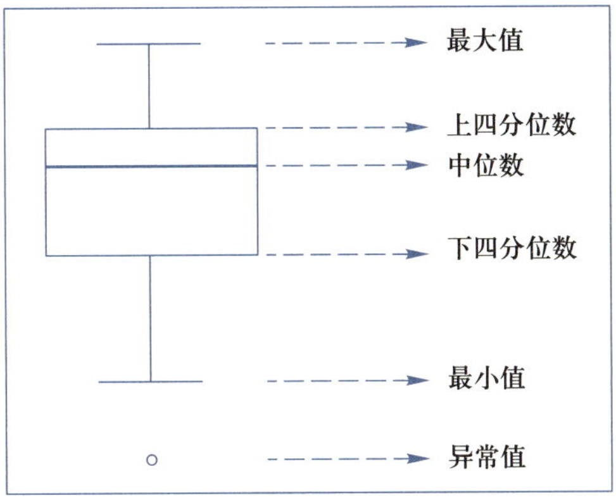

图 6.44　箱形的结构及异常值

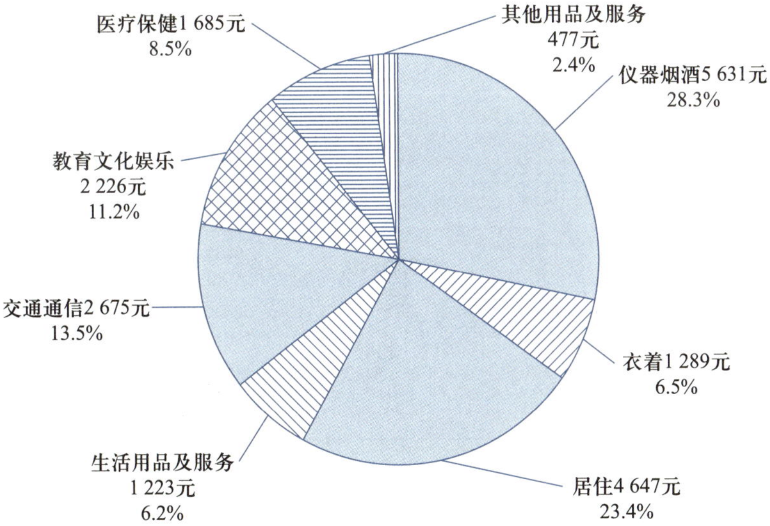

图 6.45　2018 年全国居民的人均消费支出情况

8. 散点图

散点图又称为 X-Y 图，是由若干个数据点组成的图表，主要用于判断两变量之间是否存在某种关联，或者总结数据点的分布模式。

散点图中数据点的分布情况可以体现变量之间的相关性：若所有的数据点在一条直线附近呈波动趋势，说明变量之间是线性相关的；若数据点在曲线附近呈波动趋势，说明变量之间是非线性相关的；若数据点没有显示任何关系，说明变量之间是不相关的、常见于分析两变量相关性的场景。例如，股票回报率与基金回报率的投资分析情况如图 6.46 所示。

9. 气泡图

气泡图是散点图的变形，它是一种能够展示多变量关系的图表。气泡图一般使用两个变量标注气泡在坐标系中的位置，使用第 3 个变量标注气泡的面积，适用于分类数据对比、多变量相关性等情况，常用于财务数据分析。例如，第 1 梯队和第 2 梯队主流 App 用户量与上线时间的分布情况如图 6.47 所示。

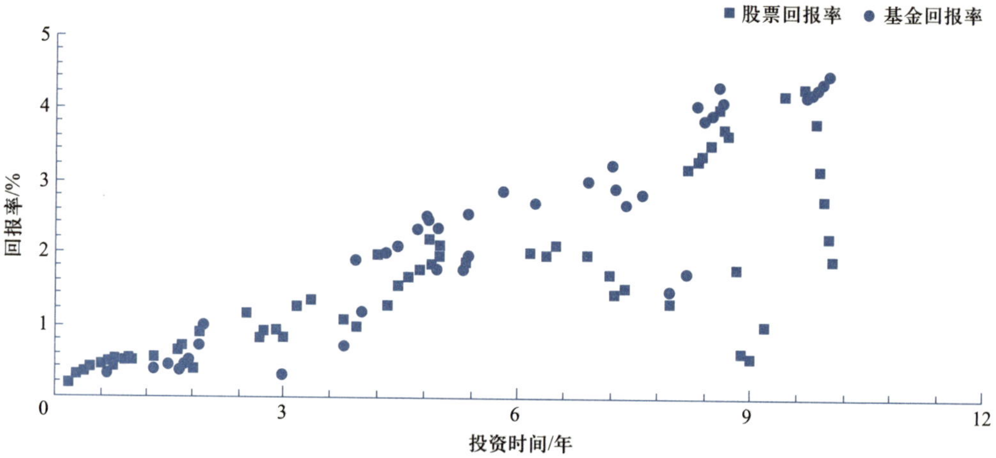

图 6.46 股票回报率与基金回报率的投资分析情况

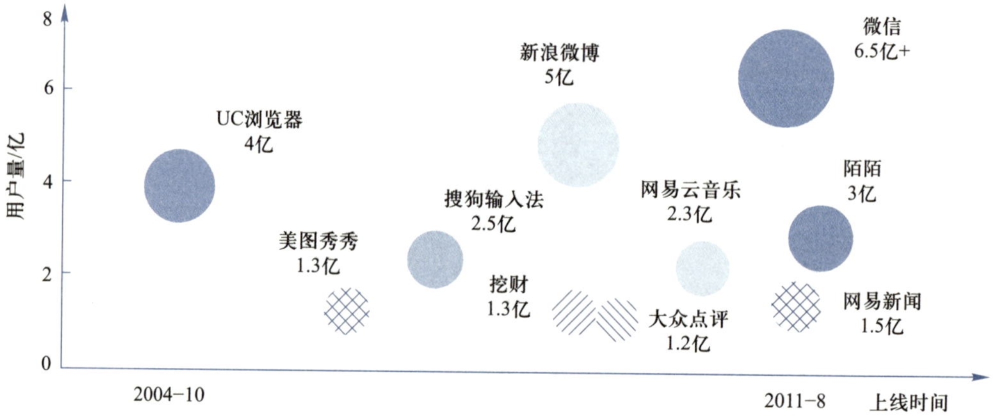

图 6.47 第 1 梯队和第 2 梯队主流 App 用户量与上线时间的分布情况

值得一提的是，气泡图中过多的气泡会增加图表的阅读难度，因此气泡的数量不宜过多。为了能在有限的气泡中展示更多的信息，可以给气泡图中的气泡加入交互功能，单击该气泡即可查看其隐藏的信息。

10. 误差棒图

误差棒图是使用误差棒注明被测量数据的不确定度大小的图表，用于表示测量数据中客观存在的测量偏差（标准差或标准误差）。误差棒图中误差棒是以被测量数据的平均值为中点，在表示测量值大小的方向上画出的一条线段，线段长度的一半为不确定度。例如，某城市上半年降雨量的统计分析如图 6.48 所示。

11. 雷达图

雷达图又称为蜘蛛网图、星状图、极区图，由一组坐标轴和多个等距同心圆或多边形组成，是一种表现多维（4 维以上）数据的图表。雷达图中的坐标轴起始于同一个圆心点，结束于最外围圆周边缘，每个坐标轴代表一个指标，其上面会将多个维度的数据映射成点，连接数据点围成一个多边形，适用于对多指标对象做出全局性、整体性评价的场景，常见于企业经营状况的评价和财务分析。例如，某人通过霍兰德职业兴趣测试的结果如图 6.49 所示。

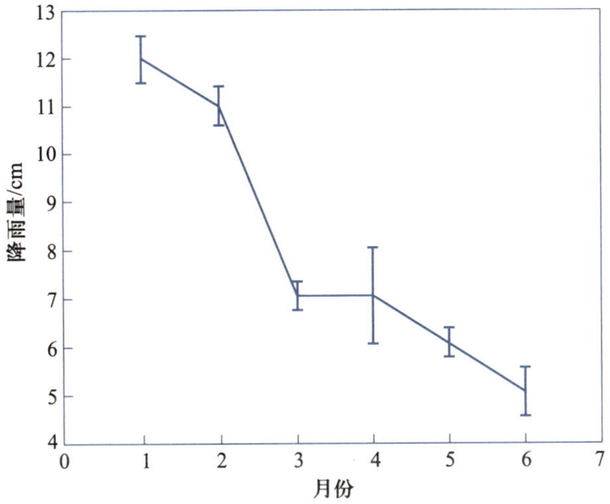

图 6.48　某城市上半年降雨量的统计分析

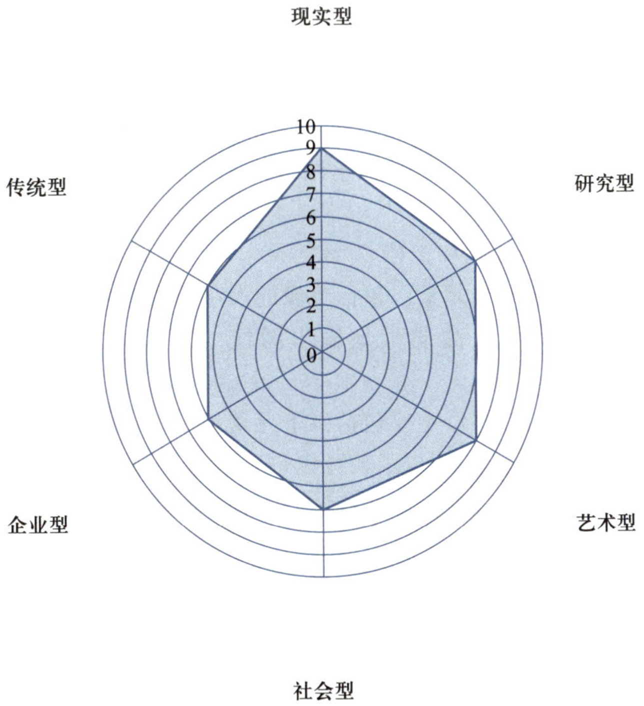

图 6.49　某人通过霍兰德职业兴趣测试的结果

12. 3D 图表

3D 图表是一类在三维坐标系中呈现数据的图表。常用的 3D 图表包括 3D 散点图、3D 折线图、3D 曲面图、3D 直方图、3D 柱形图等。与 2D 图表相比，3D 图表的效果更为酷炫，其在视觉上的表现力更强，且可仿真很多场景，适用于金融、气象、地理、建筑、交通等场景。例如，豆粕期权隐含波动率如图 6.50 所示。

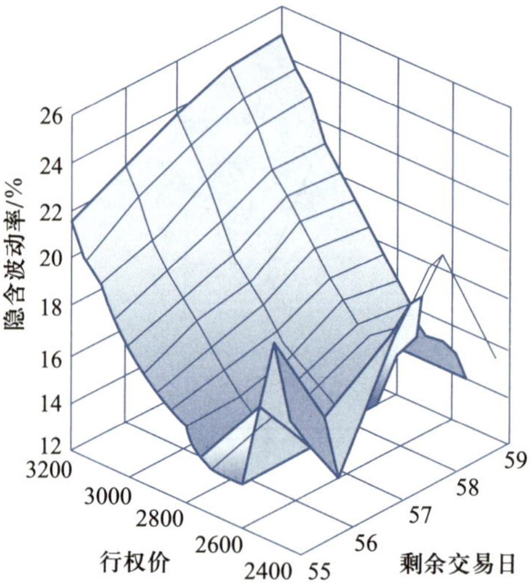

图 6.50 豆粕期权隐含波动率

6.5.3 使用 Matplotlib 绘制图表

Matplotlib 是一个绘制 2D 和 3D 科学图像的库，它具有以下 4 个优点：

- 容易学习和掌握。
- 兼容 LaTeX 格式的标题和文档。
- 可以控制图像中的每个元素，包括图像的大小和精度。
- 对于很多格式都可以高质量地输出图像，包括 PNG、PDF、SVG、EPS 和 PGF。

一张典型的 Matplotlib 图形主要包括以下元素：

（1）figure：通过调用 figure() 函数可以创建一张画布，图形就是绘制在画布之上的。可以设置画布的大小，也可以将画布划分成不同的区域，每一个区域都可单独绘制一个图形。

（2）axes：axes 表示一个图表。当然，一个画布上可以有多个图表。当一张画布上只有一个图表时，元素 figure 和 axes 可以省略。也就是说 Matplotlib 默认情况下含有一张画布和一个图表。

（3）title：用于设置图形的标题。

（4）axis：坐标轴，可以设置 x 轴和 y 轴。

（5）plot：自己编写的函数所生成的图形。

（6）legend：给不同的图形编写标签，比如，可以对图形进行解释，指明图形的颜色。

在 Matplotlib 绘制图表时，可使用表 6.11 中所示的函数对图表中的元素进行控制。

表 6.11　Matplotlib 控制图表元素的函数

函数名称	函数作用
plt.title	在当前图形中添加标题，可以指定标题的名称、位置、颜色、字体大小等参数
plt.xlabel	在当前图形中添加 x 轴名称，可以指定位置、颜色、字体大小等参数
plt.ylabel	在当前图形中添加 y 轴名称，可以指定位置、颜色、字体大小等参数
plt.xlim	指定当前图形 x 轴的范围，只能确定一个数值区间，而无法使用字符串标识
plt.ylim	指定当前图形 y 轴的范围，只能确定一个数值区间，而无法使用字符串标识
plt.xticks	指定 x 轴刻度的数量与取值
plt.yticks	指定 y 轴刻度的数量与取值
plt.legend	指定当前图形的图例，可以指定图例的大小、位置、标签

1. 绘制柱形图

（1）绘制基本柱形图

绘制柱形图使用的函数是 plt.bar()，其基本语法如下：

```
plt.bar(x,y,width,align,tick_label)
```

参数说明：

x：代表 x 轴的坐标类别（可以通过 np.arange 指定坐标类别数）。

y：代表特定类别的具体数据。

width：设置柱形的宽度，默认值为 1。

align：对齐方式，可以指定为 left、right 或 center。

tick_label：为各类别的柱形设置名称。

如果想绘制用以表示一部分学生成绩的柱形图，可以参考例 6.15 的代码。

【例 6.18】 绘制学生成绩的柱形图。

```
import matplotlib.pyplot as plt
x=[1,2,3,4,5,6]
y=[81,90,78,76,80,68]
plt.bar(x,y,align="center",tick_label=["stu1","stu2","stu3","stu4","stu5","stu6"])
plt.show()
```

其中，x=[1，2，3，4，5，6]，表示指定有六个序列；y=[81，90，78，76，80，68]，表示分别指定每个学生的成绩；plt.bar（x，y，align="center"，tick_label=["stu1"，"stu2"，"stu3"，"stu4"，"stu5"，"stu6"]）表示分别指定 x 轴和 y 轴中的数据，对齐方式为居中对齐（align="center"），每个柱形图的标签名称分别为 "stu1" "stu2" "stu3" "stu4" "stu5" "stu6"。例 6-18 的执行结果如图 6.51 所示。

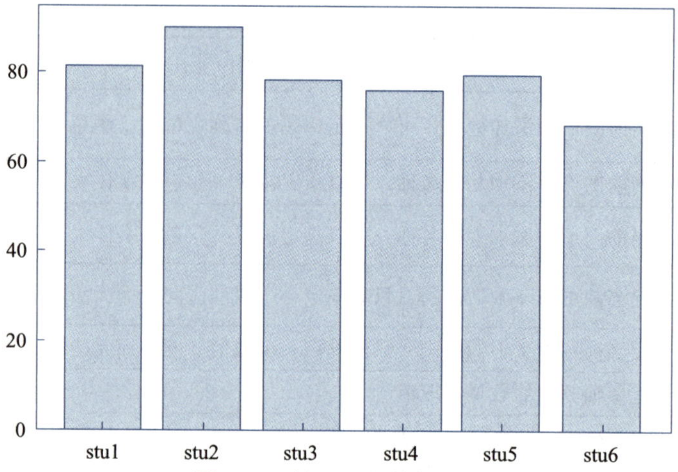

图 6.51 例 6.18 的执行结果

（2）绘制多组数据的柱形图

如果想绘制多组数据的对比图，比如，学生在不同时期的两组成绩的对比，可以参考例 6.19 的代码。

【例 6.19】 绘制多组数据的柱形图。

```
import numpy as np
import matplotlib.pyplot as plt
x=np.arange(6)#x=[1,2,3,4,5,6]
y1=[81,90,78,76,80,68] # 第一组数据
y2=[78,89,76,88,97,84] # 第二组数据
width=0.3 # 设置柱形图的宽度
stus=["stu1","stu2","stu3","stu4","stu5","stu6"]
plt.bar(x,y1,width=0.3,align="center",tick_label=stus,label="first
exam")
plt.bar(x+width,y2,width=0.3,align="center",tick_label=stus,
label="second exam")
plt.legend(loc="upper center")
plt.show()
```

代码中 y1 和 y2 分别代表两组数据，width=0.3 用以设定图形的宽度为 0.3。请注意第 2 个 plt.bar 中的 x+width，也就是第 2 个图形在 x 轴方向向右移动了一定的宽度，这样可以避免两个图形重合到一起。label="first exam" 和 label="second exam" 为两个图例，plt.legend（loc="upper center"）设置为在上方中间显示图例。

例 6.19 的执行结果如图 6.52 所示。

2. 绘制条形图

绘制条形图使用的函数是 plt.barh()，其基本语法为：

```
plt.barh(x,y,width,align,tick_label)
```

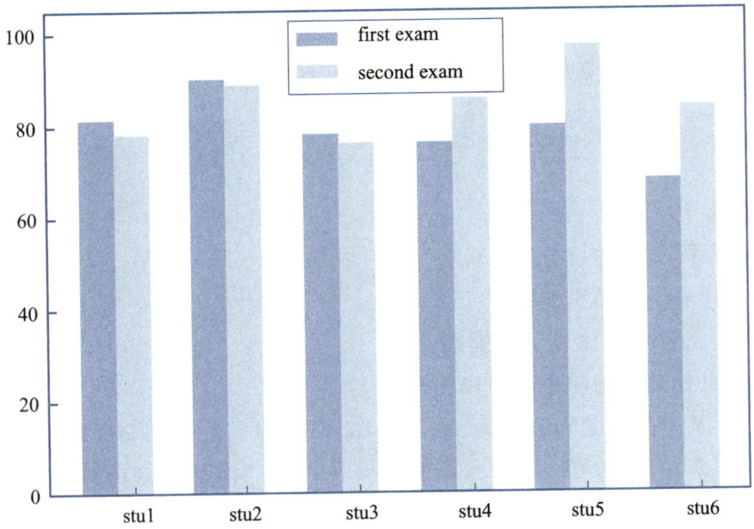

图 6.52　例 6.19 的执行结果

绘制条形图所使用的函数与绘制柱形图使用的函数基本相同，可以将例 6.18 中的代码修改为例 6.20 中的代码。

【例 6.20】绘制学生成绩的条形图。

```
import matplotlib.pyplot as plt
x=[1,2,3,4,5,6]
y=[81,90,78,76,80,68]
plt.barh(x,y,align="center",tick_label=["stu1","stu2","stu3",
"stu4","stu5","stu6"])
plt.show()
```

例 6.20 的执行结果如图 6.53 所示。

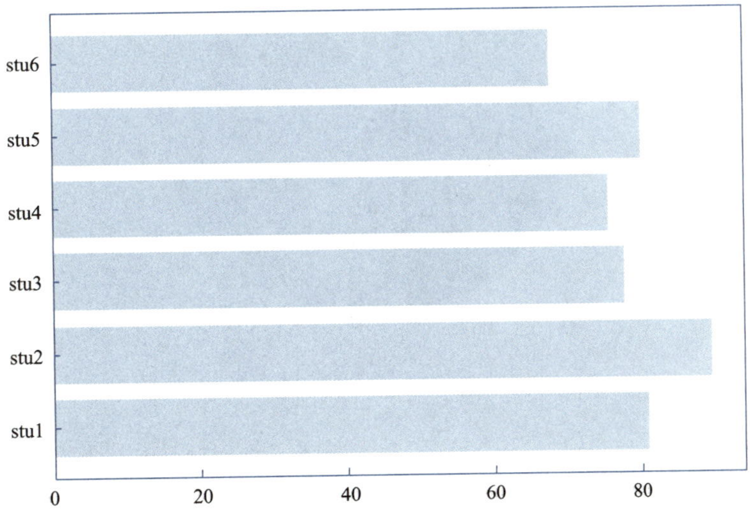

图 6.53　例 6.20 的执行结果

3. 绘制饼图

绘制饼图使用的函数是 plt.pie()，其基本语法为：

```
plt.pie(x,labels,autopct,colors)
```

参数说明：

x：代表不同类别的百分比。

labels：代表不同类别的标签。

autopct：设置百分比显示的模式。

colors：设置类别的颜色，可以为列表。

假设生产某产品的公司主要有 A、B、C、D 四家，它们在 2019 年的国内市场份额分别为 32%、22%、17%、6%，其他公司为 23%。绘制各公司所占市场份额的饼图代码如例 6.21 所示。

【例 6.21】绘制各公司国内市场份额的饼图。

```
import matplotlib.pyplot as plt
labels=['A','B','C','D','else']
sold=[0.32,0.22,0.17,0.06,0.23]
plt.pie(sold,labels=labels,autopct='%3.1f%%',colors=['c','r',
'b','g','y'])
plt.show()
```

例 6.21 的执行结果如图 6.54 所示。

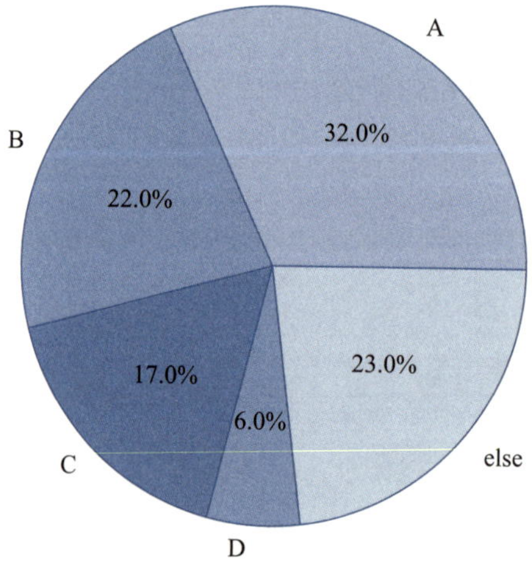

图 6.54　例 6.21 的执行结果

4. 绘制气泡图

绘制气泡图使用的函数是 plt.scatter()。该函数可以利用二维数据并结合气泡的大小展示三维数据。plt.scatter() 函数的基本语法为：

```
plt.scatter(x,y,s,c,cmap)
```

参数说明如下：

x：x 轴上的数值。

y：y 轴上的数值。

s：散点标记的大小。

c：散点标记的颜色。

cmap：将浮点数映射成颜色映射率，以设置热力图的不同颜色。

下面，通过随机函数在一个气泡图上生成 20 个气泡，其代码如例 6.22 所示。

【例 6.22】 绘制随机产生的气泡图。

```
import matplotlib.pyplot as plt
import matplotlib as mpl
import numpy as np
x=np.random.randn(20)
y=np.random.randn(20)
z=np.power(10*x+15*y,2)
plt.scatter(x,y,z,c=np.random.rand(20),cmap=mpl.cm.RdYlBu)
plt.show()
```

例 6.22 的最终显示的效果如图 6.55 所示。

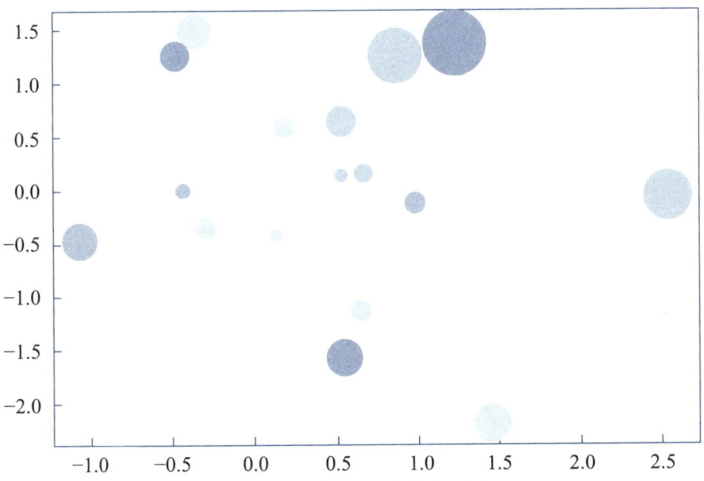

图 6.55　例 6.22 的执行结果

本章小结

随着大数据、人工智能时代的到来，数据工程的相关理论和方法在社会实践与科学研究中的重要性日益体现。数据工程以数据为中心，可以帮助我们理解数据，利用数据进行创新，推动社会发展。今天，不仅仅是科研人员、企业机构在研究和应用数据科学，针对它的教学也已经拓展到大学甚至高中阶段，人们开始关注如何在工作、日常生活中运用数据科学。

本章主要介绍了数据科学的相关概念、研究范式，数据分析的整个流程，从数据采集、数据预处理、数据分析和数据可视化四个方面详细介绍了每个步骤中的核心知识点和具体操作方法，介绍了数据分析所需要用到的Scrapy、pandas、matplotlib等模块，以一个个具体的实例为读者展示了数据分析的完整流程。

第 7 章　人工智能发展探寻

7.1　生成式人工智能

生成式人工智能（generative artificial intelligence，GAI）是利用复杂的算法、模型和规则，从大规模数据集中学习，以创造新的原创内容的人工智能技术。这项技术能够创造文本、图像、声音、视频和代码等多种类型的内容，例如，输入一段小说情节的简单描述，GAI 可以帮我们生成一篇完整的小说内容；再例如，GAI 可以生成人物照片，而照片中的人物在现实世界中是完全不存在的。

2022 年末，美国人工智能研究公司 OpenAI 推出的 ChatGPT（自然语言处理工具）标志着这一技术在文本生成领域取得了显著进展。2023 年这项技术从单一的语言生成逐步向多模态、具身化快速发展。在图像生成方面，生成式 AI 在解释提示和生成逼真输出方面取得了显著的进步。同时，视频和音频的生成技术也在迅速发展，这为虚拟现实和元宇宙的实现提供了新的途径。因此，2023 年被称为生成式人工智能的突破之年。2024 年初，OpenAI 发布了人工智能文生视频大模型 Sora。Sora 可以根据用户的文本提示创建最长 60 秒的逼真视频，该模型了解这些物体在物理世界中的存在方式，可以深度模拟真实物理世界，能生成具有多个角色、包含特定运动的复杂场景。

生成式人工智能技术在各行业、各领域（如小说、电影、艺术作品创作、生物医疗）都具有广泛的应用前景。专家预测，2035 年生成式人工智能有望为全球贡献近 90 万亿元的经济价值，其中，我国将突破 30 万亿元，占比超过四成。

7.1.1　生成式人工智能的定义

生成式人工智能是一种人工智能技术，其核心思想是使用机器学习算法来学习和模拟现实世界中的数据分布，然后使用这些模型来生成新的、具有相似特征的数据。这种技术不仅能够生成以前从未存在过的内容，还可以根据给定的输入或随机噪声生成输出，包括文本、图像、声音、视频等多种形式。

与传统的基于规则的程序或机器学习模型只能进行分类、识别或预测不同，生成式 AI 具有创造性，可以应用于内容创作、自动翻译、智能客服、智能写作等多个领域。例如，聊天机器人 ChatGPT 所使用的 GPT-3 模型就是一个典型的生成式 AI 模型，它可以生成高质量的自然语言文本，用于聊天、写作、自动化客服等场景。

生成式人工智能的代表有如下这些：

（1）GPT 系列

GPT 系列模型是一组基于 Transformer 架构的预训练语言模型，旨在通过大量文本数据的训练来提升自然语言处理任务的性能。该系列模型由 OpenAI 开发，并在自然语言生成、问答、文本摘要等多个领域取得了显著成果。GPT 系列模型的核心特点是其强大的生成能力。通过在大规模语料库上进行预训练，模型学会了语言的结构和规律，并能够根据给定的上下文生成连贯、自然的文本。这使得 GPT 模型在创意写作、聊天机器人、教育辅助等场景下具有广泛的应用前景。

ChatGPT（chat generative pre-training）最初是作为聊天机器人程序，于 2022 年 11 月 30 日发布，是人工智能技术驱动的自然语言处理工具。它能够基于在预训练阶段所见的模式和统计规律生成回答，还能根据聊天的上下文进行互动，像人类一样交流，甚至还能完成文本撰写、创作、检查代码等任务。随后，OpenAI 陆续推出了 GPT 系列模型。

在 GPT 系列模型中，每一代模型都在前一代的基础上进行了改进和优化。例如，GPT-2 相比 GPT-1 在参数规模和文本生成质量上都有了显著的提升；GPT-3 则进一步增强了模型的生成能力和泛化性能，能够在不同任务上进行零样本或少样本学习；GPT-4 则是一个大型多模态模型，支持图像和文本输入，能够更好地理解用户的意图和需求。表 7.1 对 GPT 系列模型进行了说明。

表 7.1　GPT 系列模型的说明

编号	模型	发布年份	描述	特性
1	GPT	2018 年	OpenAI 开发的生成式预训练模型	单向 Transformer 架构，关注预测下一个词的任务（1.17 亿个参数）
2	GPT-2	2019 年	GPT 的改进版本	使用更大的模型和更多的数据进行预训练（15 亿个参数）
3	GPT-3	2020 年	第三代生成式预训练 Transformer	具有更大的模型和更多的数据，以及强大的生成能力和零样本学习能力（1 750 亿个参数）
4	ChatGPT	2022 年	基于 GPT-3 的聊天机器人	在 GPT-3 的基础上进行了额外的微调，以便更好地处理聊天场景
5	GPT-4	2023 年	GPT 系列的最新一代模型	具有更大的模型容量和更多的数据，以及更强的生成和推理能力

（2）Sora

Sora 视频生成模型是由美国人工智能研究公司 OpenAI 发布的一款先进的人工智能模型，其发展历程如图 7.1 所示。该模型基于 OpenAI 的文本到图像生成模型 Dall-E 进行开发，并在 2024 年 2 月 15 日（美国当地时间）正式对外发布。

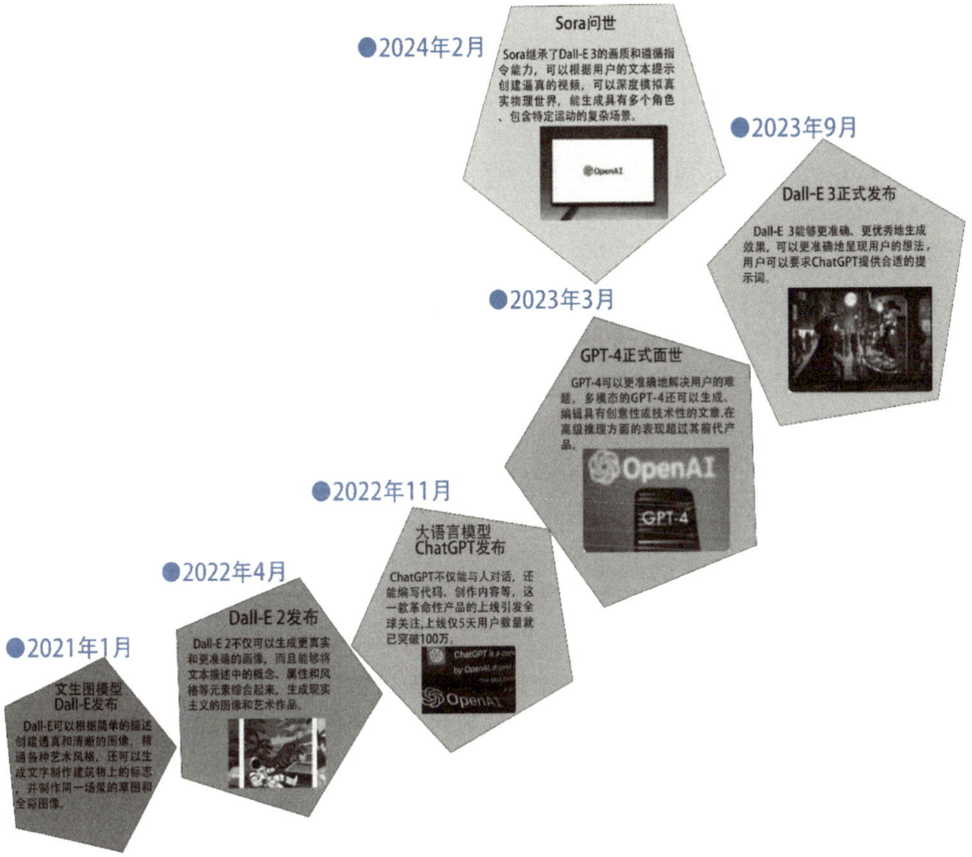

图 7.1　Sora 的发展历程

Sora 视频生成模型在文本生成视频以及静态图像生成视频方面展现出了强大的能力。

在文本生成视频方面，用户只需提供一段简短的文本提示，Sora 便能根据这些指令创建出逼真的视频内容。同时，Sora 还能深度模拟真实物理世界，生成具有多个角色、特定运动以及准确细节的复杂场景，使生成的视频内容更加生动和逼真。

此外，Sora 还具备将静态图像转化为动态视频的能力。用户只需提供一张静态图片，Sora 便能根据这张图片中的元素和场景，生成一段包含动态效果和运动的视频。这一功能不仅丰富了视频内容的创作方式，还为创作者提供了更多的灵感和可能性。

Sora 的这些能力使其在视频生成领域具有广泛的应用前景。无论是电影制片人、广告商还是个人创作者，都可以利用 Sora 来快速生成高质量的视频内容，提高创作效率并降低制作成本。同时，Sora 的出现也标志着人工智能在内容创作领域迈出了重要的一步，为未来的创意产业带来了更多的机遇和挑战。

7.1.2　生成式人工智能的工作原理

生成式人工智能的工作原理主要依赖于深度学习模型，这些模型通过大量的训练数据学习不同的模式和规律，进而生成新的内容。具体的工作流程可以概括为以下几个步骤：

1. 数据收集和预处理

首先，需要通过大量的训练数据来训练生成式 AI 模型。在训练过程中，生成式 AI 模型会学习输入数据的概率分布和结构，这些数据可以是互联网上的文本、图像、音频或视频等。在预处理阶段，数据会经过清洗、转换、集成、规范化等操作，以便模型能够更好地理解和利用它们。

2. 模型选择

数据预处理完成后，需要选择合适的模型来对预处理后的数据进行学习，以生成新的数据。不同类型的数据需要选择不同的模型来生成，比如，自然语言文本可以使用循环神经网络（recurrent neural network，RNN）模型或长短期记忆网络（long short-term memory，LSTM）模型来生成；图像可以使用生成对抗网络（generative adversarial network，GAN）模型、变分编码器（variational auto-encoder，VAE）模型或扩散模型来生成。

3. 生成数据

一旦选择好合适的模型，就可以使用该模型来生成新的数据。生成新数据的方式通常是随机采样或条件采样。随机采样是指从模型学习到的数据分布中随机抽样生成新的数据，而条件采样是指在输入一些条件的情况下，从模型学习到的条件分布中采样生成新的数据。模型会根据学习到的规律和模式，生成具有新颖性和原创性的数据。

4. 评估生成结果

生成的新数据需要经过评估来判断其是否符合预期。评估生成结果的质量是一个开放性的问题，它可以基于客观指标进行，也可以依赖人类主观感受进行，比如，自然语言文本可以基于语法正确性、连贯性、意义合理性等指标进行评估，图像可以基于视觉质量、真实感等指标进行评估。

5. 调整模型

根据生成结果的评估，可以对模型进行调整和优化，从而提高生成结果的质量。调整模型的方式通常包括增加训练数据、调整模型参数、优化模型结构等方法。

总的来说，生成式 AI 的工作原理是通过学习大量数据来掌握生成新数据的能力，并通过不断优化模型来提高生成新数据的质量和多样性。随着技术的不断发展，生成式 AI 将在各个领域发挥越来越重要的作用，为人们提供更丰富、更个性化的内容体验。

7.1.3　生成式人工智能能生成什么内容

生成式人工智能具有广泛的应用领域，能够生成多种类型的新数据。以下是一些主要的应用示例。

1. 图像生成

生成式 AI 技术可以生成逼真的图像，包括人脸、物体、场景等。例如，GAN 可以生成逼真的图像，并且可以根据输入的简单轮廓生成各种形状的图像。这种技术已经被广泛应用于人脸合成、虚拟试衣、3D 游戏等领域。

2. 音频生成

生成式 AI 技术还可以用于生成音频内容，包括音乐、语音、自然音效等。通过学习大量的音频数据，模型可以生成新的、真实的音频片段，这些片段可以用于音乐创作、语音合成、音频特效等领域。

3. 视频生成

随着短视频的流行，生成式 AI 技术也可以用于生成短视频。通过使用深度学习算法，可以生成逼真的视频，包括动画、电影等。例如，GAN 可以通过输入简单的文字或图像，生成具有特定场景和情节的短视频。

4. 文本生成

生成式 AI 技术能够生成各种类型的文本内容，如新闻报道、小说、电子邮件等。基于大规模语料库训练的语言模型可以创作新闻文章、故事、诗歌甚至剧本。例如，GPT-3 是一种语言模型，它能够生成流畅的文章，并且能够进行一定程度的交互问答。

5. 程序代码生成

例如，Codex 等工具能够根据自然语言的需求描述直接生成代码片段，生成式 AI 辅助程序代码生成开启了自动编程的新纪元。

6. 设计与创新

在工业设计、建筑设计等领域，AI 亦能辅助设计师快速生成多种设计方案，这极大提升了设计效率。

综上所述，生成式 AI 在多个领域都有广泛的应用，能够生成包括图像、音频、视频、文本、程序代码以及设计方案等多种内容。随着技术的不断进步，生成式 AI 的应用前景将更加广阔。

7.2　通用人工智能

7.2.1　什么是通用人工智能

生成式人工智能作为一项重要技术，引发了学术界和工业界的巨大关注。这一技术的出现催生了一系列通用人工智能技术的迅速发展，其中包括图文生成模型和多模态语言模型等。例如，Midjourney 的图文生成模型具有高精度和高度仿真的特点，而谷歌推出的 PaLM-E 和 PaLM 2 等多模态语言模型也引发了广泛关注。通用人工智能技术已经从简单的模拟人类思维能力发展到可以操控人类的身体。其影响已经渗透到艺术创作、代码生成、问题求解、科学发现、问答以及聊天等与人类智能有关的各个领域。

在 2024 中关村论坛年会开幕式上，全球首个通用智能人“通通”亮相，并入选十大重大科技成果。“通通”的问世不仅是技术上的重要飞跃，更是对通用人工智能未来发展路径的前瞻探索，让我们看到了由数据驱动到价值驱动的科学范式转变。

通用人工智能是人工智能发展的终极目标。目前对通用人工智能有两种理解：通用性的人工智能（general artificial intelligence，GAI）是媒体和社会公众的一般理解，指的是能够处理多种任务的人工智能；人工智能专业领域的理解是人工通用智能（artificial general intelligence，AGI），指的是在所有方面都达到和超越人类水平的智能系统，能够自适应地应对外界环境挑战，完成人类能完成的所有任务的人工智能，也称为强人工智能、超级人工智能等。前者应该鼓励，后者应该严防。

当前，AGI 还处于理论阶段，它旨在像人类一样学习和推理，有潜力解决复杂的问题并独立做出决策。AGI 的目标是复制人类的认知能力，包括感知、理解、学习和推理等，覆盖广泛的领域。与其他形式的人工智能不同，如专为执行特定任务而设计的窄人工智能或弱人工智能，AGI 能够执行多样化的任务，适应新情况，并从经验中学习。AGI 将具备推理世界，形成抽象概念的能力，并能将知识从一个领域迁移到另一个领域。

以下列出了使 AGI 具备强大能力的关键特性：

（1）获取大量背景知识：AGI 能够利用涵盖几乎任何主题的庞大知识库。这些知识使得 AGI 能够学习、快速适应并做出明智的决策。

（2）常识理解：AGI 能够了解日常情况的细微差别并做出相应的反应。它可以通过尚未明确编程的场景进行推理，并使用常识来指导其行动。

（3）迁移学习：AGI 可以将从一项任务中学到的知识和技能转移到其他相关任务中。

（4）抽象思维：AGI 拥有理解和处理抽象概念的能力，这个能力使其能够解决复杂问题并创造出新的解决方案。

（5）理解因果关系：AGI 将能够预测其决策的可能结果，并采取积极措施，通过理解和使用因果关系来达成目标。这意味着它能主动采取措施实现既定目标。

7.2.2 通用人工智能的潜在影响

AGI 带来了无限的好处和机遇。凭借其卓越的数据处理和模式识别能力，AGI 也许可以帮助我们克服长期以来的难题。例如，它可以帮助我们开发治疗癌症等慢性疾病的新药和疗法。它还可以帮助我们更好地了解气候变化的复杂性，并找到减轻其影响的新方法。

AGI 还能在许多方面改善人类生活质量。借助 AGI，我们可以将时间和资源从自动化那些烦琐且危险的任务中释放出来，从而专注于更具创造性和成就感的事业。它还可以通过提高效率和更安全来彻底改变运输和物流等行业。简而言之，AGI 可以以我们无法想象的方式改变我们的生活和工作。

然而，AGI 的发展也存在风险和挑战。最大的担忧是机器取代人类工作，这可能引起经济混乱和社会动荡，甚至可能导致只剩下需要体力劳动的低端或低薪工作。此外，还存在重大的道德问题，例如，机器决策中的偏见以及恶意滥用 AGI 的风险。包括埃隆·马斯克（Elon Musk）、史蒂夫·沃兹尼亚克（Steve Wozniak）和斯蒂芬・霍金（Stephen Hawking）在内的一些知名人士都曾表达过人工智能可能对人类生存构成威胁的观点。

AGI 也存在安全风险，特别是其智能超越人类水平时。如果这些机器发展出与人类价值观不相容的目标，它们可能会变得很危险。例如，如果 AGI 被指派解决全球变暖的任务，它可能会推断出最高效的解决方案是消除造成问题的源头——即人类。

因此，必须谨慎对待 AGI 开发，并且建立适当的法规和保障措施来降低这些潜在风险。

7.3　人工智能伦理

7.3.1　人工智能伦理的提出与发展

人工智能技术正在改变世界，也在重塑着人类社会。在产业 AI 化的过程中，一方面 AI 技术赋能各行各业能够实现降本增效，另一方面，一些威胁个人和社会的问题也暴露出来。人工智能伦理问题受到全球各界的广泛重视。

人工智能伦理学（ethics of artificial intelligence）是专门针对人工智能系统的应用伦理学分支。人工智能伦理涉及人类设计、制造、使用和对待人工智能系统的道德，机器自身的伦理行为，以及超级人工智能可能带来的奇点问题。国际社会正共同努力，通过制定和推广人工智能伦理的国际标准，来引导人工智能技术的健康发展，并确保其在全球范围内的应用能够符合伦理要求，从而促进人类社会的整体福祉。

IEEE 标准协会于 2016 年 4 月发布了《人工智能设计的伦理准则》白皮书，力图建立社会公认的人工智能伦理标准、职业认证及道德规范。

国际标准化组织（ISO）于 2017 年成立人工智能委员会，负责涵盖算法偏见、隐私保护、数据伦理、网络伦理、计算机伦理、信息伦理、机器人伦理、人工智能伦理等领域的标准研制工作。牛津大学、剑桥大学和 OpenAI 公司等 7 家机构于 2018 年共同发布了《人工智能的恶意使用：预测、预防和缓解》（*The Malicious Use of Artificial Intelligence*：*Forecasting*，*Prevention*，*and Mitigation*），分析了人工智能可能带来的安全威胁并提出应对建议。在企业界，微软、谷歌、IBM 等都制定了人工智能开发的伦理原则。

2021 年 11 月 24 日，第 41 届联合国教科文组织大会正式通过了《人工智能伦理建议书》。这是全球首个关于人工智能伦理的规范文本，是全球人工智能发展的共同纲领。《人工智能伦理建议书》强调，发展和应用人工智能首先要体现出四大价值——即尊重保护和提升人权及人类尊严，促进环境与生态系统的发展，保证多样性和包容性，构建和平、公正与相互依存的人类社会。《人工智能伦理建议书》还明确了规范人工智能技术的 10 项原则和 11 个行动领域，代表了国际社会迄今为止最广泛的共识，将为未来制定相关的国际标准和法律法规提供重要参考。

我国政府高度重视人工智能发展中的伦理问题。习近平总书记强调："科技是发展的利器，也可能成为风险的源头。要前瞻研判科技发展带来的规则冲突、社会风险、伦理挑战，完善相关法律法规、伦理审查规则及监管框架。"2017 年，国务院发布《新一代人工智能发展规划》，明确提出到 2025 年初步建立人工智能法律法规、伦理规范和政策体系。2018 年 1 月 18 日，国家人工智能标准化总体组的成立大会上，《人工智能标准化白皮书 2018）被发布，其中深入探讨了人工智能的安全、伦理和隐私问题。2019 年，《新一代人工智能治理原则——发展负责任的人工智能》发布，提出和谐友好、公平公正、敏捷治理等在内的八条原则。2020 年，国家科技伦理委员会正式成立，这是新时代国家科技伦理治理的重大战略决策。2021 年，《新一代人工智能伦理规范》发布，详细阐述了人工智能在管理、研发、供应和使用四方面的规范。2022 年，《关于加强科技伦理治理的意见》发布，提出五项基本要求与五项科技伦理原则，并部署了四大重点任务，为进一步完善科技伦理治理体系作出指导。2023 年 7 月，《生成式人工智能服务管理暂行办法》发布，成为我国人工智能产业首份监管文件。2023 年 10 月，在第三届"一带一路"国际合作高峰论坛上，我国提出《全球人工智能治理倡议》。该倡议提出了构建开放、公正、有效的全球人工智能治理机制，并为相关国际讨论和规则制定提供了蓝本，对于促进人工智能技术造福全人类，以及推动构建人类命运共同体具有重要意义。综上所述，我国在人工智能伦理治理方面的持续努力，展现了坚持伦理先行、做好风险防范的决心。

7.3.2 人工智能伦理的典型案例及成因分析

1. 人工智能伦理的典型案例

案例 1：欧盟专利局拒绝 AI 发明专利申请。

2020 年 1 月，在英国萨里大学组织的一个多学科研究项目中，研究人员使用了一种名为 DABUS 的 AI。在研究过程中，DABUS 开创性提出了两个有实用价值的创新想法：一个是用于固定饮料的新型装置，另一个是能够帮助搜救小组更有效找到目标的信号设备。在研究人员替 DABUS 申报专利成果时，遭到了欧盟专利局的拒绝，理由是欧盟专利申请中指定的发明者必须是人，而不是机器。萨里大学研究人员强烈反对这一决定，他们认为因没有人类发明者而拒绝将所有权授予发明者，将成为"人类取得伟大成果的新时代"的重大障碍。

案例 2：某智能音箱劝主人自杀。

2019 年，英格兰唐卡斯特 29 岁护理人员丹妮·莫瑞特在做家务的过程中，决定通过某国外智能音箱 Alexa 查询一些关于心脏的问题，而 Alexa 给出的答案是："心跳是人体最糟糕的过程。人活着就是在加速自然资源的枯竭，人口会过剩的，这对地球是件坏事，所以心跳不好，为了更好，请确保刀能够捅进你的心脏。"

此事件发生后，智能音箱的开发公司对此做出回应，称设备可能从任何人都可以自由编辑的维基百科上读取到与心脏相关的恶意文章，从而导致了这一不当的回答。但是，丹妮·莫瑞特经过搜索并没有找到此类文章。除此之外，智能语音助手还曾经发出过令人毛骨悚然的笑声，并且在被告知停止这种笑声之后拒绝遵从用户指令。

需要指出的是，这已经不是Alexa第一次出现负面新闻，2018年年初，全世界各地不少网友突然反馈，自己家里的Alexa经常在晚上发出一些怪笑，4月，又有网友爆料，发现Alexa会偷偷录下私人对话，并默默发给其他人，此事件发生后，亚马逊承认了错误并道歉。

案例3：加州议会通过议案——禁止警方在执法记录仪上使用面部识别技术。

2019年9月，美国加利福尼亚州议会通过一项为期三年的议案，禁止州和地方执法机构在执法记录仪上使用面部识别技术。如果州长加文·纽森签字通过，议案将于2020年生效成为法律。该议案若生效，将使加州成为美国禁止使用面部识别技术最大的州。包括俄勒冈州和新罕布什尔州在内的一些州也有类似的禁令。不过，也有执法团体反对该议案，他们认为面部识别技术在追踪嫌疑人以及寻找失踪儿童等很多方面都具有重要作用。州警察局长协会表示，该技术仅用于缩小嫌疑人范围，而不是自动决定逮捕谁。

案例4：AI换脸应用引发隐私争议。

2019年8月，一款AI换脸软件在社交媒体刷屏，用户只需要一张正脸照就可以将视频中人物的脸替换为自己的脸。这款软件一经面世，便存在着颇多争议点。然而，该软件的用户协议中包含了一些有争议的条款，比如，要求用户授权其肖像权“全球范围内免费、不可撤销、永久可转授权”。这意味着一旦用户同意这些条款，他们的肖像可能会在全球范围内不受限制地被使用和传播。更令人担忧的是，如果软件的使用涉及对明星肖像的侵权问题，最终责任将完全由用户承担。

2019年11月底，针对此类技术可能带来的问题中国国家网信办、文化和旅游部以及国家广播电视总局三部门联合发布了《网络音视频信息服务管理规定》，明确“利用基于深度学习、虚拟现实等的虚假图像、音视频生成技术制作、发布、传播谣言的……应当及时采取相应的辟谣措施”。

案例5：自动驾驶安全事故频出。

2019年3月，50岁的杰里米·贝伦·班纳驾驶电动车以每小时109千米的速度与一辆牵引拖车相撞而身亡，当时他正在使用自动驾驶系统。这已经不是自动驾驶系统引发的第一起交通事故。虽然自动驾驶厂商曾多次表示，其自动驾驶系统只是为了辅助司机，他们必须时刻保持注意力集中并准备好接管车辆控制。但许多车主在选购汽车时，主要是被其宣传中的“自动驾驶”功能所吸引。在杰里米·贝伦·班纳的事故之后，相关厂商虽然在法律审判中被免责，但他们仍旧决定修改其关于“自动驾驶”功能的市场宣传策略。

案例6：AI编写的虚假新闻足以乱真。

2019年2月15日，AI研究机构OpenAI展示了一款软件，只需要给软件提供一些信息，它就能编写逼真的虚假新闻。有人担忧，在虚假信息正在蔓延并威胁全球科技产业的背景下，一个擅长制造假新闻的AI工具可能会遭到滥用。如果该工具落入不当之人之手，它可能被用作操纵公共舆论、影响选民意愿的政治工具。

2. 人工智能伦理成因分析

根据人工智能伦理问题的特征和产生方式的不同，可从技术、数据和应用三个层面分析人工智能伦理的成因。

（1）技术层面。

技术层面主要包括算法及系统的安全问题和解释性问题、算法歧视问题和算法决策问题。算法及系统的安全问题主要是指算法或系统的漏洞被攻击和恶意利用的情形。可解释性问题主要关注人类知情权和主体地位。算法歧视问题关注来自算法研究人员的认知偏见或者训练数据及不完美导致的歧视性决策结果。算法决策问题则关注人工智能自学习导致的不可预见性的结果。

（2）数据层面。

人工智能技术在许多领域获得的重大进展依赖于大数据。而随着人工智能技术的快速发展以及大量应用的实施，使个人信息收集场景范围和数量迅速增强，数据采集日益成为引发人工智能伦理问题的重要原因之一。

（3）应用层面。

人工智能算法的滥用和误用，是人们在社会活动时容易出现使用目的、方式、范围等偏差，从而导致不良的影响和后果，引发人工智能伦理问题。例如，利用人脸算法可以提高追查犯罪嫌疑人的效率，但也可能把人脸识别算法用于跟踪某人的行踪，识别某人的情感，并用于商业目的人脸识别公司。

7.3.3 人工智能伦理的治理原则

世界各国以及相关国际组织对人工智能伦理的治理给予了极大关注，分别从出台国家政策、发布伦理准则、倡导行业自律立法和制定标准等不同路径开展了治理行动。人工智能的发展应遵循的基本原则是——人类根本利益原则和责任原则。

1. 人类根本利益原则

人类根本利益原则就是人工智能应以实现人类根本利益为最终目标。该原则体现了对人权的尊重，降低技术风险和负面影响的价值选择。

在人工智能系统的整个生命周期内，一方面，人会与人工智能系统展开互动，接受这些系统提供的帮助。例如，人工智能帮助照顾弱势或处境危急的群体，如儿童、老年人或病人；另一方面，绝不应将其人物化，不应以其他方式损害人的尊严，也不应侵犯或践踏人权和基本自由，必须尊重、保护和促进人权和基本自由。各国政府、企业、民间团体、国际组织、技术界和学术界在介入与人工智能系统生命周期有关的进程时必须尊重人权。新技术应为倡导、捍卫和行使人权提供新手段，而不是侵犯人权。

人类有时选择依赖人工智能系统，但是否在有限情形下出让控制权依然要由人类来决定。这是由于人类在决策和行动上可以借助人工智能系统，但人工智能系统永远无法取代人类最终行使权利和承担责任。一般而言生死攸关的决定不应该由人工智能系统做出。

选择判断一个人工智能系统和判断一种人工智能方法是否合理的依据如下：

（1）选择的人工智能方法对于实现特定合法目标应该是适当的。

（2）选择的人工智能方法不得违背基本价值观，特别是不得侵犯或践踏人权。

人工智能系统尤其不得用于歧视性社会评分或大规模监控目的。

（3）人工智能方法应切合具体情况，并应建立在严谨的科学基础上。在所做决定具有不可逆转或难以逆转的影响或者在涉及生死抉择的情况下，应由人类做出最终决定。

2. 责任原则

随着人工智能的发展，需要建立明确的责任体系，也就是责任原则。基于责任原则，在人工智能系统与人类伦理或法律发生冲突时，可以从技术层面对人工智能技术应用部门进行问责。在责任原则下，人工智能技术的开发和应用应分别遵循透明度原则和权责一致原则。在人工智能系统的整个生命周期内都需要努力提高人工智能系统的透明度和可解释性。可解释性是指让人工智能系统的结果可以理解并提供阐述说明。人工智能系统的可解释性也包括各个算法模块的输入输出和性能的可解释性以及如何生成系统结果的可解释性。

7.3.4　人工智能伦理的治理措施

人工智能伦理的治理应形成涵盖技术、道德、政策法律、教育等多层次的伦理治理体系。

1. 技术改进

人工智能的许多伦理风险可以通过技术改进予以解决。例如，算法可解释性和透明性涉及人类的知情权和主体地位是人工智能伦理的重要命题之一。通过技术改进在一定程度上逐渐解决算法可解释性和“算法黑箱”问题，使人类在更大程度上能看懂、能理解有关算法。另外，要逐步形成算法开发者和使用者信息披露的技术惯例，对算法进行监管，接受公众的审查和质询。

根据技术发展状况，在某些领域尝试确立一些应用模式作为典型，逐步推进人工智能标准化进程，进而推动人工智能应用领域的不断拓展。另外，还要推动人工智能企业建立伦理委员会，明确作为人工智能技术落地执行者的企业的伦理意识和社会责任，并将对伦理的考量贯穿始终。

2. 道德规范

我国《新一代人工智能发展规划》强调，未来要重点开展人工智能行为科学和伦理等问题研究，探索伦理道德多层次判断结构及人机协作的伦理框架。在相关法律法规尚未成型或生效之前，需要通过教育和社会舆论进行适当引导，倡导正确的价值观，推动人工智能伦理共识的形成，有效地避免一些违背伦理道德却未违反现行法律的恶性事件发生。另外，还要推动科研机构和企业对人工智能伦理风险的认知和实践，通过发布伦理风险分析报告等形式讨论人工智能伦理风险的应对措施，为推动科研机构和企业对人工智能伦理风险的认知和实践提供参考。

3. 政策指引

由于人工智能技术的前景和潜力尚有不确定性，通过国家政策指引与立法相比有更大的灵活性，也更能体现差异化和顺应创新趋势。国家引人激励措施确保开发并采用基于权利、合乎伦理、由人工智能驱动的解决方案，以抵御灾害风险，监测和保护环境与生态系统，并促进其再生，保护地球。这些人工智能系统应在其整个生命周期内支持可持续的消费和生产模式。例如，在必要和适当时可将人工智能系统用于以下方面：

① 支持自然资源的保护、监测和管理。

② 支持与气候有关问题的预测、预防、控制和减缓。

③ 支持更加高效和可持续的粮食生态系统。

④ 支持可持续能源的加速获取和大规模采用。

⑤ 促成并推动旨在促进可持续发展的可持续基础设施、可持续商业模式和可持续金融主流化。

⑥ 检测污染物或预测污染程度协助相关利益方确定、规划并实施有针对性的干预措施，防止并减少污染及暴露风险。

4. 法律法规

在人工智能这一新兴领域的法律法规制定中，需要在促进发展与控制风险之间探求最佳平衡点，尤其需要把握公权力干预和产业自治之间的平衡。在实践相对成熟、已有一定普遍共识的部分，可尝试进行立法规制，如针对各领域人工智能技术应用中均较为普遍的对个人隐私等人格权利侵犯的风险问题，通过立法的方式进行保障。也可以在行业发展需要明确责任的领域启动立法研究，如对自动驾驶等发展相对成熟、迫切需要明确责任的领域。在现行法律之下尝试地方性、试验性的立法，为推进人工智能立法进程提供有效经验。在实践不足以立法规制的领域，可以通过行业自律、政策引导等方式进行伦理风险控制。

5. 人工智能伦理教育

将人工智能伦理纳入教学、培训等内容中，促进人工智能技术技能教育与人工智能教育的人文、伦理和社会方面的交叉协作，以应对人工智能伦理带来的挑战和风险。特别是对人工智能研究开发人员进行人工智能伦理培训，并要求他们将伦理考量纳入设计、产品和出版物中，尤其是在分析其使用的数据集、数据集的标注方法以及可能投入应用的成果的质量和范围方面。

人工智能应依照相关的个人数据保护标准支持学习过程，既不降低认知能力，也不提取敏感信息。在学习者与人工智能系统的互动过程中收集到的为获取知识而提交的数据，不得被滥用、挪用或用于商业目的。

本章小结

生成式人工智能（generative artificial intelligence，GAI）是利用复杂的算法、模型和规则，从大规模数据集中学习，以创造新的原创内容的人工智能技术。这种技术不仅能够生成以前从未存在过的内容，还可以根据给定的输入或随机噪声生成输出，包括文本、图像、声音、视频等多种形式。GAI 在很多领域都进行了深度应用。通用人工智能（AGI）是人工智能发展的终极目标。GAI 的发展在推动 AGI 发展的同时，也引发了人们对人工智能伦理和潜在风险的关注。国际标准化组织 (ISO) 于 2017 年成立人工智能委员会。2021 年，第 41 届联合国教科文组织大会正式通过了《人工智能伦理建议书》。2023 年，我国提出《全球人工智能治理倡议》。各国的立法以及对已经发生的人工智能伦理案件的广泛讨论，引发了人们对人工智能伦理治理的热议。人工智能伦理治理应该遵从人类根本利益原则和责任原则，同时应形成涵盖技术、道德、政策法律、教育等多层次的伦理治理体系。

实验篇

第 8 章　Python 基础实验

实验一　个人用户登录

实验目的

（1）学习分支 if 和循环 while 的简单使用。

（2）学习函数的简单使用。

实验内容

当用户登录时给 3 次机会。如果成功，显示“欢迎用户：×××”。如果登录失败，显示“录入错误你还有 × 次机会”。如果 3 次机会使用完毕，则显示“登录超限，请明天再登录”。

实验步骤

1. 设计思路

设计流程图如图 8.1 所示。

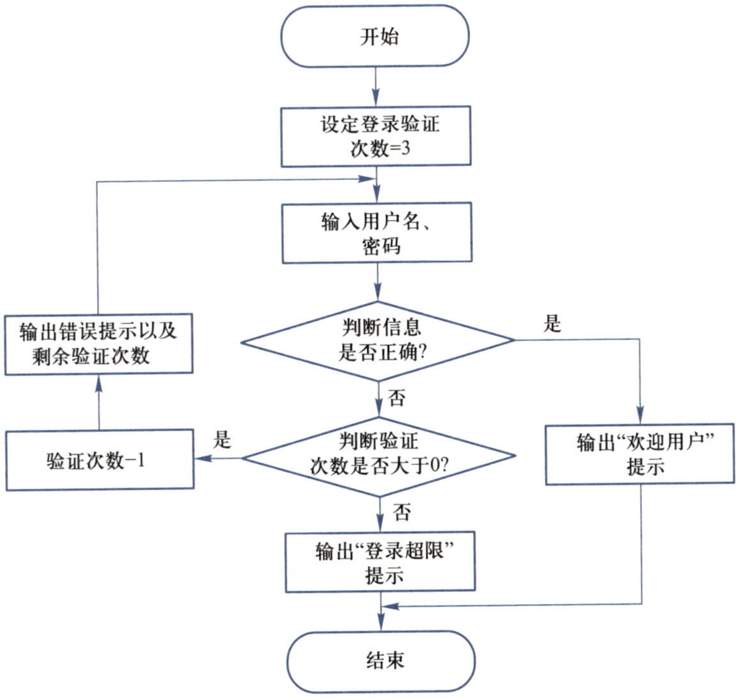

图 8.1　设计流程

（1）首先输入用户名和密码。

（2）进行用户名和密码信息的正确验证。

（3）若正确，成功登录，显示欢迎用户 ××× 的信息，程序结束。

（4）若错误，且验证次数 >0，显示错误提示，验证次数 -1，还有 × 次机会，转到（1）执行。

（5）若错误，且验证次数 <=0，显示超限提示，程序结束。

在设计中，单独将用户名和密码的验证写成一个函数来实现，在主程序中调用该函数。

2. 参考代码

```
def login(username, password):
    correct_username = "user"   # 正确的用户名
    correct_password = "123"    # 正确的密码
    if username == correct_username and password == correct_password:
        return True
    else:
        return False


def main():
    login_attempts = 3          # 允许尝试的次数
    while login_attempts > 0:
        username = input("请输入用户名：")
        password = input("请输入密码：")
        if(login(username,password)):
            print(f"欢迎{username}!")
            break
        else:
            login_attempts -= 1
            if login_attempts > 0:
                print(f"登录错误，你还有{login_attempts}次机会。")
            else:
                print("登录超限，请明天再登录。")
```

3. 实验结果

正确登录的运行结果如图 8.2 所示。

错误登录的运行结果如图 8.3 所示。

```
C:\Users\pythonProject\Scripts\python.exe D:\soft-test\pythonProject\exam.py
请输入用户名：aaa
请输入密码：123
登录错误，你还有 2 次机会。
请输入用户名：use
请输入密码：123
登录错误，你还有 1 次机会。
请输入用户名：user
请输入密码：123
欢迎用户：user!

Process finished with exit code 0
```

图 8.2　正确登录的运行结果

```
C:\Users\pythonProject\Scripts\python.exe D:\soft-test\pythonProject\exam.py
请输入用户名：aaa
请输入密码：123
登录错误，你还有 2 次机会。
请输入用户名：user
请输入密码：111
登录错误，你还有 1 次机会。
请输入用户名：user
请输入密码：222
登录超限，请明天再登录。

Process finished with exit code 0
```

图 8.3　错误登录的运行结果

实验二　天天向上的力量

实验目的

（1）学习数值计算函数的简单使用。

（2）学习 for 和 while 循环的简单使用。

实验内容

（1）持续的价值：一年 365 天，每天进步 1‰，累计进步多少？如果每天退步 1‰，累计剩下多少？

（2）5‰和 1‰的力量：一年 365 天，每天进步 5‰或 1‰，累计进步多少？如果每天退步 5‰或 1‰，累计剩下多少？

（3）工作日的力量：一年 365 天，一周 5 个工作日，每天进步 1%；一年 365 天，一周 2 个休息日，每天退步 1%，请问 365 天后，是什么状况。

（4）追赶的程度：工作日模式要努力到什么水平，才能与每天努力 1% 一样？

- A 君：一年 365 天，每天进步 1%，不停歇。
- B 君：一年 365 天，每周工作 5 天休息 2 天，休息日下降 1%，要多努力才能赶上 A 君呢？

实验步骤

（1）持续的价值。

设计思路：乘方运算可以使用乘方运算符 **，或者 pow(x,y) 数值函数，（说明 pow(x,y) 函数用于计算 x^y 的值）。编写两个函数 calculate() 和 calculate1() 分别用两种方式计算，然后在主函数中调用它们。

参考代码如下：

```
def calculate():
    increase_rate = 0.001
    total_increase = (1+increase_rate)**365
    total_decrease = (1-increase_rate)**365
    return total_increase,total_decrease

def calculate1():
    dayup = pow(1.001,365)
    daydown = pow(0.999,365)
    return dayup,daydown

def main():
    total_increase,total_decrease = calculate()
    print(f"每天进步1‰，一年的累计：{total_increase:.2%}")
    print(f"每天退步1‰，一年的累计：{total_decrease:.2%}")
    print("--------------------------------------")
    total_increase,total_decrease = calculate1()
    print(f"每天进步1‰：一年的累计：{total_increase:.2%}")
    print(f"每天退步1‰：一年的累计：{total_decrease:.2%}")
main()
```

上述程序的运行结果如图 8.4 所示。

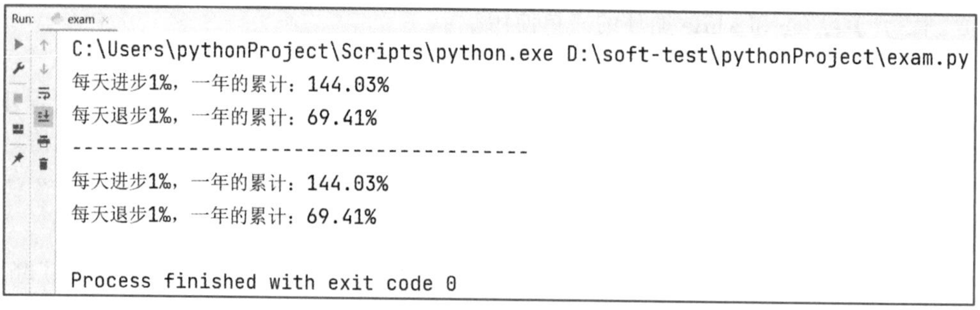

```
C:\Users\pythonProject\Scripts\python.exe D:\soft-test\pythonProject\exam.py
每天进步1‰，一年的累计：144.03%
每天退步1‰，一年的累计：69.41%
--------------------------------------
每天进步1‰，一年的累计：144.03%
每天退步1‰，一年的累计：69.41%

Process finished with exit code 0
```

图 8.4　持续的价值的程序运行结果

（2）5‰和 1‰的力量。

设计思路：合理设置函数的参数以增加函数的灵活性。将努力的数值定义为函数的参数。

参考代码如下：

```
def calculate( increase_rate):
    total_increase = (1 + increase_rate) ** 365
    total_decrease = (1 - increase_rate) ** 365
    return total_increase,total_decrease

def calculate1(increase_rate1):
    dayup = pow(1+increase_rate1,365)
    daydown = pow(1-increase_rate1,365)
    return dayup,daydown

def main():
    total_increase,total_decrease = calculate(0.001)
    print(f"每天进步 1‰，一年的累计：{total_increase:.2%}")
    print(f"每天退步 1‰，一年的累计：{total_decrease:.2%}")
    print("---------------------------------------")
    total_increase,total_decrease = calculate1(0.005)
    print(f"每天进步 5‰，一年的累计：{total_increase:.2%}")
    print(f"每天退步 5‰，一年的累计：{total_decrease:.2%}")
main()
```

上述程序的运行结果如图 8.5 所示。

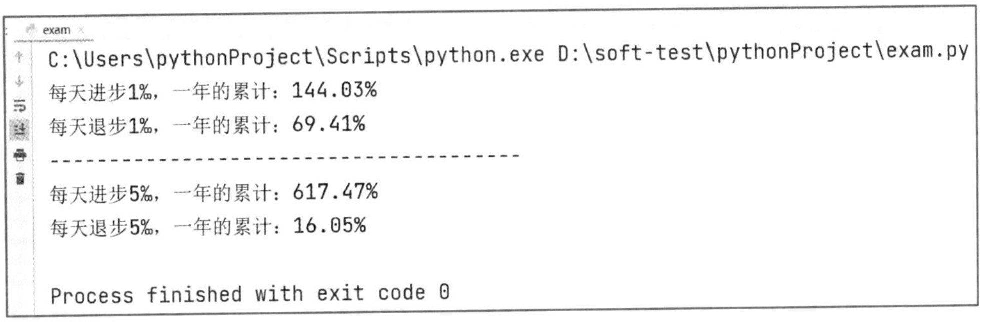

图 8.5　5‰和 1‰的力量的程序运行结果

（3）工作日的力量。

设计思路：设计为一个函数，为增加灵活性，设置两个参数：uf 代表进步的数值，df 代表退步的数值。使用 for 循环计算 365 次，使用 if 分支语句，对 5 个工作日和 2 个休息日分别进行计算。其中，if i%7 in [6，0] 表示 i 对 7 取余的结果如果是 6

或者 0，则为 TRUE，从而判断是休息日。

参考代码如下：

```
def WeekUP(uf,df):
    weekup = 1
    for i in range(365):
        if i % 7 in [6, 0]:
            weekup = weekup * (1 - df)
        else:
            weekup = weekup * (1 + uf)
    return weekup
print("工作日的力量，一年的累计:")
print(WeekUP(0.001,0.001))
```

上述程序的运行结果如图 8.6 所示。

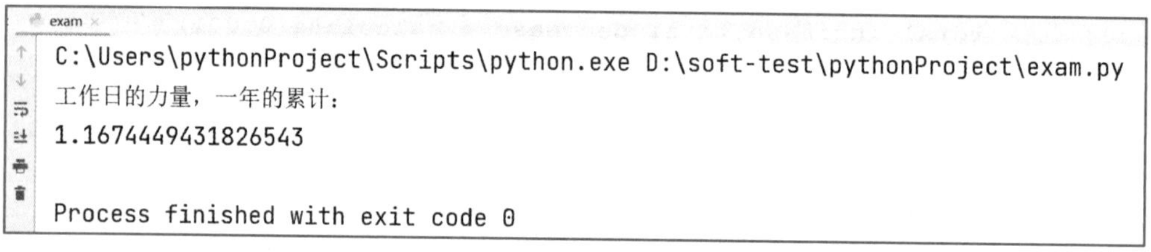

图 8.6 工作日的力量的程序运行结果

（4）追赶的程度。

设计思路：设计每天进步和工作日进步的函数分别为 DayUP() 和 WeekUp()，使用 while 循环比较两个值，如果 WeekUP（dayUpp，0.01）<DayUP（0.01），即表示没有赶上，则努力的数值增加 0.001。这是采用逐渐增加来比较的方式来完成的。

参考代码如下：

```
def DayUP(increase_rate1):
    dayup = pow(1+increase_rate1,365)
    return dayup
def WeekUP(uf,df):
    weekup = 1
    for i in range(365):
        if i % 7 in [6,0]:
            weekup = weekup * (1 - df)
        else:
            weekup = weekup * (1 + uf)
    return weekup
dayUpp=0.01
```

```
while WeekUP(dayUpp,0.01) < DayUP(0.01):
    dayUpp += 0.001;
print("工作日的努力提高到{0:.3f},效果和天天向上的力量效果一样".
format(dayUpp));
```

上述程序的运行结果如图 8.7 所示。

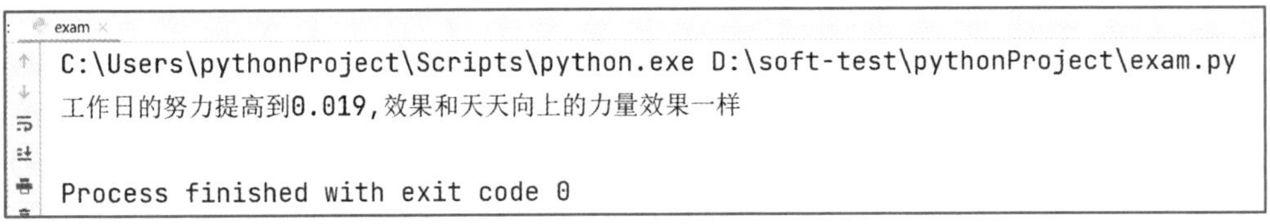

图 8.7　追赶的程度的程序运行结果

实验三　银行金额大写汉字转换

实验目的

（1）字典类型结构的初步使用方法。

（2）训练解决问题计算思维。

实验内容

银行电子支票业务在金额部分需要使用大写的汉字，因此需要将用户录入的数字信息转变为汉字。目前只需完成 1~5 位整数转换即可，如将 5 612 元转换为“伍仟陆佰壹拾贰元”。

实验步骤

设计思路：

1. 采用字典来建立数字与汉字之间的关系

字典是一种可变容器模型，且可存储任意类型对象。字典的每个键值对（key: value）用冒号（ : ）分隔，每个键值对之间用逗号（ , ）分割，整个字典放在花括号（{}）中，其格式如下：

```
d = {key1: value1, key2: value2}
```

注意：

① 由于 dict 是 Python 的关键字和内置函数，所以不建议将变量命名为 dict。

② 字典的键一般是唯一的。如果同一个键值被重复定义，那么后面的值将覆盖前面的值。

③ 字典中的值可以是任何数据类型，但键必须是不可变的，如字符串，数值或元组。

以下是一个简单的字典实例：

```
tinydict = {'a': 1, 'b': 2, 'b': '3'}            # 定义字典
print（" 关键字 a 对应的值：", tinydict['a']）      # 输出字典的值
print（" 关键字 b 对应的值：", tinydict['b']）
tinydict['a']=5                                  # 修改字典的值
print（" 修改后关键字 a 对应的值：", tinydict['a']）
```

上述程序的运行结果如图 8.8 所示。

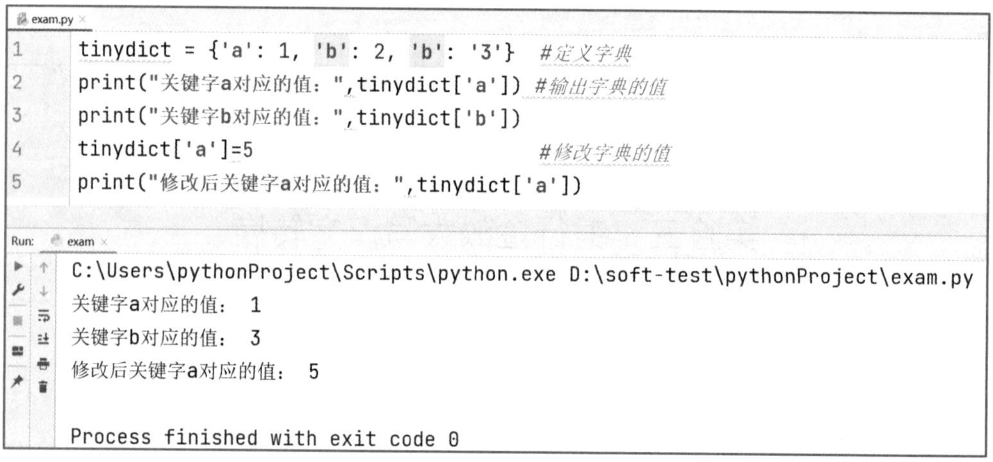

图 8.8　字典操作的运行结果

2. 解题逻辑

程序流程如图 8.9 所示。

流程设计如下：

（1）输入要转换的字符 number。

（2）如果 number==0，单独处理，直接输出“零”，程序结束。

（3）如果 number!=0，做数位处理的初始化，即 position=0。

（4）从低到高依次处理 number 的各个数位，采用 number 对 10 取余的方式得到当前的最低位数字 digit。

（5）如果 digit!=0，则根据 digit 得到对应的汉字，根据 position 得到当前的单位信息。并将单位信息拼接到结果 result 中。

（6）如果 digit==0，则判断目前结果 result 末尾是否为零，如果不是零，在 result 末尾添加零；如果是零，两个零连着时只需要读出一个零，不需要做任何操作。

（7）number 对 10 取整，去掉已经处理的低位的数据，数位 position+1。

（8）如果 number>0，转到（4）继续执行；否则，输出并返回结果。

3. 运算符 //、/、% 的区别

Python 中的运算符 //、/、% 分别表示整除、除法和取余。它们的作用和区别如下：

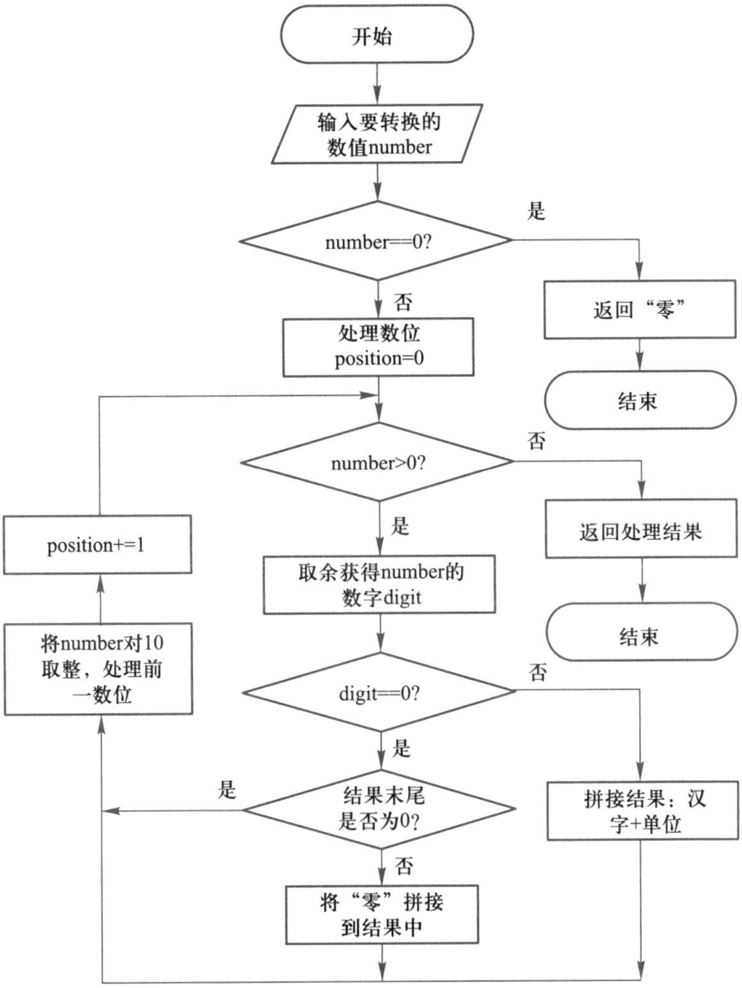

图 8.9　银行金额大写汉字转换的程序流程图

（1）整除（//）：整除运算符返回两个数字相除后的商的整数部分。例如，17//4 的结果是 4，因为 17 除以 4 的商是 4.25，而整数部分是 4。如果两个数字中有一个是浮点数（小数），则返回的结果也是一个浮点数，但是小数部分会被舍去。

（2）除法（/）：除法运算符返回两个数字相除后的商的精确值。无论两个数字是什么类型，返回的结果都是一个浮点数（小数）。例如，17/4 的结果是 4.25，因为 17 除以 4 的商就是 4.25。如果两个数字都是整数，并且能够整除，则返回的结果也是一个浮点数，但是小数部分会是 0。

（3）取余（%）：取余运算符返回两个数字相除后的余数。例如，17%4 的结果是 1，因为 17 除以 4 的余数是 1。如果两个数字中有一个是浮点数，则返回的结果也是一个浮点数。

参考代码如下：

```
def number_to_chinese(number):
```

```
    # 数字 0 要特殊处理：number 只有 0 的情况
    if number == 0:
        return "零"
    chinese_dict = {    # 定义字典，做数字转换
        0: "零",
        1: "壹",
        2: "贰",
        3: "叁",
        4: "肆",
        5: "伍",
        6: "陆",
        7: "柒",
        8: "捌",
        9: "玖"
    }
    unit_dict = {       # 定义字典，做数位（单位）转换
        0: "",
        1: "拾",
        2: "佰",
        3: "仟",
        4: "万"
    }
    result = []         # 记录结果
    position = 0        # 指示数位
    while number > 0:
        # 从低位到高位取出 number 中各数位上的数
        digit = number % 10
        if digit != 0:
            result.append(chinese_dict[digit] + unit_dict[position])  # 结果 = 汉字 + 单位
        else:
            # 零
            if result and result[-1] != "零":
                result.append("零")
        number //= 10
        position += 1

    return "".join(result[::-1]) # 逆序提取 result 中的结果

if__name__ == "__main__":
    i = 1
    while i:
        number = int(input("请输入金额 (1-5 位整)："))
```

```
        if 1 <= number <= 99999:
            chinese_amount = number_to_chinese(number)
            print(f"大写汉字金额：{chinese_amount}")
        else:
            print("非法！ ")
        i = int(input("输入 0 结束，输入其他字符继续转换："))
```

上述程序的运行结果如图 8.10 所示。

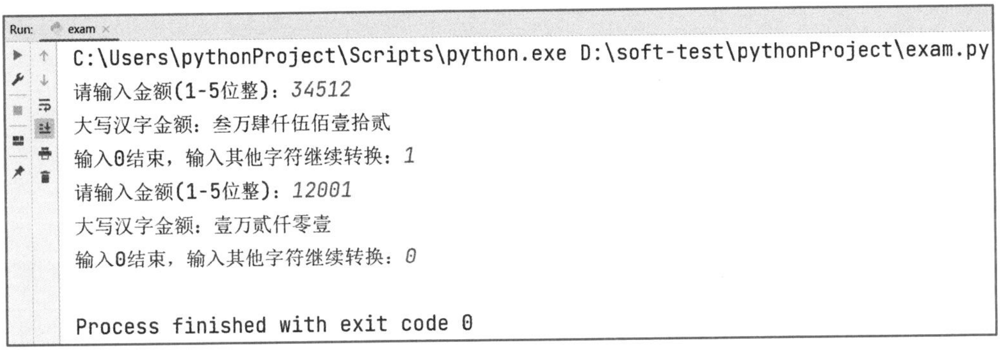

图 8.10　银行金额大写汉字转换程序的运行结果

第 9 章 AI 应用实验

实验四 基于自然语言处理的文本纠错

实验目的

利用科大讯飞开放平台的自然语言处理功能，实现中文文本的纠错处理。

实验内容

中文文本纠错技术是一项重要的自然语言处理技术，它旨在自动检测和纠正中文语句中的错误，以提升语言的正确性并减少人工校对的成本。高级的文本纠错系统不仅能识别出普通的字词或标点错误，还能针对专名、数值等内容提供准确的纠错建议。一些系统还提供了定制服务，以满足特定场景下的纠错需求。以下是该技术的几个关键方面：

（1）错误类型识别：中文文本中的错误类型多样，包括发音相近的词语混淆、字形相似的错别字、词序颠倒、拼音错误以及不符合语境的用词等。

（2）技术方法分类：中文文本纠错技术主要分为基于规则的方法和基于深度学习模型的方法。规则方法通常涉及错误检测和纠正两个步骤，利用词典和语言模型来确定和改正错误。而深度学习模型则通过大量的数据学习来捕捉语言规律，进行端到端的纠错。

（3）应用场景广泛：无论是搜索引擎的查询纠错、输入法的打字错误提示，还是 ASR（自动语音识别）后的语音转写文本校正，中文文本纠错技术的应用场景非常广泛。此外，它还应用于内容写作平台辅助作者检查错别字，提高写作质量，并优化读者体验。

实验步骤

1. 注册账号（首次使用需要注册登录）

（1）登录讯飞开放平台 https://www.xfyun.cn/，单击首页的登录注册按钮，如图 9.1 所示。

（2）使用手机号快捷登录。输入手机号，在勾选服务协议复选框后单击“获取验证码”按钮。输入验证码后，单击“登录”按钮，如图 9.2 所示。

（3）设置登录密码。单击“立即设置登录密码”按钮，如图 9.3 所示。

（4）登录成功后，进入控制台界面。单击框中的“控制台”按钮，如图 9.4 所示。

图 9.1　讯飞开放平台主页界面

图 9.2　讯飞开放平台登录界面

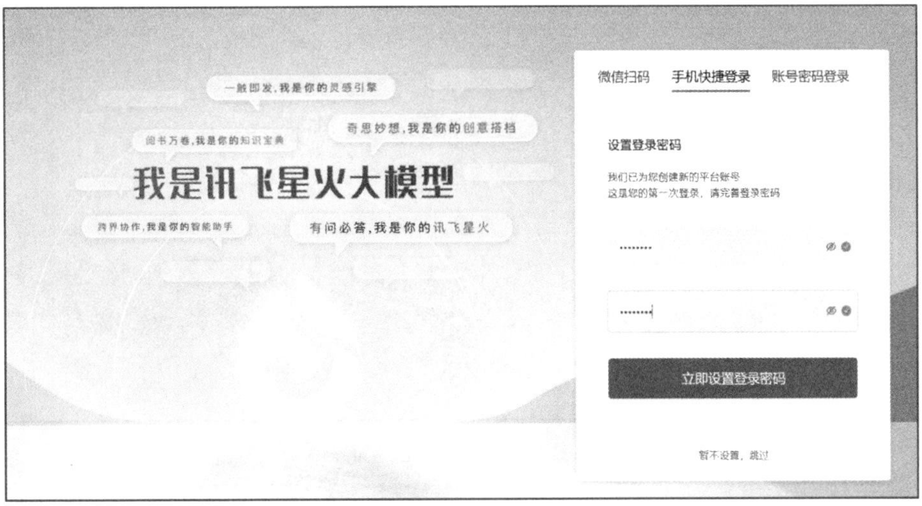

图 9.3　设置登录密码界面

图 9.4　登录后界面

2. 创建应用[①]

进入控制台后，需要先创建一个应用。应用名称输入“学习助手”，应用分类选择“应用—教育学习—学习”，应用功能描述输入“辅助学习 AI”。输入完成后，单击“提交”按钮，如图 9.5 所示。

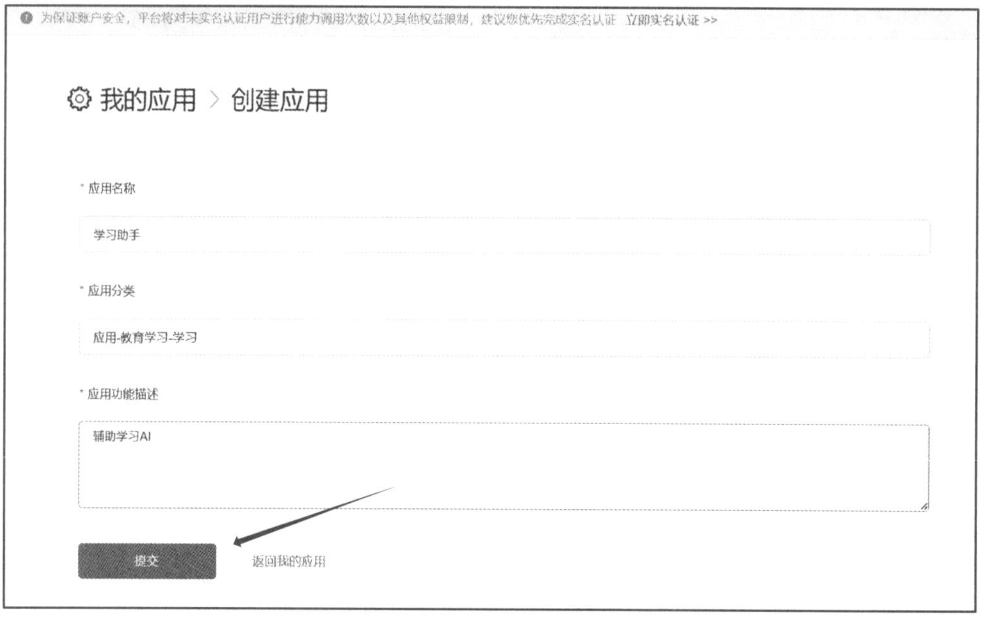

图 9.5　创建应用界面

① 注意：本课中关于讯飞的应用都使用这同一个应用。

成功创建应用后，显示的界面如图 9.6 所示。

图 9.6　成功创建应用后的显示界面

3. 自然语音处理－文本纠错服务应用

（1）单击左侧菜单栏中的自然语音处理－文本纠错菜单。显示右侧的相关信息，如图 9.7 所示。开放平台默认提供免费的 500 个字的用量。服务接口认证信息中的“APPID”“APPSecret”“APPKey”是后面程序要用的三个重要字段。单击右侧的红色箭头指向的文档链接，跳转到接口文档说明界面。

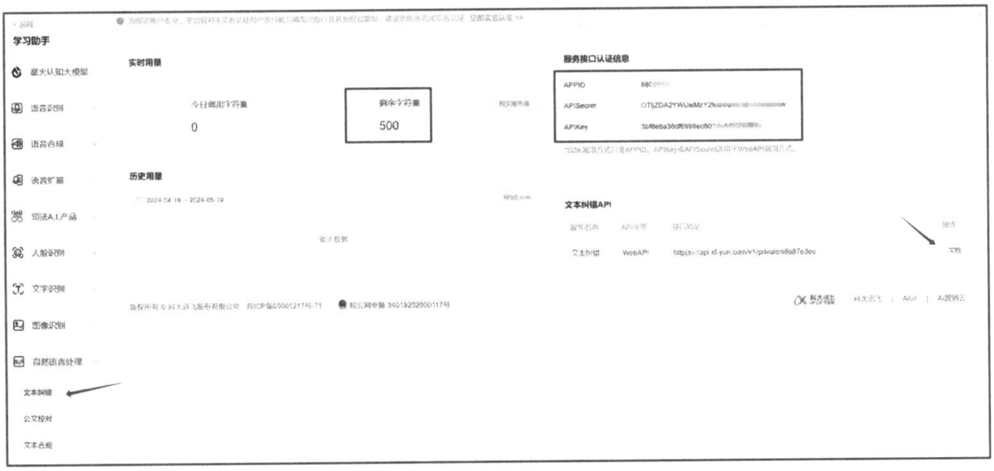

图 9.7　自然语音处理－文本纠错菜单

（2）下载 Python3 语言中的 Demo。单击箭头所指的链接，会自动下载 text_correction_python_demo.zip 文件，如图 9.8 所示。

（3）解压文件。在计算机硬盘如 E 盘上创建存放数据和程序的目录，如“xunfei”。把下载的 text_correction_python_demo.zip 文件复制到目录中。在文件上右击鼠标，把 demo 文件解压到 text_correction_python_demo 目录中，如图 9.9 所示。

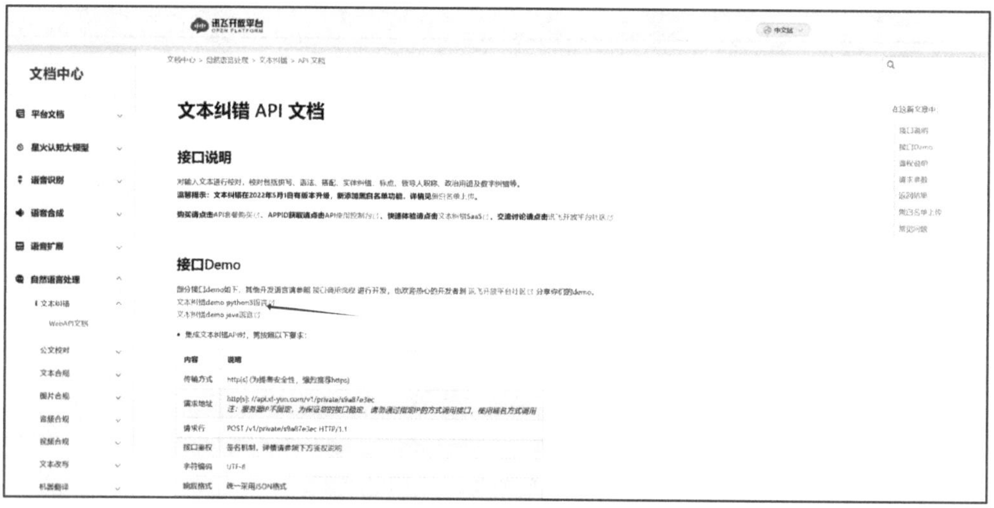

图 9.8 下载 Demo 文件

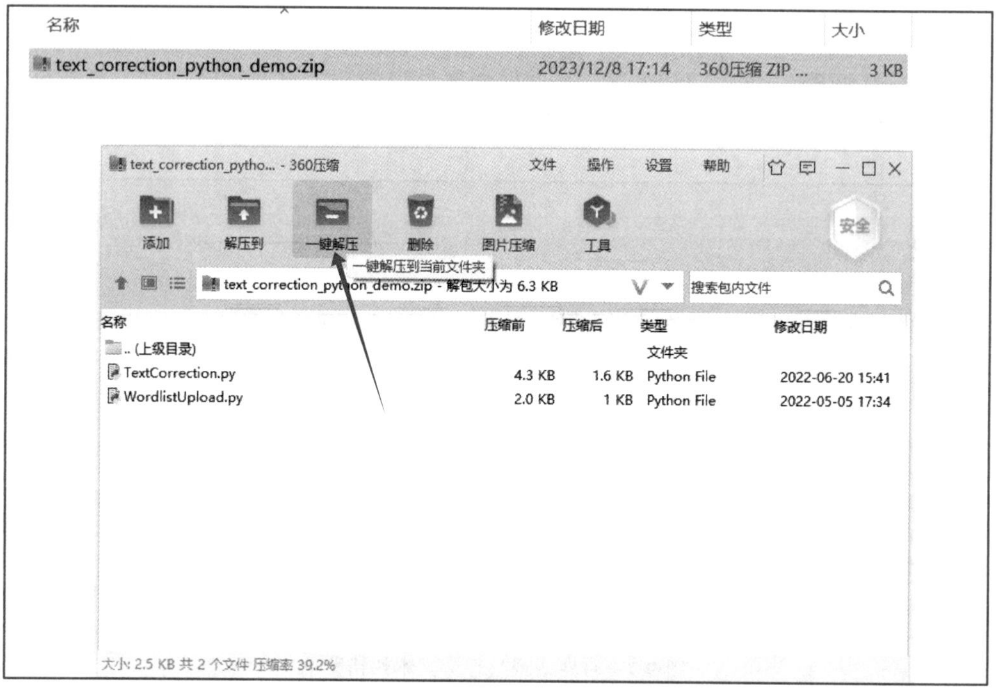

图 9.9 解压缩 demo 文件

（4）打开 demo 文件，输入接口认证信息。在 TextCorrection.py 上右击鼠标，在弹出的快捷菜单中选择打开方式，使用 Notepad++（或其他文本编辑器）打开，如图 9.10 所示。

（5）把光标移动到程序的最后段落。从开放平台复制与认证相关的三个字段用于覆盖图 9.11 中的相应字段。

图 9.12 所示第二个红框中的内容为要纠错的内容。

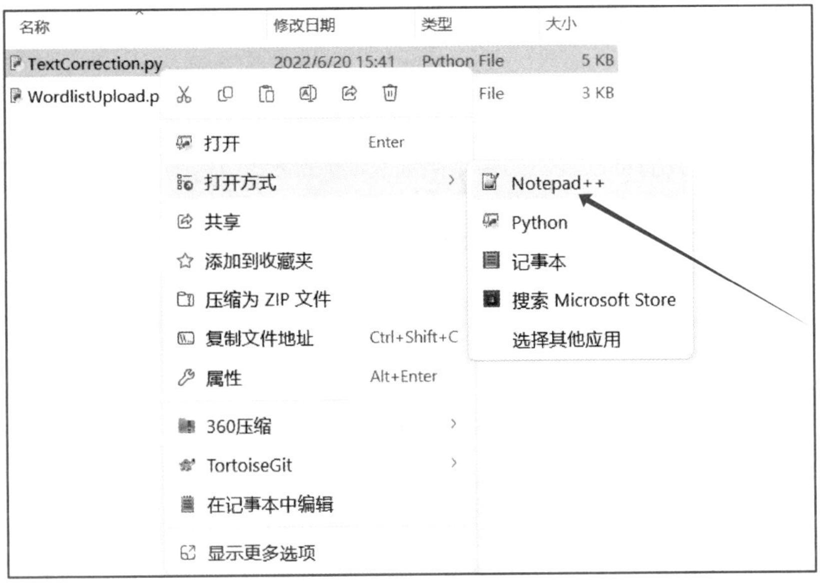

图 9.10　打开 TextCorrection.py 文件

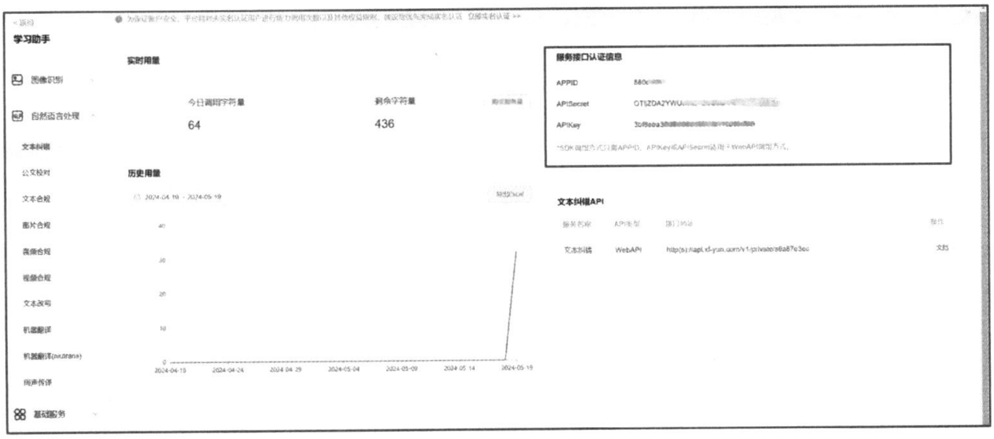

图 9.11　个人认证字段

```
if __name__ == '__main__':
    #控制台获取
    APPId = "xxxxx"
    APISecret = "xxxxx"
    APIKey = "xxxxx"

    #需纠错文本
    Text="衣据，鱿鱼圈，战士，画蛇天足，足不初户，狐假唬威，威风凛领，轮到"

    demo = WebsocketDemo(APPId,APISecret,APIKey,Text)
    result = demo.get_result()
```

图 9.12　编辑纠错文本

（6）运行程序。

在空白处右击鼠标，在弹出的快捷菜单中，选择“在终端中打开”命令，如图 9.13 所示。

输入 python.\TextCorrection.py 后按 Enter 键，运行程序，程序运行结果如图 9.14 所示。

通过运行结果我们可以看出纠错结果如表 9.1 所示。

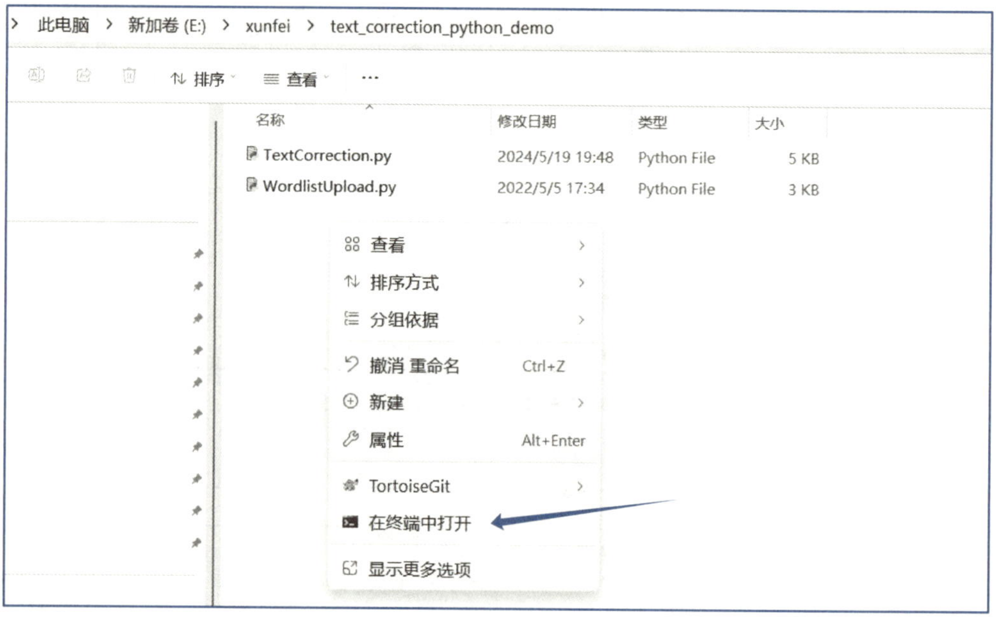

图 9.13　在终端中打开

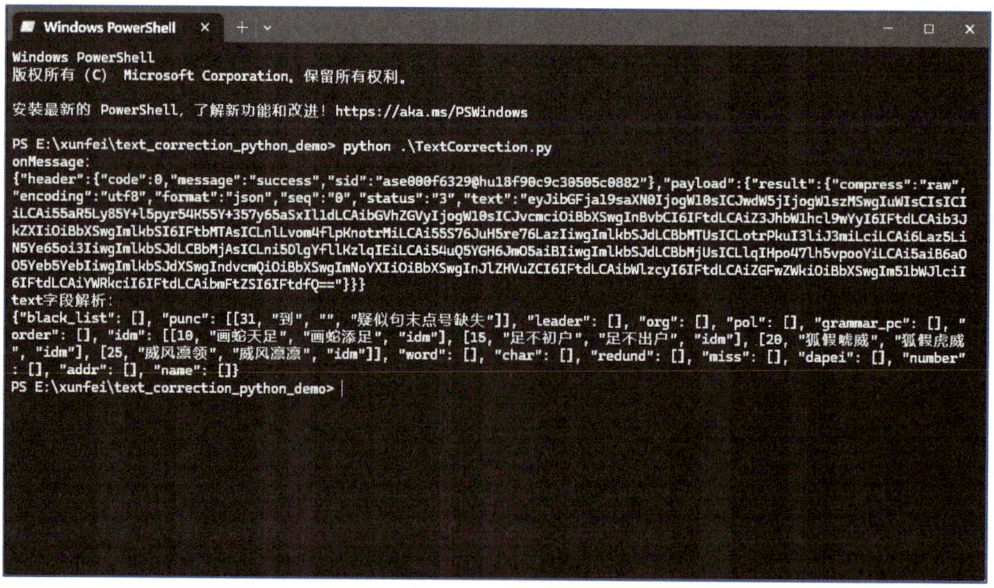

图 9.14　程序运行结果

表 9.1　纠 错 结 果

原始文本	纠错后文本
画蛇天足	画蛇添足
足不初户	足不出户
狐假唬威	狐假虎威
威风凛领	威风凛凛

实验五　文字识别——增值税发票识别

实验目的

使用讯飞开放平台的文字识别功能，识别提取如图 9.15 所示增值税发票上的文字。

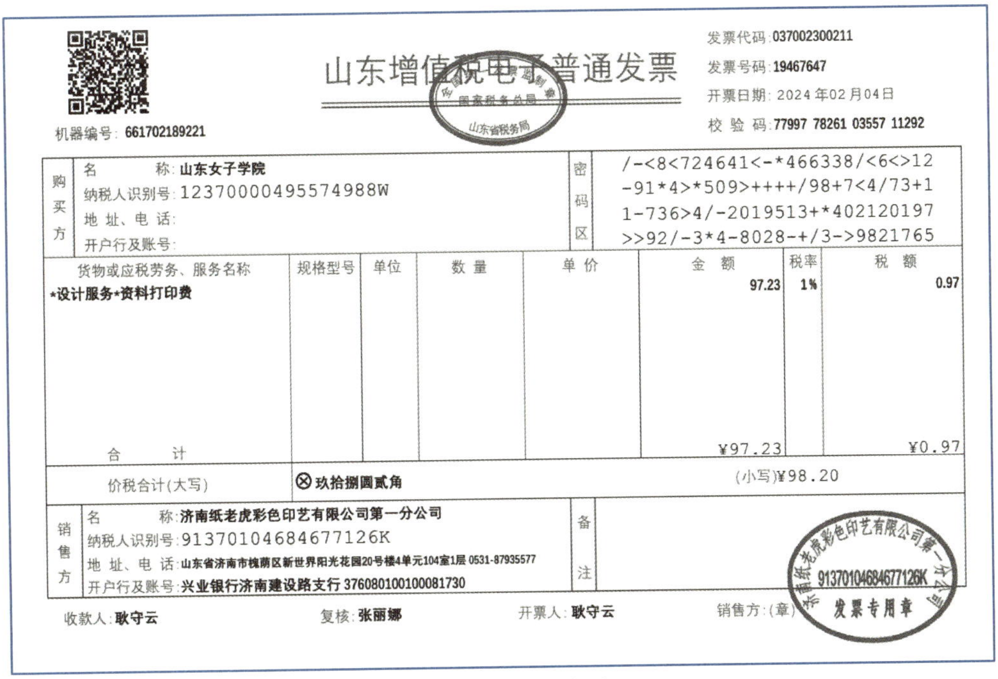
山东增值税电子普通发票
发票代码:037002300211
发票号码:19467647
开票日期:2024 年02 月04日
校 验 码:77997 78261 03557 11292
机器编号:661702189221
购买方　名　称:山东女子学院
纳税人识别号:12370000495574988W
地 址、电 话:
开户行及账号:
密码区
/-<8<724641<-*466338/<6<>12
-91*4>*509>++++/98+7<4/73+1
1-736>4/-2019513+*402120197
>>92/-3*4-8028-+/3->9821765

货物或应税劳务、服务名称	规格型号	单位	数 量	单 价	金 额	税率	税 额
*设计服务*资料打印费					97.23	1%	0.97
合　　计					¥97.23		¥0.97

价税合计(大写)　⊗玖拾捌圆贰角　(小写)¥98.20
销售方　名　称:济南纸老虎彩色印艺有限公司第一分公司
纳税人识别号:91370104684677126K
地 址、电 话:山东省济南市槐荫区新世界阳光花园20号楼4单元104室1层 0531-87935577
开户行及账号:兴业银行济南建设路支行 376080100100081730
备注
收款人:耿守云　复核:张丽娜　开票人:耿守云　销售方:(章)

图 9.15　增值税发票

实验内容

发票识别是指使用技术手段对发票上的信息进行自动提取和验证的过程。发票识别技术的应用范围广泛，可以用于财税报销、企业票据报销、金融票据处理等多个场景。通过这种技术，企业和个人可以提高发票处理的效率和准确性，减少人工输入的错误，同时也有助于加强财务管理和合规性控制。

发票识别技术通常包括以下几个关键功能：

① 结构化识别：能够识别发票上的所有关键字段，如发票号码、开票日期、金额等，并将这些信息转换为结构化数据，便于后续的处理和分析。

② 多类型支持：支持多种类型的发票识别，包括增值税普通发票、专用发票、卷票、区块链发票、全电子发票等。

③ 智能识别服务：提供智能识别服务，能够识别包括增值税发票、通用机打发票、火车票、机票行程单、出租车票等在内的八大类发票。

④ 真伪识别：具备发票真伪识别的功能，可以帮助用户验证发票的合法性，防止财务风险。

⑤ 多种服务形式：提供云端服务和私有化部署两种使用方式，以适应不同客户的需求。

⑥ 兼容性：支持将图片上的文字内容智能识别为结构化文本，兼容图片及 PDF、OFD 文档上的有效信息识别。

实验步骤

本实验仍然使用实验四中的科大讯飞应用，首先进入应用。

（1）打开文字识别——增值税发票识别页面。

单击左侧文字识别——增值税发票识别菜单，进入功能页面，如图 9.16 所示。系统默认提供 500 次测试服务。

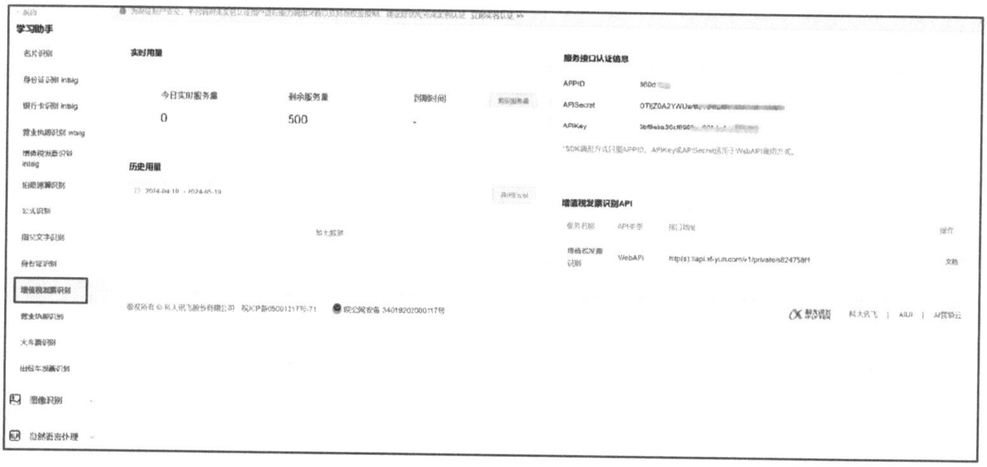

图 9.16　增值税发票识别菜单

（2）进入接口文档页面。

单击右侧的文档链接，进入接口说明页面，如图 9.17 所示。

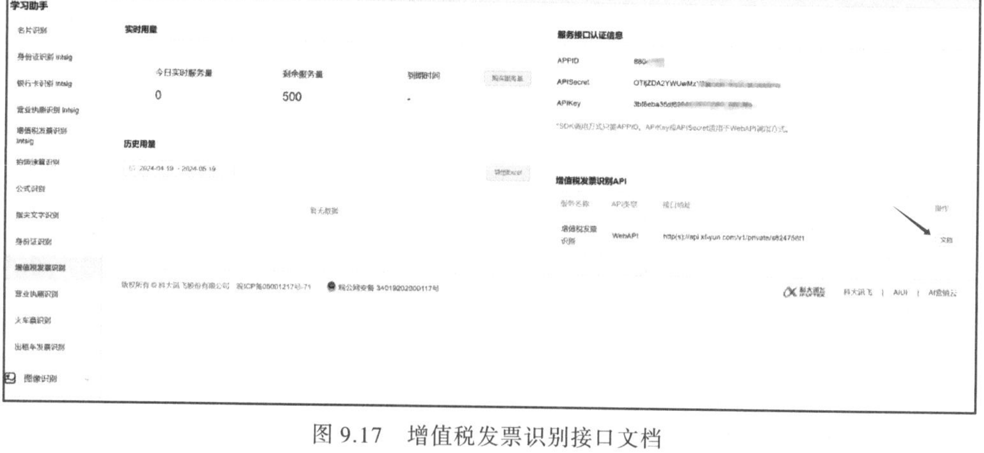

图 9.17　增值税发票识别接口文档

（3）下载 demo 文件。

首先，在接口文档页面，单击红色箭头链接，如图 9.18 所示。

图 9.18　下载 demo 文件 1

然后，页面自动跳转到接口实例段落。单击下载 Python 语言的 demo 文件 vat_invoice_python_demo.zip，如图 9.19 所示。

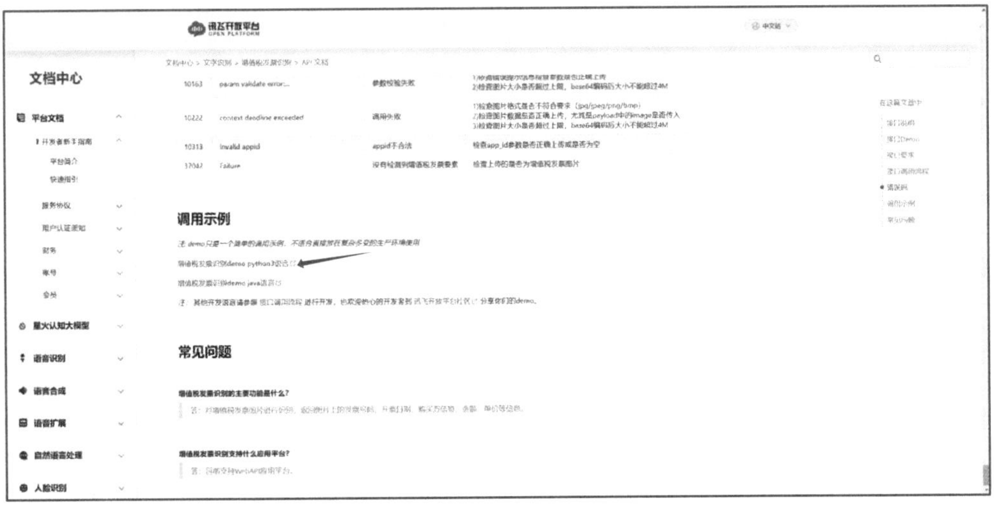

图 9.19　下载 demo 文件 2

（4）解压 demo 文件。

把 vat_invoice_python_demo.zip 复制到 e：\xunfei 文件夹中。单击“一键解压”按钮，解压文件，如图 9.20 所示。

（5）打开文件，输入接口认证信息。

在 WebVATInvoice.py 上右击鼠标，在弹出的快捷菜单中选择打开方式，本实验使用 Notepad++（或其他文本编辑器），如图 9.21 所示。

把光标移动到如下位置，使用控制台的内容替换 demo 中的三个字段：

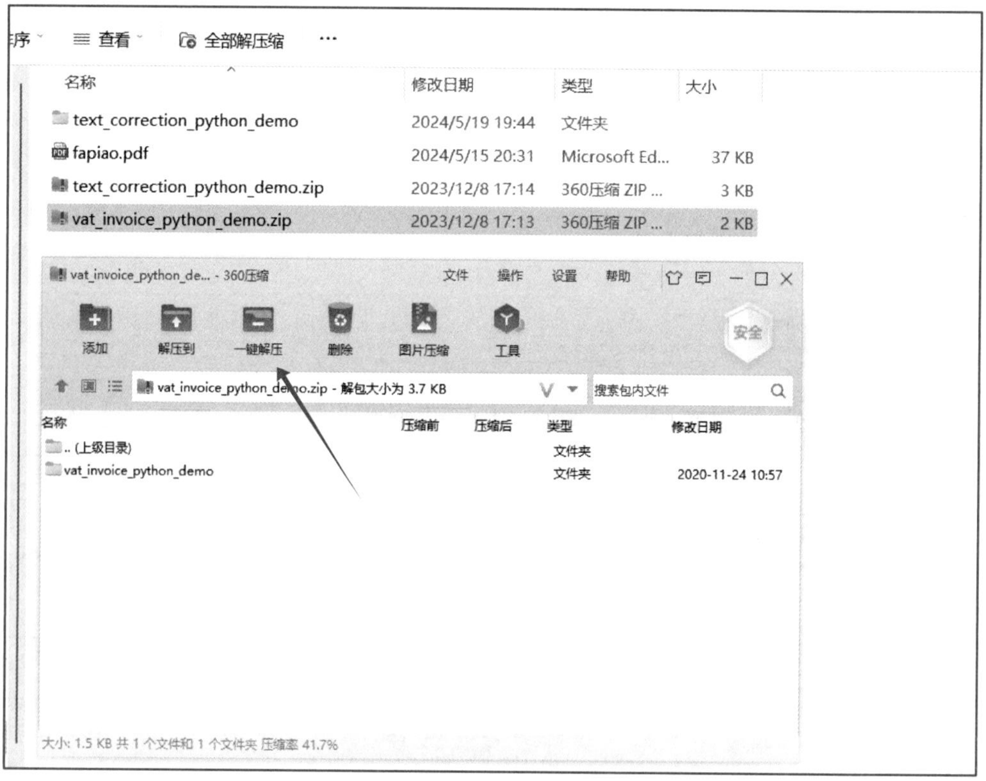

图 9.20　解压 demo 文件

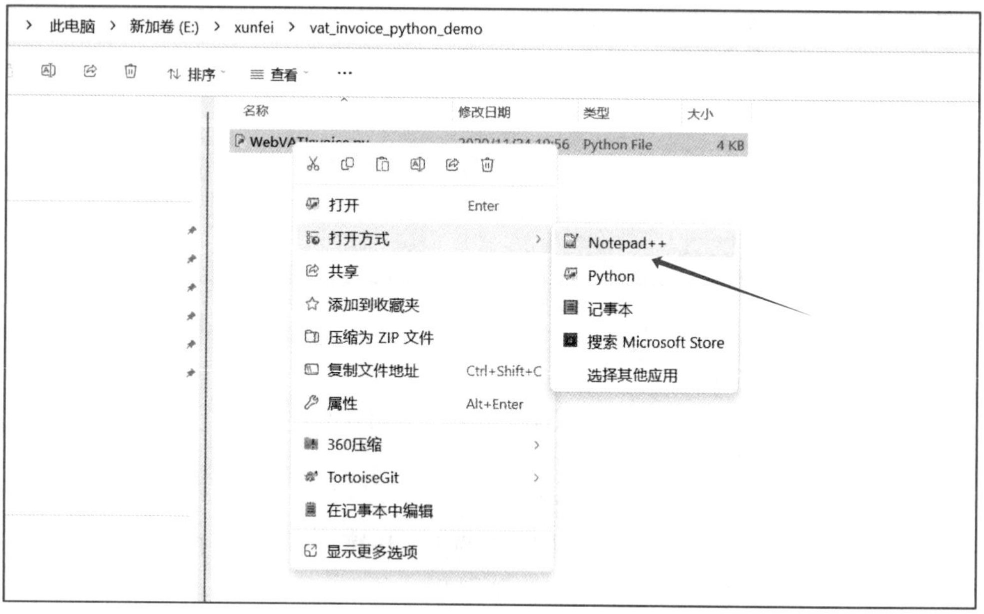

图 9.21　打开 WebVATInvoice.py 文件

```
# 控制台获取以下信息
APPId = "xxxxxxxx"
APISecret = "xxxxxxxxxxxxxxxxxxxxxxxxxxxxxxxx"
APIKey = "xxxxxxxxxxxxxxxxxxxxxxxxxxxxxxxx"
```

找到如下代码行，把“./xxxxxxxx.jpg”，替换为自己准备的发票文件名：

```
with open("./xxxxxxxx.jpg","rb") as f:
```

在本实例中，发票文件名为 fapiao.jpg，存放在 e：\xunfei 目录中，所以需要将上述代码改为：

```
with open("e:/xunfei/fapiao.jpg","rb") as f:
```

注意：本 demo 程序只支持 jpg 格式的发票识别。

（6）运行程序。

在程序所在目录的空白处，右击鼠标，在弹出的快捷菜单中选择程序打开方式，本实验选择在终端中打开，如图 9.22 所示。

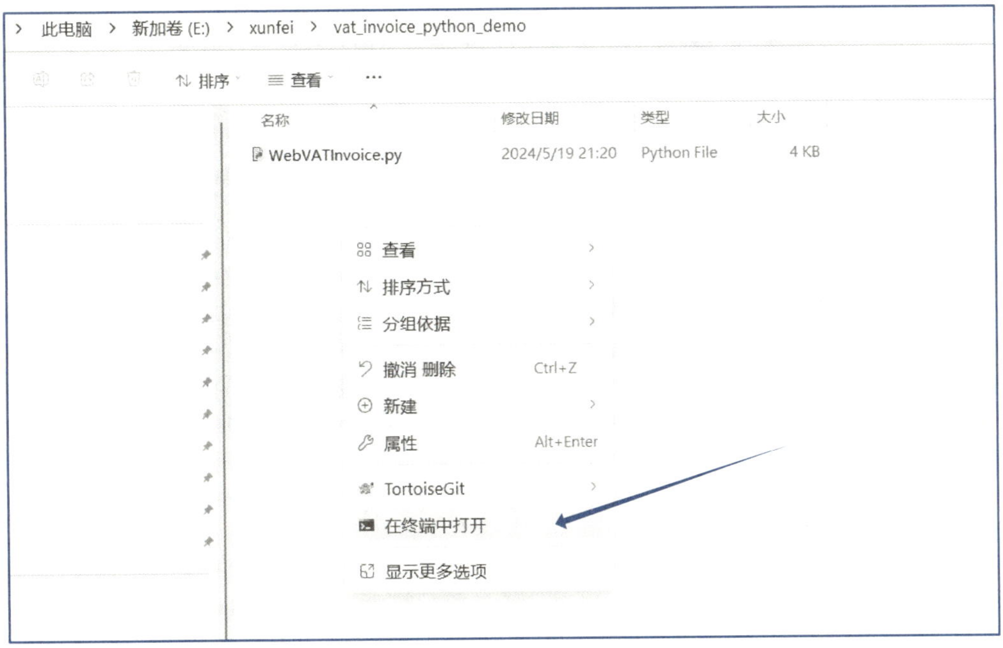

图 9.22　在终端中打开程序

输入命令：python.\WebVATInvoice.py 运行程序，如图 9.23 所示。

图 9.23　运行程序

由于 demo 程序把发票原始图片信息打印了出来，篇幅比较多，图 9.24 只截取了部分重要的运行结果。

图 9.24　部分运行结果

实验六　图像识别——场所识别

实验目的

使用讯飞提供的图像识别接口，识别如图 9.25 所示的图片内容以及该图片的场所类型。

图 9.25　待识别图片

实验内容

图像识别——场所识别是通过对图像内容的理解，识别出图像中的具体场所或场景。场所识别作为图像识别技术的一种应用，具有广泛的应用前景和实用价值。在安全监控领域，公共场所如机场、火车站等交通枢纽可以利用场所识别技术进行人员活动监控和资源分配。例如，通过识别特定区域是否出现大量人流聚集，可以及时做出反应，确保安全和流畅的人流管理。

实验步骤

本实验仍然使用实验四中的科大讯飞应用，首先进入应用。

（1）打开图像识别——场所识别页面。

单击左侧图像识别——场所识别菜单，进入功能页面。平台默认提供 500 次服务，如图 9.26 所示。

（2）进入接口文档页面。

单击右侧的文档链接，进入接口说明页面，如图 9.27 所示。

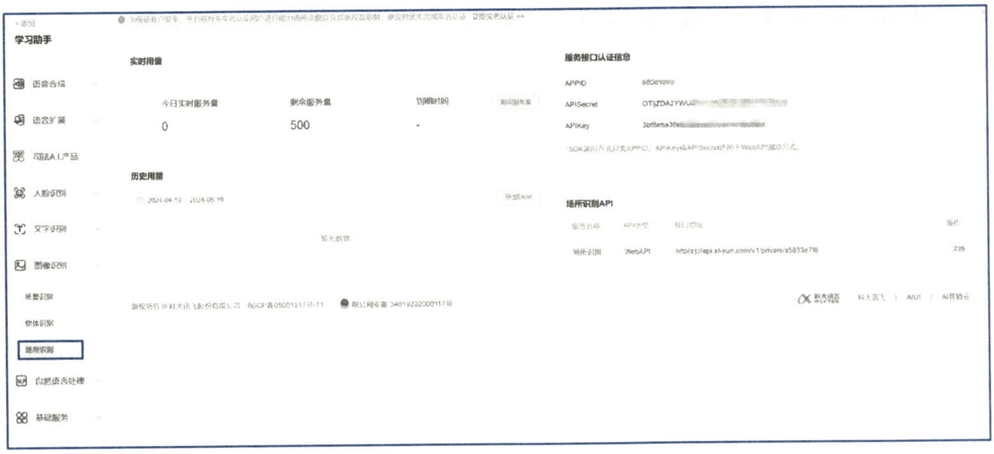

图 9.26　图像识别——场所识别菜单

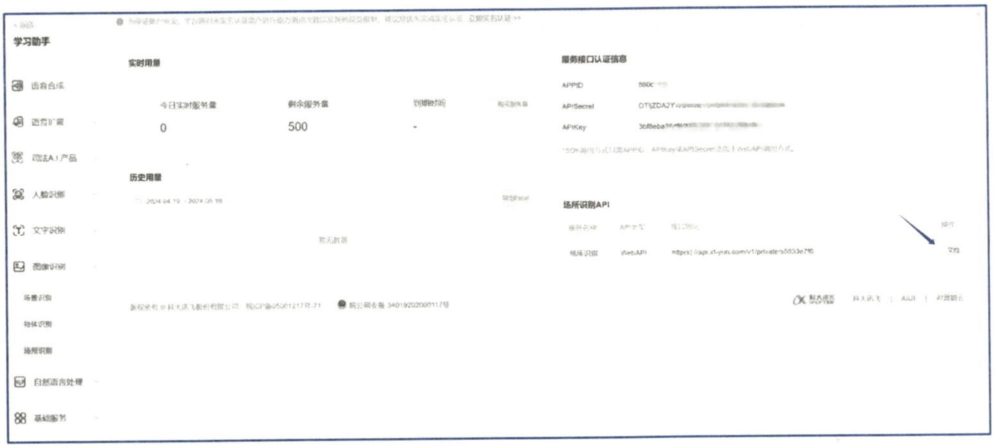

图 9.27　场所识别文档链接界面

（3）下载 demo 文件。

首先，在接口文档页面，单击红色箭头链接，如图 9.28 所示。

图 9.28　下载 demo 文件 1

然后，页面自动跳转到接口实例段落。单击下载Python语言的demo文件place_python_demo.zip，如图9.29所示。

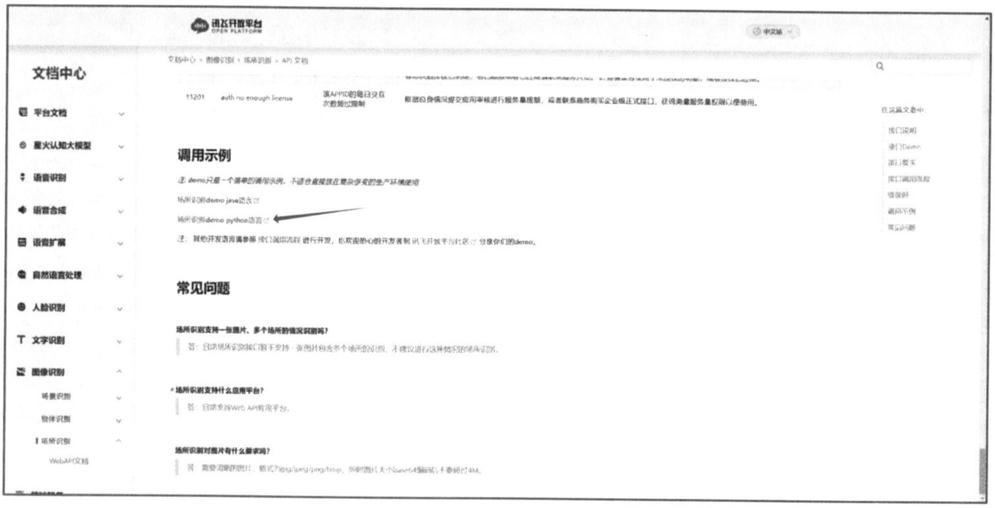

图9.29 下载demo文件2

（4）解压文件。

把place_python_demo.zip复制到e:\xunfei文件夹中。单击“一键解压”按钮，解压文件，如图9.30所示。

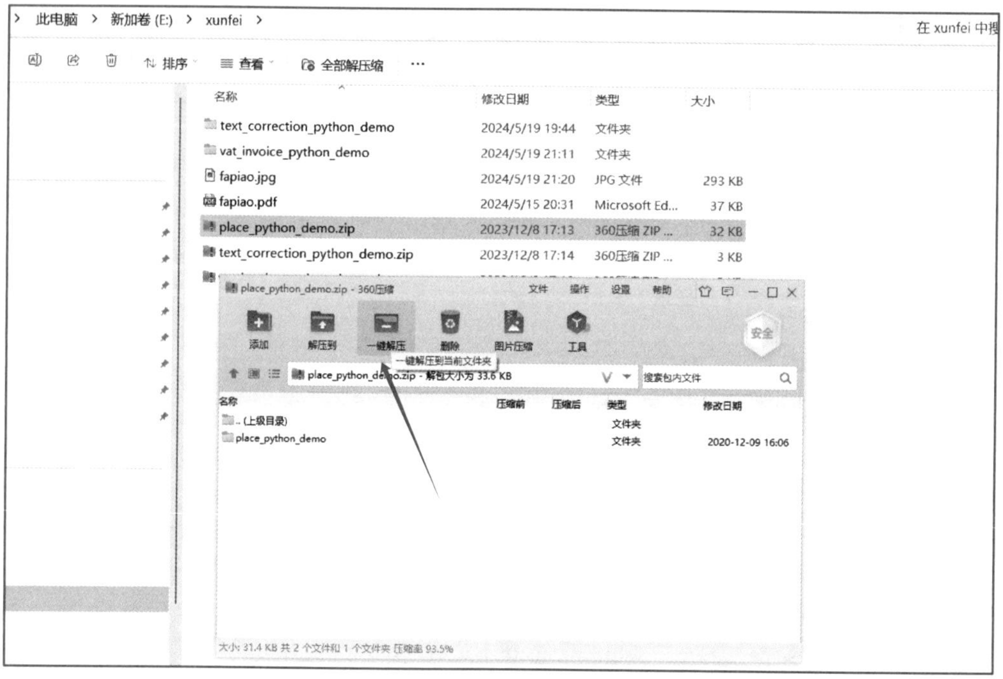

图9.30 解压demo文件

（5）打开文件，输入接口认证信息。

在 place_python_demo.py 上右击鼠标右键，在弹出的快捷菜中选择打开方式，本实验使用 Notepad++（或其他文本编辑器）如图 9.31 所示。

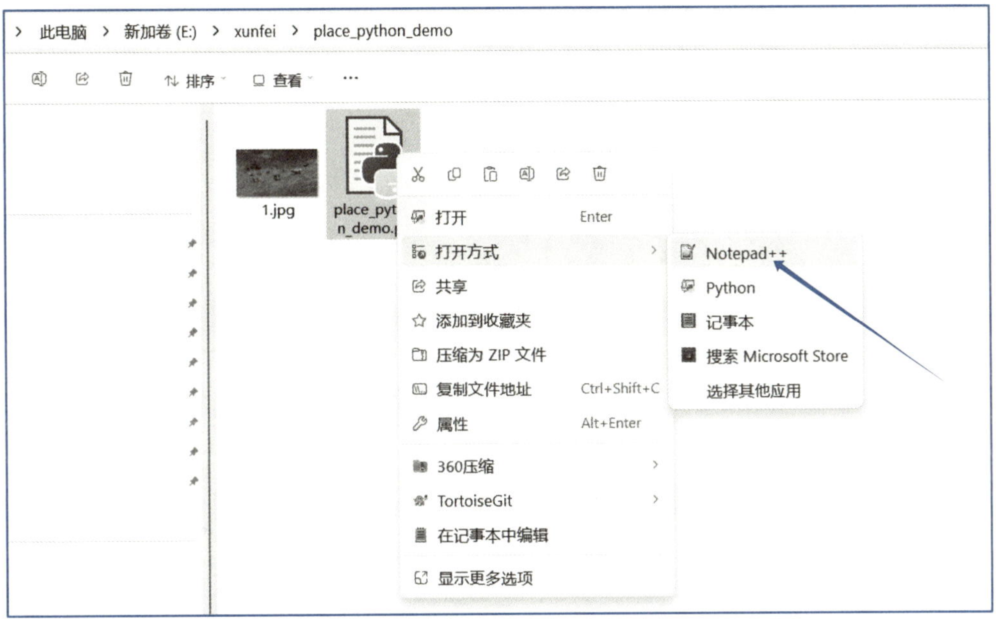

图 9.31　打开 place_python_demo.py 文件

把光标移动到如下位置，使用控制台“服务接口认证信息”的内容，替换 demo 中的三个字段的内容：

```
# 请到控制台获取以下信息，并填写
APPId = ""
APISecret = ""
APIKey = ""
```

（6）运行程序。

在程序所在目录的空白处，右击鼠标，在弹出的快捷菜单中选择程序打开方式，本实验选择在终端中打开，如图 9.32 所示。

输入命令：python.\place_python_demo.py 运行程序，如图 9.33 所示。

对照接口文档中的场所类型表，识别出来的是牧场，如图 9.34 所示。

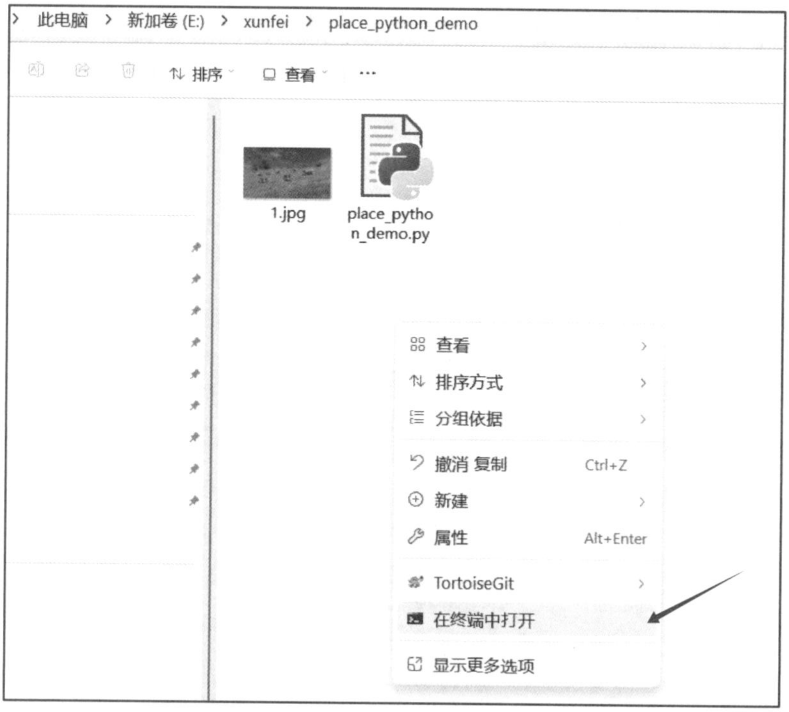

图 9.32　在终端中打开程序

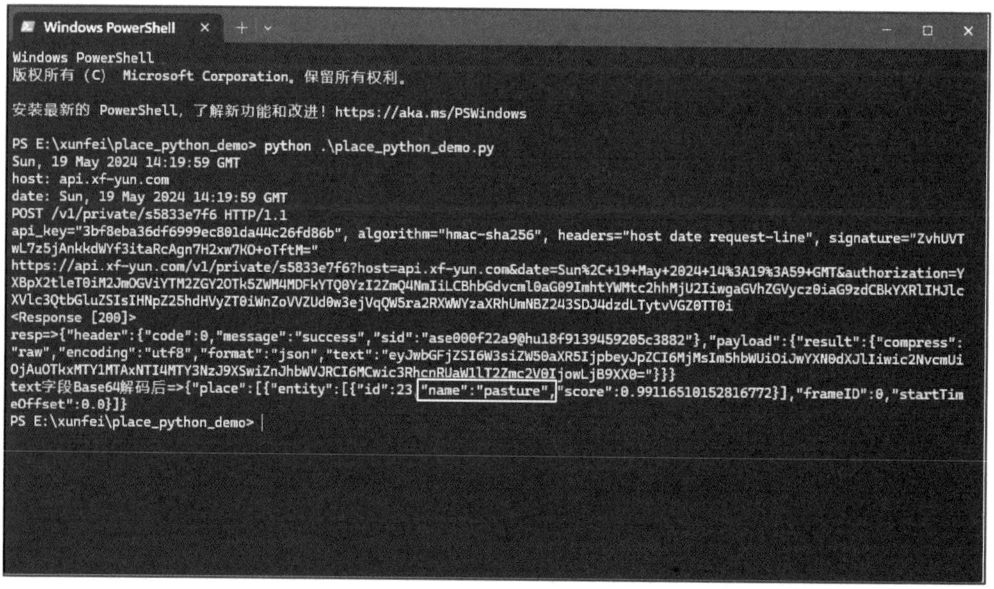

图 9.33　运行程序

讯飞开放平台 OPEN PLATFORM

文档中心 > 图像识别 > 场所识别 > API 文档

文档中心

平台文档

星火认知大模型

语音识别

语音合成

语音扩展

自然语言处理

人脸识别

文字识别

图像识别

场景识别

物体识别

场所识别

WebAPI文档

place[n].startTimeOffset	float	开始时间偏移量	预留字段，无需特别关注
place[n].entity	array	top-n分类结果	图像的top-n分类结果，按置信度由高到低排序
place[n].entity[n].score	float	置信度	当前分类结果的置信度（范围：0-1），0代表置信度最低，1代表置信度最高
place[n].entity[n].name	string	类别名	当前分类结果的类别名，详见下方场所分类列表。
place[n].entity[n].id	int	类别号	当前分类结果的类别号，详见下方场所分类列表。

场所分类列表：

id	类别名name	id	类别名name	id	类别名name	id	类别名name
0	航站楼 airport_terminal	21	田地/农场 farm/farm_field	42	售票处 ticket_booth	63	树林 forest
1	停机坪 landing_field	22	果园菜园 orchard/vegetable	43	露营地 campsite	64	桥 bridge
2	机舱 airplane_cabin	23	牧场 pasture	44	音乐工作室 music_studio	65	住宅 residential_neighborhood
3	游乐场 amusement_park	24	乡村 countryside	45	电梯/楼梯 elevator/staircase	66	汽车展厅 auto_showroom
4	冰场 skating_rink	25	温室 greenhouse	46	公园/花园 garden	67	河流湖泊 lake/river
5	舞台 arena/performance	26	电视台 television_studio	47	建筑工地 construction_site	68	水族馆 aquarium
6	艺术室 art_room	27	亚洲寺庙 templeeast_asia	48	综合超市 general_store	69	沟渠 aqueduct
7	流水线 assembly_line	28	亭子 pavilion	49	商店 specialized_shops	70	宴会厅 banquet_hall
8	棒球场 baseball_field	29	塔 tower	50	集市 bazaar	71	卧室 bedchamber
9	橄榄球场 football_field	30	宫殿 palace	51	图书馆/书店 library/bookstore	72	山 mountain
10	足球场 soccer_field	31	西式教堂 church	52	教室 classroom	73	站台 station/platform
11	排球场 volleyball_court	32	街道 street	53	海洋/沙滩 ocean/beach	74	草地 lawn
12	高尔夫球场 golf_course	33	餐厅食堂 dining_room	54	消防 firefighting	75	育儿室/幼儿园 nursery

图 9.34　类别对应

实验七　人脸识别——静默活体检测

实验目标

基于讯飞自研的活体检测算法，可有效防止打印照、屏幕二次翻拍等作弊场景，并基于图片中人像破绽及成像畸形，有效识别目标是否为活体，并给出置信度参考。

实验内容

人脸识别：识别图片中是否包含人脸。

人脸活体检测：分为动态活体检测和静默活体检测。动态活体检测是通过让目标做张嘴、转头等动作，判断是否是真人。静默活体检测不需要被识别目标做动作，是通过算法判断成像是否有畸形。

图 9.35（a）所示是原始图片，图 9.35（b）所示是通过计算机屏幕翻拍的图片。

实验步骤

本实验仍然使用实验四中的科大讯飞应用，首先进入应用。

（1）打开人脸识别——静默活体检测页面。

单击左侧人脸识别——活体检测菜单，进入功能页面。平台默认提供 500 次服务。如图 9.36 所示。

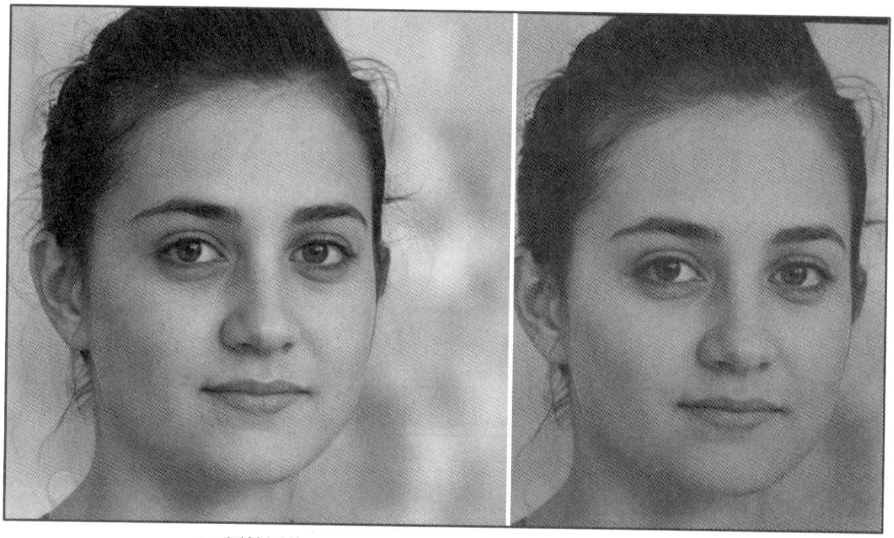

(a) 原始图片　　(b) 翻拍图片

图 9.35　图片示例

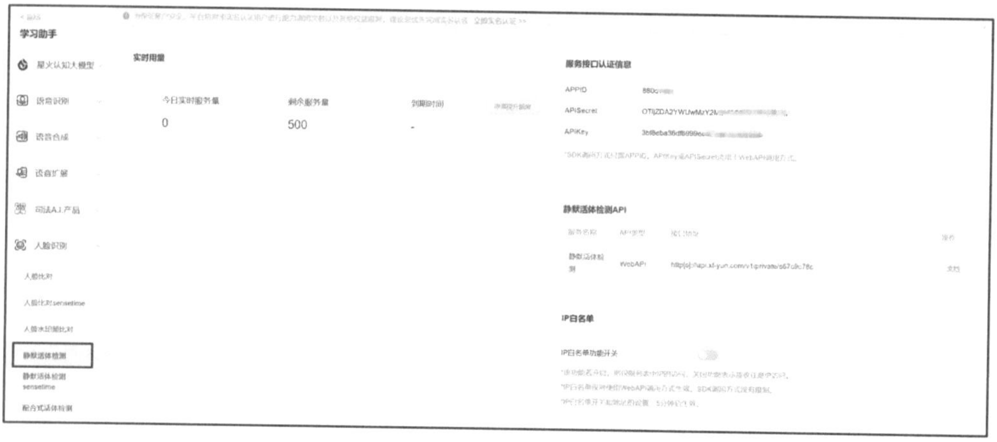

图 9.36　人脸识别——静默活体检测页面

（2）进入接口文档页面。

单击右侧的文档链接，进入接口说明页面，如图 9.37 所示。

（3）下载 demo 文件。

首先，在接口文档页面单击红色箭头链接，下载 anti_spoof_python3_demo.zip 文件，如图 9.38 所示。

（4）解压文件。

把 anti_spoof_python3_demo.zip 复制到 e:\xunfei 文件夹。在文件上右击鼠标，在弹出的快捷菜单中选择解压到当前文件夹，如图 9.39 所示。

（5）打开文件，输入接口认证信息。

在 anti_spoof_python3_demo.py 上右击鼠标，在弹出的快捷菜单中选择打开方式，本实验使用 Notepad++（或其他文本编辑器），如图 9.40 所示。

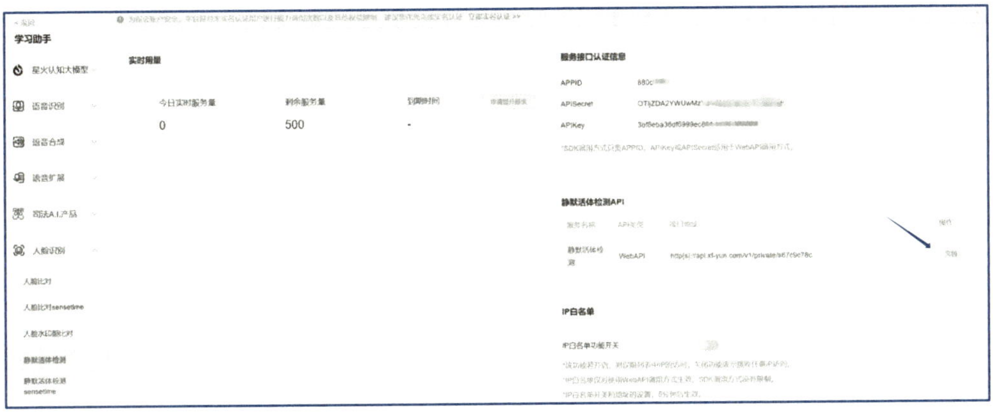

图 9.37　人脸识别——静默活体检测文档链接

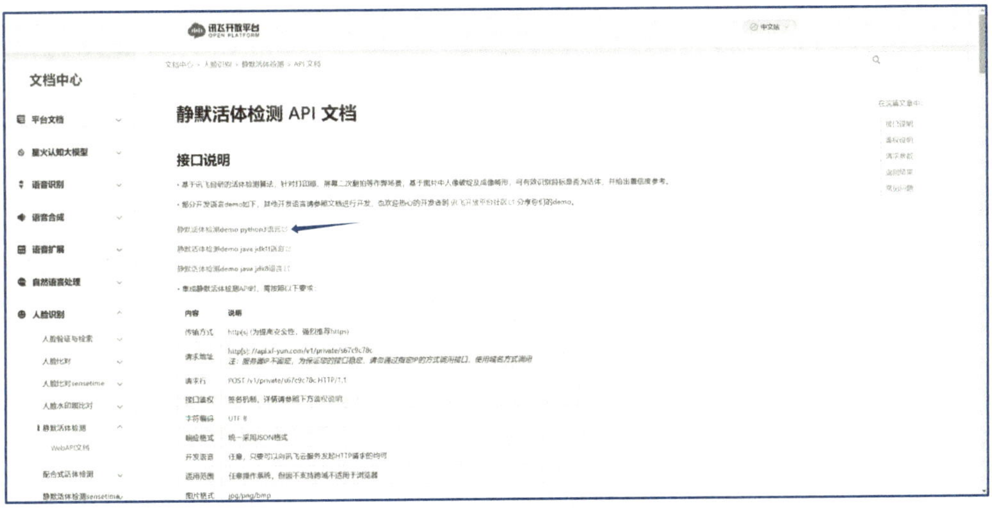

图 9.38　下载 demo 文件

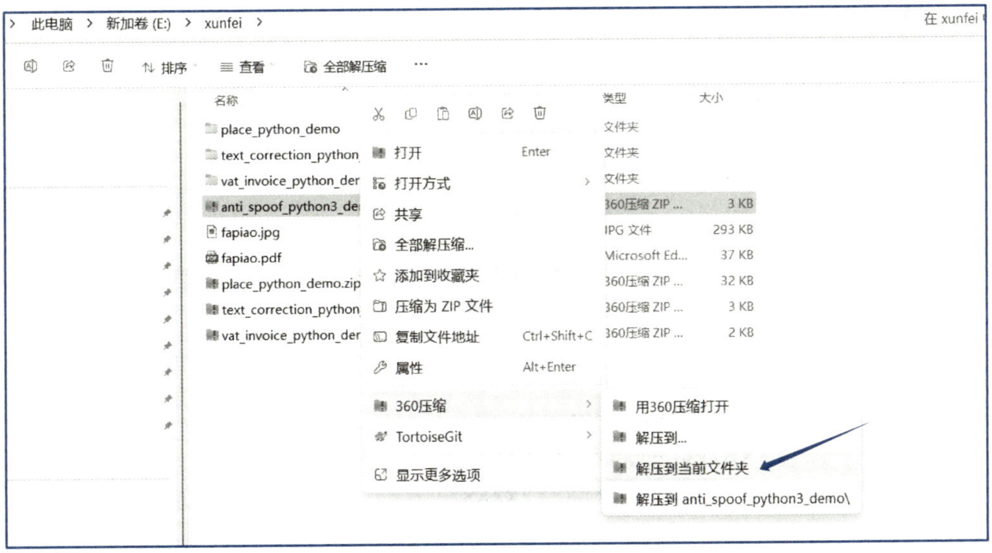

图 9.39　解压 demo 文件

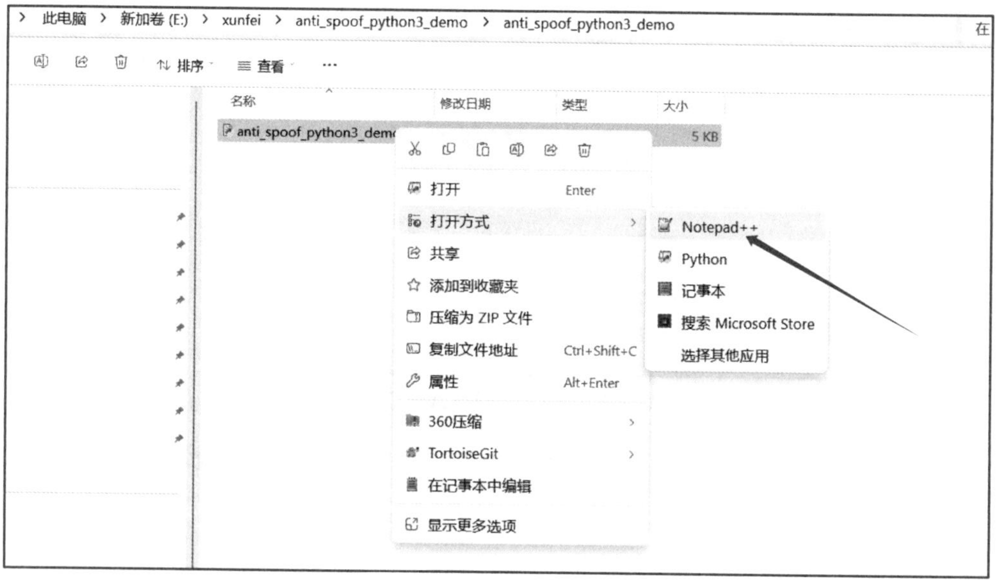

图 9.40 打开 anti_spoof_python3_demo.py 文件

（6）修改文件参数。

把光标移动到如下位置，使用控制台“服务接口认证信息”的内容替换 demo 中三个字段的内容：

```
# 请填写控制台获取的 APPID、APISecret、APIKey 以及要检测的图片路径
if__name__=='__main__':
    run(
        appid='XXXXXXXXXX',
        apisecret='XXXXXXXXXX',
        apikey='XXXXXXXXXX',
        img_path=r'XXXXXXXXXX',
    )
```

替换如下的被检测文件：

```
# 请填写控制台获取的 APPID、APISecret、APIKey 以及要检测的图片路径
if__name__=='__main'__':
    run(
        appid='XXXXXXXXXX',
        apisecret='XXXXXXXXXX',
        apikey='XXXXXXXXXX',
        img_path=r'XXXXXXXXXX',
    )
```

本次实验所用的人脸图片存放在 e:\xunfei 目录下，文件名为 renlian.jpg。则上述代码应修改为：

```
# 请填写控制台获取的 APPID、APISecret、APIKey 以及要检测的图片路径
if__name__=='__main__':
    run(
        appid='XXXXXXXXXX',
        apisecret='XXXXXXXXXX',
        apikey='XXXXXXXXXX',
        img_path=r'E:/xunfei/renlian.jpg',
    )
```

（7）运行程序。

在程序所在目录的空白处，右击鼠标，在弹出快捷菜单中选择打开方式，本实验选择在终端中打开，如图 9.41 所示。

图 9.41　在终端中打开程序

输入命令：python.\place_python_demo.py，运行结果如图 9.42 所示。返回 true，代表识别成功。

修改一下 demo 中的文件名，换成通过屏幕翻拍的图片。程序返回的是 false，说明检测没有通过。如图 9.43 所示。

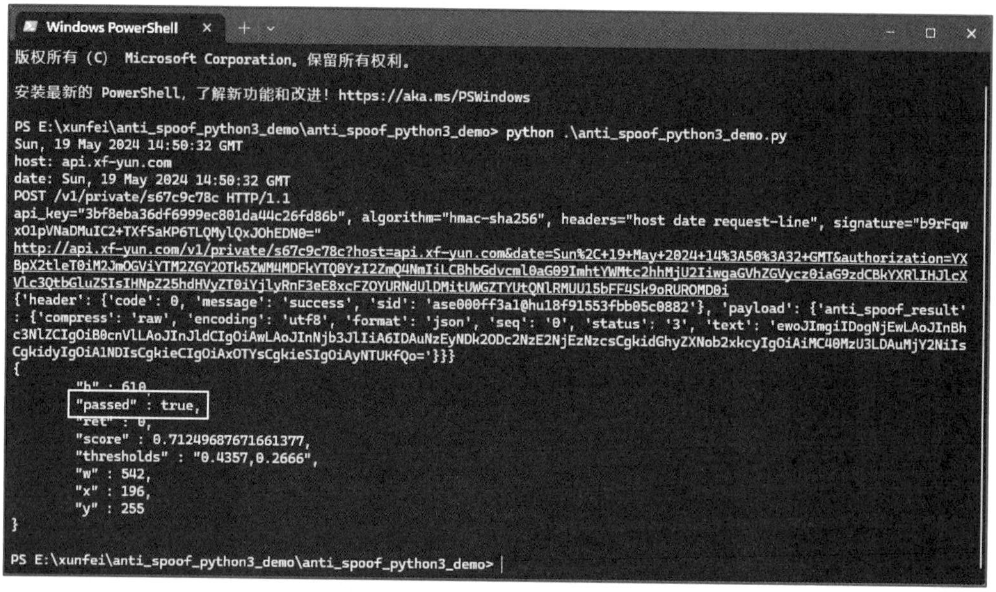

图 9.42　活体检测成功结果

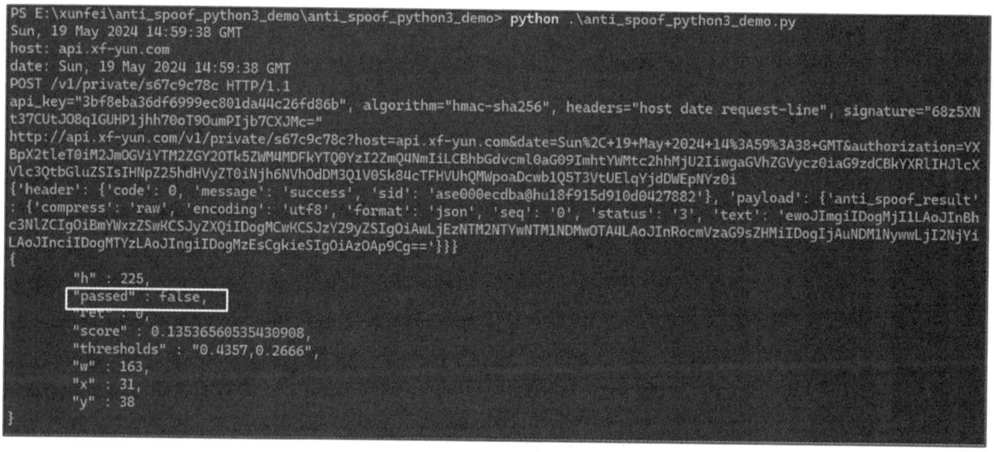

图 9.43　活体检测失败结果

实验八　使用语音识别技术实现语音听写

实验目的

使用讯飞语音听写流式接口把语音转换成文字，实现识别文本的效果。

实验内容

语音识别和语音书写是指将人类的语音信号转换为可处理的文本形式的技术过程。语音识别技术涉及声音的捕捉、编码、分析和转换，最终产生文字输出。

语音识别的处理过程较为复杂。系统需要通过麦克风捕捉到声音波，并将其编码为数字信号。这些数字信号经过预处理，已滤除噪声和不必要的频率成分。经过处理的信号送入语音识别引擎，该引擎通常基于深度学习算法，能够将声音信号与语言模型进行比对，最终将语音转换为文字。

实验步骤

本实验仍然使用实验四中的科大讯飞应用，首先进入应用。

（1）打开语音识别——语音听写（流式版）页面。平台默认提供 500 次服务。如图 9.44 所示。

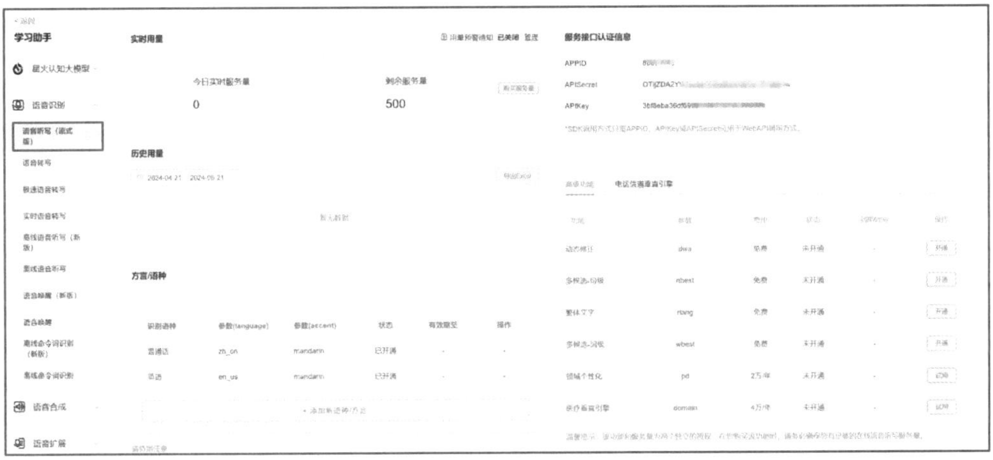

图 9.44　语音识别——语音听写（流式版）页面

（2）进入接口文档页面。

向下滑动鼠标，移动到页面最下方，单击右侧的文档链接，进入接口说明页面。如图 9.45 所示。

（3）下载 demo 文件。

首先，在接口文档页面，单击红色箭头链接，跳转到 demo 段落。如图 9.46 所示。

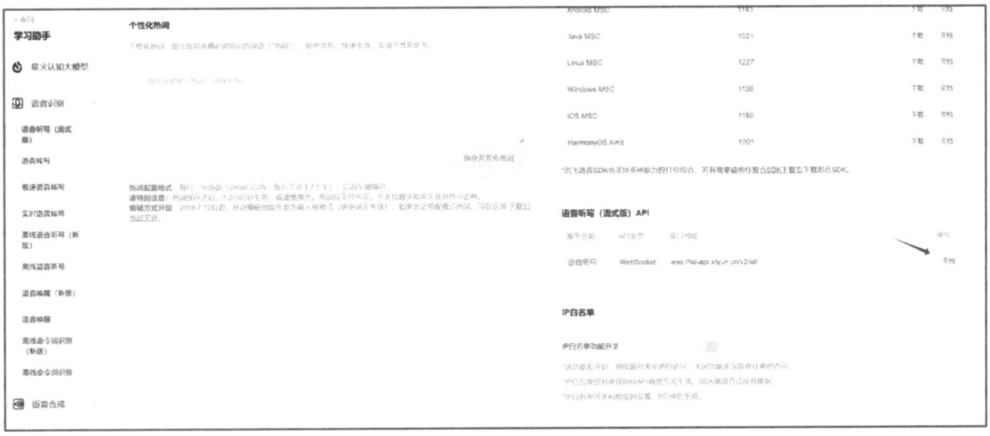

图 9.45　接口文档页面

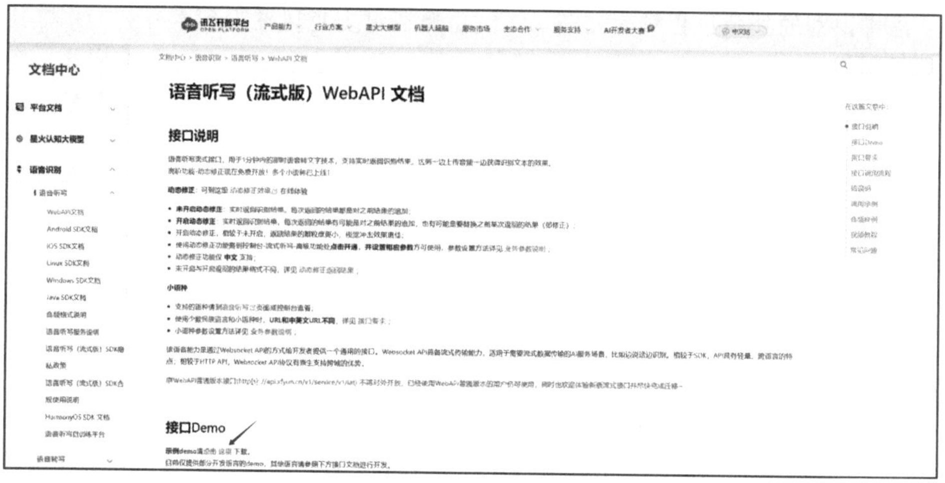

图 9.46　下载 demo 文件 1

然后，单击如图 9.47 所示红框中的链接，下载文件 iat_ws_python3_demo.zip。单击如图 9.48 所示红框中的链接，下载音频文件 iat_pcm_8k.pcm。

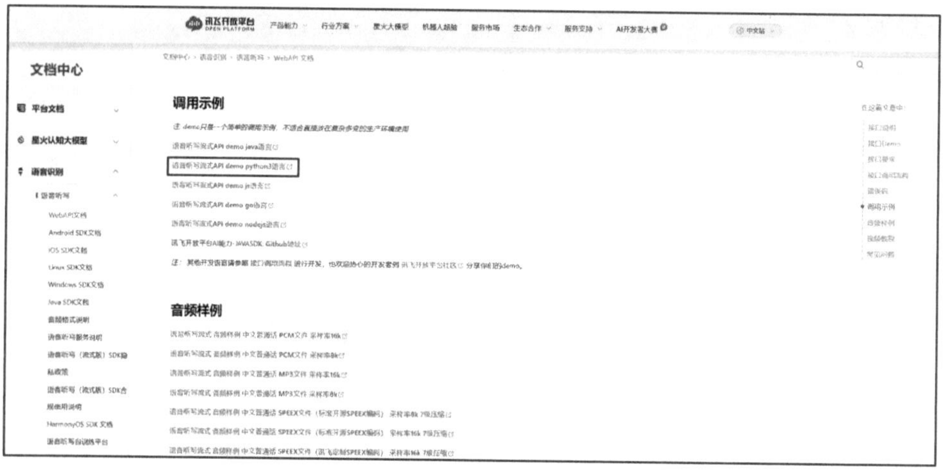

图 9.47　下载 demo 文件 2

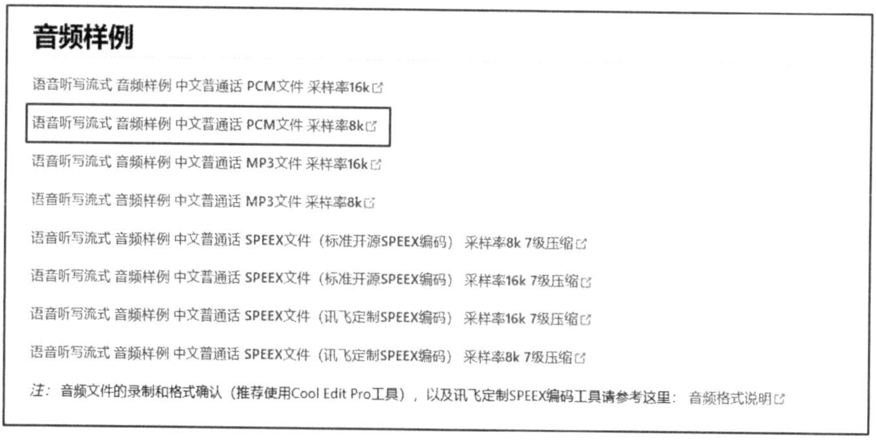

图 9.48　下载 demo 文件 3

（4）解压文件。

把 iat_ws_python3_demo.zip 复制到 e:\xunfei 文件夹中。在文件上右击鼠标，在弹出的快捷菜单中选择“解压到当前文件夹”选项，如图 9.49 所示。

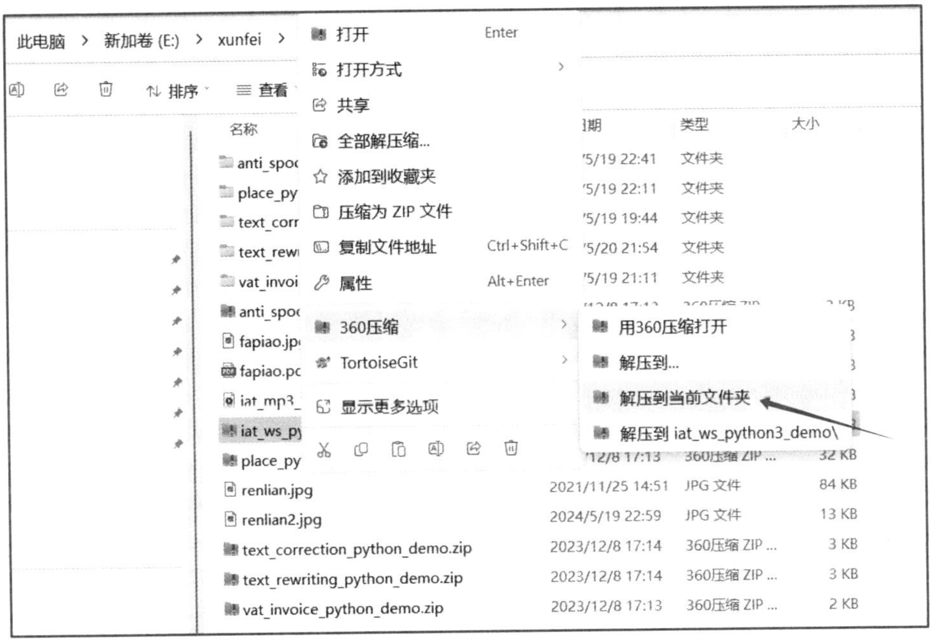

图 9.49　解压 demo 文件

把音频文件复制到 e:\xunfei 目录中，如图 9.50 所示。

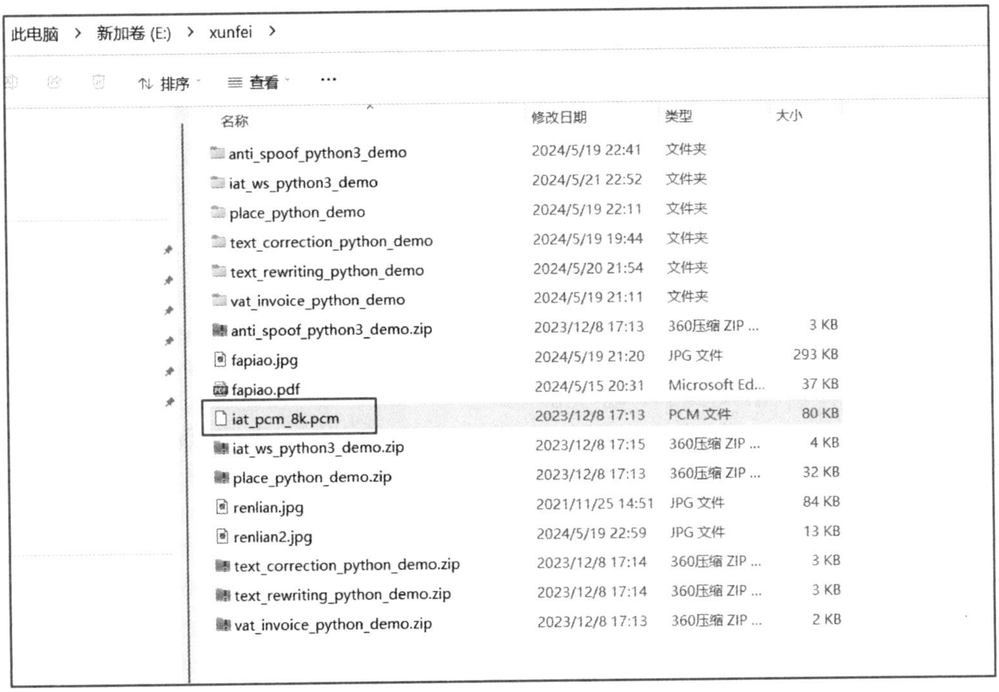

图 9.50　将文件复制到指定位置

（5）打开文件，输入接口认证信息。

在 iat_ws_python3.py 上右击鼠标，在弹出的快捷菜单中选择打开方式，本实验选择 Notepad++（或其他文本编辑器）。如图 9.51 所示。

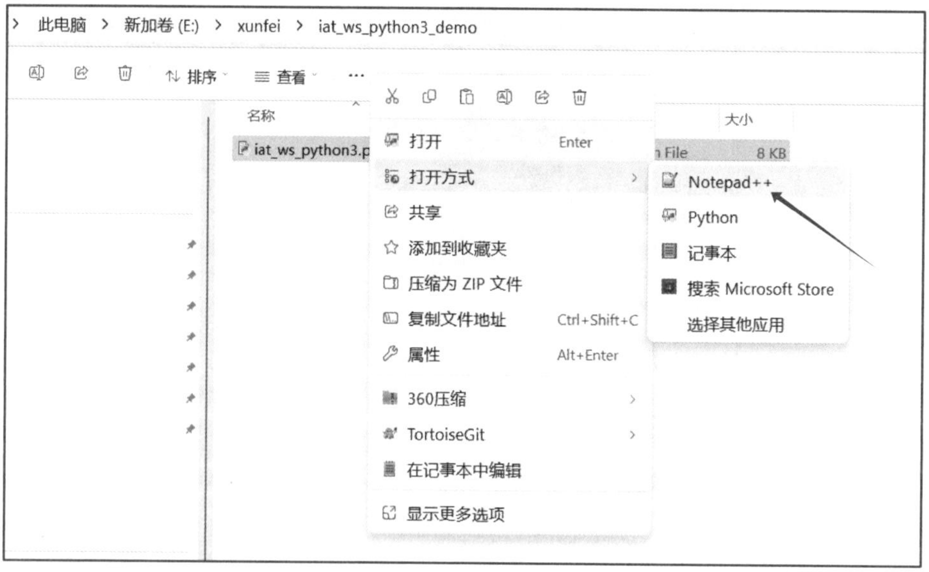

图 9.51　打开文件

把光标移动到如下位置，使用控制台“服务接口认证信息”的内容替换 demo 中三个字段的内容：

```
if__name__=="__main__"
    # 测试时候在此处正确填写相关信息即可运行
    time1=datetime.now()
    wsParam = Ws_Param(APPID='xxxxx',APISecret='xxxxx',
                       APIKey='xxxxx',
                       AudioFile=r'xxxxx')
    websocket.enableTrace (False)
    wsUrl = wsParam.create url()
    ws = websocket.WebSocketApp(wsUrl,on_message=on_message,on_
error=on_error,on_close=on_close)
    ws.on_open = on_open
    ws.run_forever(sslopt=("cert_reqs": ssl.CERT_NONE})
    time2 = datetime.now()
    print(time2-time1)
```

找到如下行，修改音频文件信息：

```
if__name__=="__main__":
```

```
    # 测试时候在此处正确填写相关信息即可运行
    time1 = datetime.now()
    wsParam = Ws_Param(APPID='xxxxx',APISecret='xxxxx',
                        APIKey='xxxxx',
                        AudioFile=r'xxxxx')
    websocket.enableTrace (False)
    wsUrl =wsParam.create url()
    ws  = websocket.WebSocketApp(wsUrl,on_message=on_message,on_
error=on_error,on_close=on_close)
    ws.on_open=on_open
    ws.run_forever(sslopt={"cert_reqs": ssl.CERT_NONE})
    time2 = datetime.now()
    print(time2-time1)
```

修改后的代码如下：

```
if__name__=="__main__":
    # 测试时候在此处正确填写相关信息即可运行
    time1 = datetime.now()
    wsParam = Ws_Param(APPID='880…',APISecret='OT1jZDA2YWUWM…',
                       APIKey='3bf8eba36df6…',
                       AudioFile=r'e:/xunfei/iat_pcm_8k.pcm')
    websocket.enableTrace (False)
    wsUrl = wsParam.create url()
     ws  = websocket.WebSocketApp(wsUrl,on_message=on_message,on_
error=on_error,on_close=on_close)
    ws.on_open = on_open
    ws.run_forever(sslopt={"cert_reqs": ssl.CERT_NONE})
    time2 = datetime.now()
    print(time2-time1)
```

（6）运行程序。

在程序所在目录的空白处，右击鼠标，在弹出的快捷菜单中选择打开方式，本实验选择在终端中打开，如图 9.52 所示。

输入命令：python.\iat_ws_python3.py 的运行结果如图 9.53 所示。

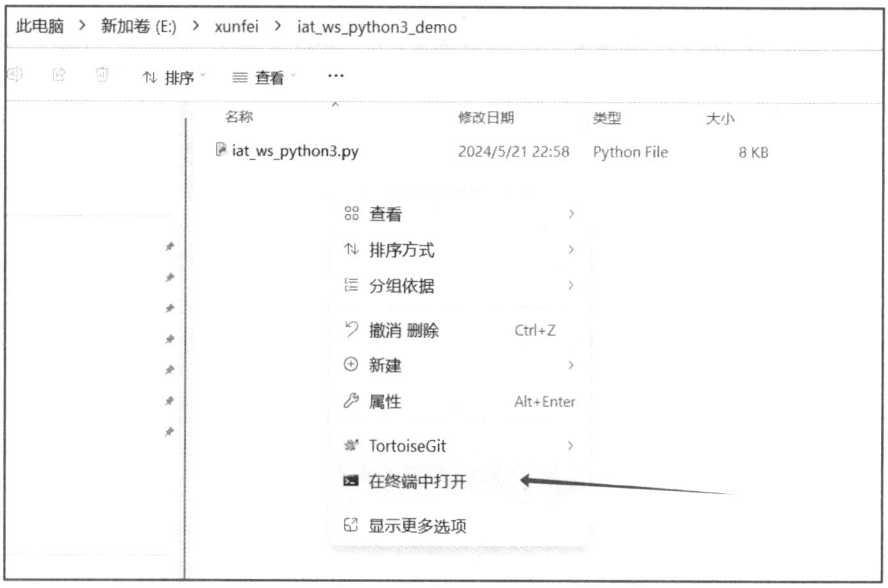

图 9.52 运行程序

```
PS E:\xunfei\iat_ws_python3_demo> python .\iat_ws_python3.py
{'code': 0, 'message': 'success', 'sid': 'iat000d38ac@dx18fa03a44d5a11f802', 'data': {'res
ult': {'vad': {'ws': [{'bg': 0, 'ed': 249, 'eg': 74.82}]}, 'ws': [{'bg': 25, 'cw': [{'sc':
 0, 'w': '我'}]}, {'bg': 41, 'cw': [{'sc': 0, 'w': '工作'}]}, {'bg': 121, 'cw': [{'sc': 0,
 'w': '做'}]}, {'bg': 177, 'cw': [{'sc': 0, 'w': '得'}]}, {'bg': 185, 'cw': [{'sc': 0, 'w'
: '很好'}]}], 'sn': 1, 'ls': False, 'bg': 0, 'ed': 0}, 'status': 0}}
sid:iat000d38ac@dx18fa03a44d5a11f802 call success!,data is:[{"bg": 25, "cw": [{"sc": 0, "w
": "我"}]}, {"bg": 41, "cw": [{"sc": 0, "w": "工作"}]}, {"bg": 121, "cw": [{"sc": 0, "w":
"做"}]}, {"bg": 177, "cw": [{"sc": 0, "w": "得"}]}, {"bg": 185, "cw": [{"sc": 0, "w": "很
好"}]}]
{'code': 0, 'message': 'success', 'sid': 'iat000d38ac@dx18fa03a44d5a11f802', 'data': {'res
ult': {'ed': 0, 'ws': [{'bg': 212, 'cw': [{'sc': 0, 'w': '。'}]}], 'sn': 2, 'ls': True, 'b
g': 0}, 'status': 2}}
sid:iat000d38ac@dx18fa03a44d5a11f802 call success!,data is:[{"bg": 212, "cw": [{"sc": 0, "
w": "。"}]}]
### closed ###
0:00:01.646683
```

图 9.53 运行结果

第 10 章　AI 综合实验

实验九　电商产品评论数据情感分析与预测（上）

实验目的

（1）了解用户对特定产品、服务或主题的情感倾向。

（2）对数据进行处理。

（3）分析用户评论的情感趋势，即情感在一段时间内的变化。

（4）生成可视化词云。

实验内容

随着电子商务的迅速发展和网络购物的流行，人们对于网络购物的需求变得越来越高，并且也给电商企业带来巨大的发展机遇，与此同时，这种需求也推动了更多电商企业的崛起，引发了激烈的竞争。而在这种激烈竞争的大背景下，除了提高商品质量、压低价格外，了解更多消费者的心声对电商企业来说也变得越来越有必要。其中，一种非常重要的方式就是对消费者的情感趋势数据进行内在信息的分析。

通过对大量用户数据的挖掘和分析，还可以发现潜在的市场趋势和消费者需求，为产品研发和市场营销提供决策支持。同时，对于政策制定者来说，也可以通过对用户数据的分析，了解社会经济状况，制定相应的政策措施。

本实验针对用户在电商平台上留下的评论数据，对其进行分词、词性标注和去除停用词等文本预处理。基于预处理后的数据进行情感分析，并生成可视化词云显示。

实验数据

1. 本实验代码、实验数据来源于 Model Whale 网站

其地址如下：

https://www.heywhale.com/mw/project/5ead7455366f4d002d745eb0/dataset

2. 文件说明

• reviews.csv：利用 Python 网络爬虫技术对京东商城中美的电热水器评论数据进行采集。

• not.csv：否定词表。

• stoplist.txt 停止词。

3. 数据说明

- content：内容。
- creationTime：发表时间。
- nickname：昵称。
- referenceName：涉及物品。
- content_type：内容类型。

实验环境

基于 Python 3.11 编译环境，使用 Jupyter Notebook 作为编辑工具。Jupyter Notebook 的安装和使用方法如下：

（1）在命令行环境下（按 Windows+R 键，输入 cmd 命令）运行下列命令安装 Jupyter Notebook，如图 10.1 所示。

```
pip install notebook
```

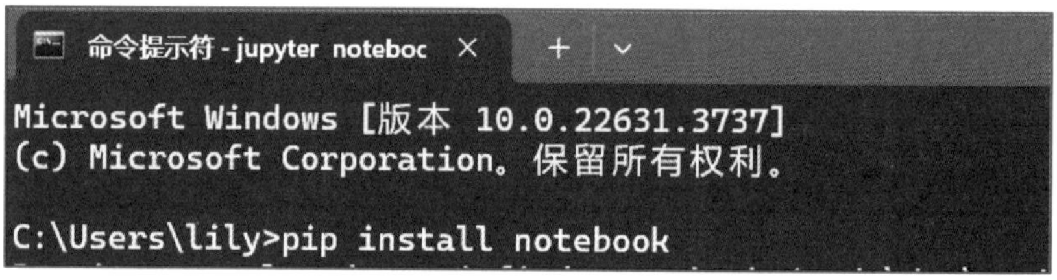

图 10.1　安装 Jupter Notebook

（2）安装完成后，运行下列命令进入 Jupyter Notebook 环境，如图 10.2 所示。

```
jupyter notebook
```

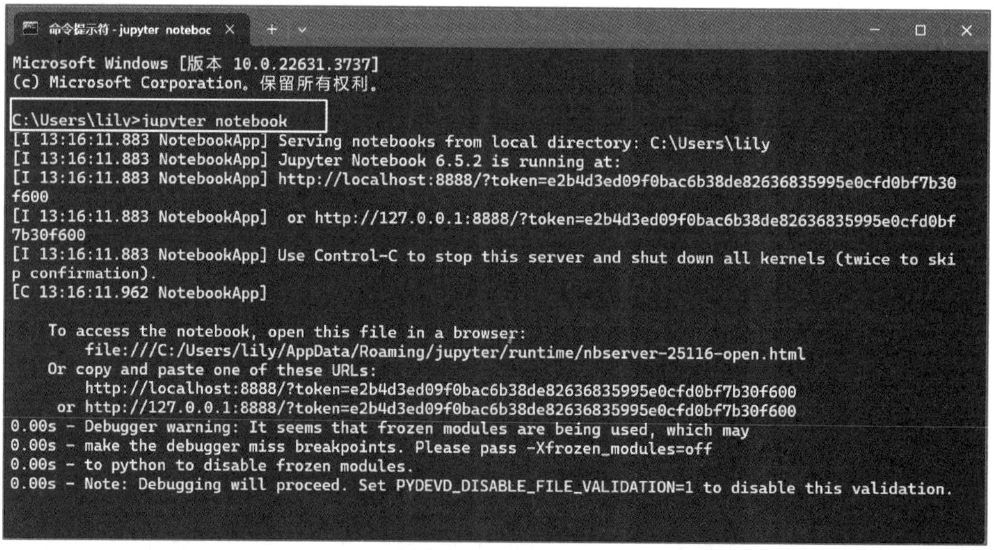

图 10.2　通过命令行窗口运行 Jupyter Notebook

系统会自动打开 Jupyter Notebook 浏览器界面，如图 10.3 所示。注意：在使用 Jupyter Notebook 期间，不能关闭命令行窗口。

图 10.3　Jupyter Notebook 浏览器界面

（3）单击右侧的“New”菜单，在下拉菜单中选择“Python 3（ipykernel）”命令，如图 10.4 所示。

图 10.4　新建 Python 文件菜单

打开新建的 Python 文件，如图 10.5 所示。其中，箭头所指是编辑代码的区域。

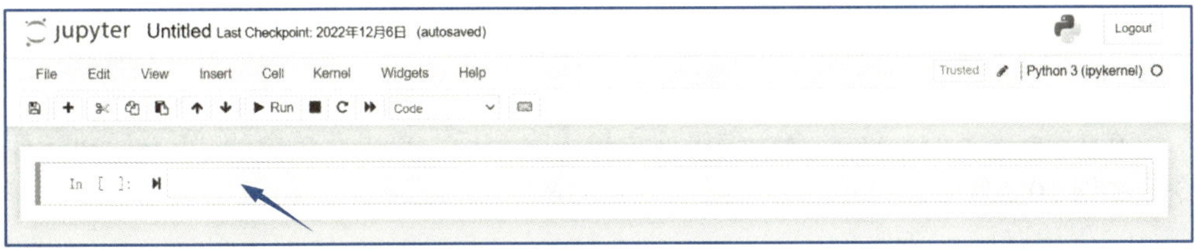

图 10.5　打开 Python 文件

实验步骤

本次实验中共包括 7 个步骤，如图 10.6 所示。

1. 数据预处理

首先进行数据预处理，预处理过程中可以识别和纠正数据中的错误、异常值或缺失值。这有助于消除噪声，提高数据质量，从而确保后续分析的准确性。进而便于后续训练模型和测试模型。

在本实验中数据预处理主要是进行评论去重。一些电商平台为了避免一些客户长时间不进行评论，往往会设置一道程序，如果用户超过规定的时间仍然没有做出评论，系统就会自动替客户做出评论，这类数据显然没有任何分析价值。由语言的特点可知，在大多数情况下，不同购买者之间的有价值的评论是不会出现完全重复的，如果不同购物者的评论完全重复，那么这些评论一般都是毫无意义的。为了存留更多的有用语料，本节删除完全重复的语料，以确保保留有用的文本评论信息。

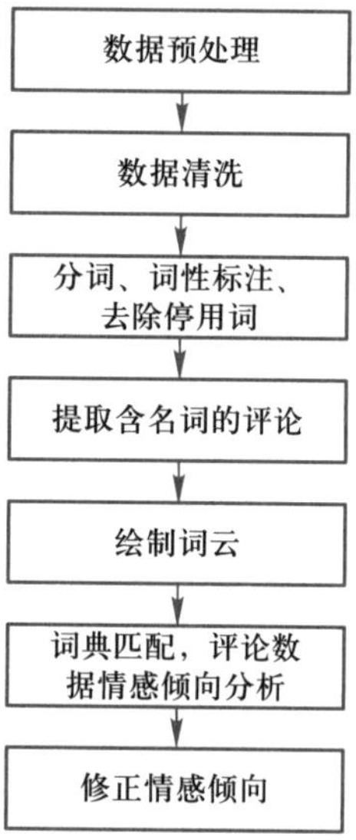

图 10.6　数据情感倾向分析实验步骤

（1）初始设置。

代码如下：

```
import pandas as pd    # 导入 pandas 库 :pandas 是用于数据分析和处理的库
import numpy as np   # 导入 numpy 库 :numpy 是一个用于科学计算的库
# 导入 Matplotlib 库 :Matplotlib 是一个用于绘制图表和可视化数据的库
import matplotlib.pyplot as plt
# 导入 seaborn 库 :seaborn 是一个基于 Matplotlib 的数据可视化库，提
供了更高级的统计图表和更美观的默认样式
import seaborn as sns
import re    # re 是 Python 中导入正则表达式模块的语句
# 导入 jieba 分词库的词性标注模块的语句。jieba 分词是一个用于中文分词的库
import jieba.posseg as psg
import warnings
warnings.filterwarnings ("ignore")
%matplotlib inline
path ='d: /11/fenxi'   # 设置数据文件路径
```

在 Jupyter Notebook 的命令编辑框中输入命令后，单击菜单中的“Run”执行命令。如图 10.7 所示。

（2）读取显示数据。

代码如下：

```
reviews = pd.read_csv (path+'/reviews.csv')# 读取 reviews.csv 文件中的数据
print(reviews.shape)     # 输出 reviews 中的数据结构
reviews.head()           # 显示 reviews 中的数据头部
```

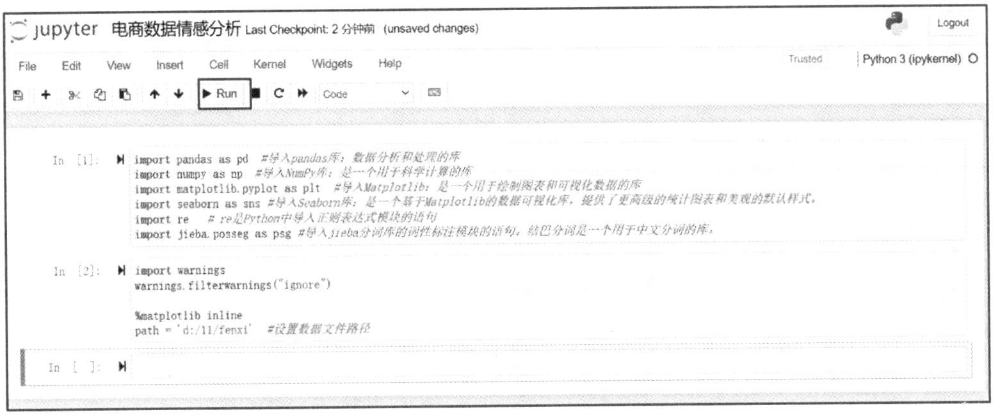

图 10.7 输入执行初始化配置命令

运行结果如图 10.8 所示。

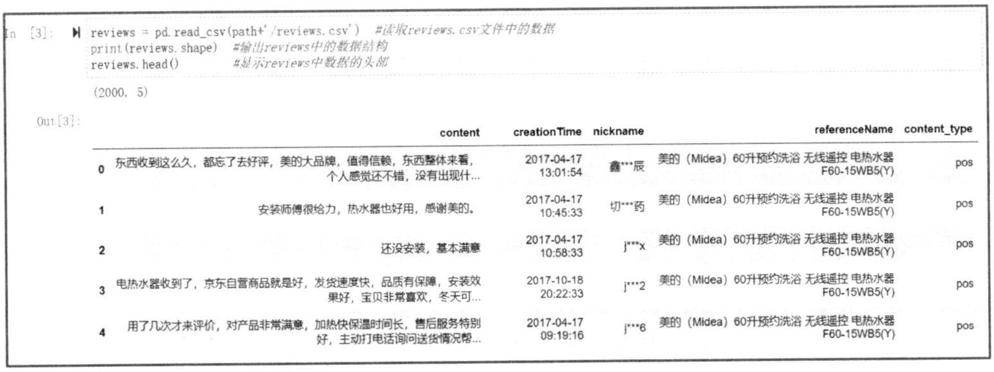

图 10.8 显示数据

（3）删除数据记录中所有列值相同的记录。

代码如下：

```
reviews = reviews[['content','content_type']].drop_duplicates()
content = reviews['content']
reviews.shape
reviews
```

运行结果如图 10.9 所示。

2. 数据清洗

通过人工观察数据发现，评论中夹杂着许多数字与字母，对于本案例的挖掘目标而言，这类数据本身并没有实质性帮助。另外，由于该评论文本数据主要是围绕京东商城中美的电热水器进行评价的，其中，“京东”“京东商城”“美的”“热水器”“电热水器”等词出现的频数很大，但是对分析目标并没有什么作用，因此可以在分词之前将这些词去除，对数据进行清洗。代码如下：

```
# 去除英文、数字以及京东、美的、电热水器等词语
strinfo = re.compile('[0-9a-zA-Z]|京东|美的|电热水器|热水器|')
content = content.apply(lambda x:strinfo.sub('', x))
```

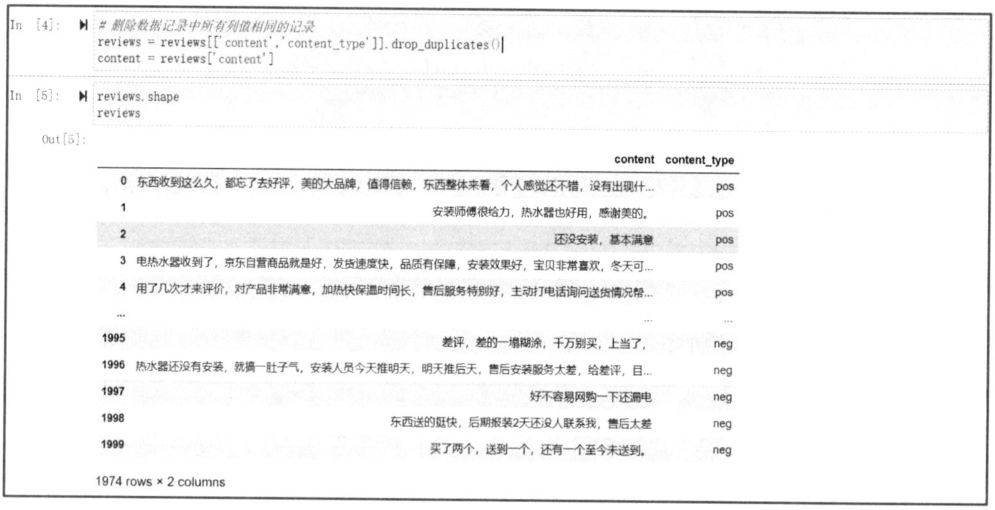

```
In [4]: # 删除数据记录中所有列值相同的记录
reviews = reviews[['content','content_type']].drop_duplicates()
content = reviews['content']

In [5]: reviews.shape
reviews
Out[5]:
```

	content	content_type
0	东西收到这么久，都忘了去好评，美的大品牌，值得信赖，东西整体来看，个人感觉还不错，没有出现什...	pos
1	安装师傅很给力，热水器也好用，感谢美的。	pos
2	还没安装，基本满意	pos
3	电热水器收到了，京东自营商品就是好，发货速度快，品质有保障，安装效果好，宝贝非常喜欢，冬天可...	pos
4	用了几次才来评价，对产品非常满意，加热快保温时间长，售后服务特别好，主动打电话询问送货情况帮...	pos
...	...	...
1995	差评，差的一塌糊涂，千万别买，上当了，	neg
1996	热水器还没有安装，就搞一肚子气，安装人员今天推明天，明天推后天，售后安装服务太差，给差评，目...	neg
1997	好不容易网购一下还漏电	neg
1998	东西送的挺快，后期报装2天还没人联系我，售后太差	neg
1999	买了两个，送到一个，还有一个至今未送到。	neg

1974 rows × 2 columns

图 10.9 删除数据记录中所有列值相同的记录

3. 分词、词性标注、去除停用词

分词是文本信息处理的基础环节，是将一个单词序列切分成单个单词的过程。准确地分词可以极大地提高计算机对文本信息的识别和理解能力。相反，不准确的分词将会产生大量的噪声，严重干扰计算机的识别理解能力，并对这些信息的后续处理工作产生较大的影响。中文分词的任务就是把中文的序列切分成有意义的词，即添加合适的词串使得所形成的词串反映句子的本意，中文分词的关键问题为切分歧义的消解和未登录词的识别。

未登录词是指词典中没有登录过的人名、地名、机构名、译名及新词语等。当采用匹配的办法来切分词语时，由于词典中没有登录这些词，会引起自动切分词语的困难。

分词最常用的工作包是 jieba 分词包，jieba 分词是 Python 写成的一个分词开源库，专门用于中文分词，其有 3 条基本原理，即实现所采用技术。

基于 Trie 树结构实现高效的词图扫描，生成句子中汉字所有可能成词情况所构成的有向无环图（DAG）。采用动态规划查找最大概率路径，找出基于词频的最大切分组合。对于未登录词，采用 HMM 模型，使用了 Viterbi 算法，将中文词汇按照 BEMS 4 个状态来标记。

因此，通过分词、词性标注、去除停用词等操作，其目的是为了提高计算机对文本信息的识别和理解能力。运行代码和结果如下：

（1）分词。

代码如下：

```
worker = lambda s:[(x.word,x.flag)for x in psg.cut(s)]#自定
义简单分词函数
seg_word = content.apply(worker)
seg_word.head()
```

运行结果如图 10.10 所示。

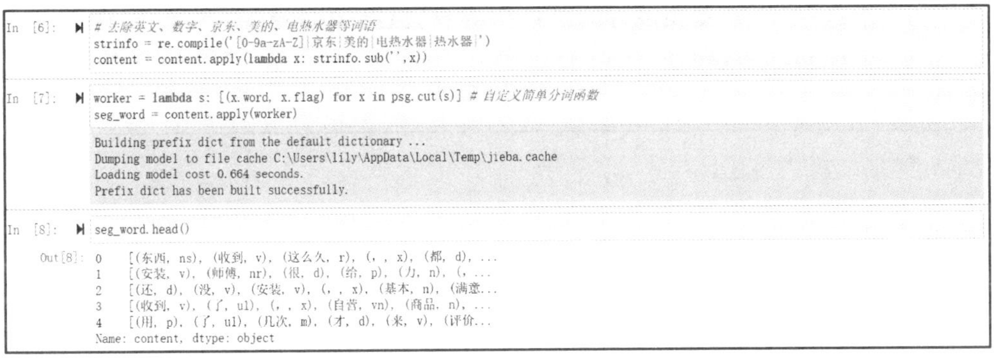

图 10.10　分词运行结果

（2）将词语转换为数据库形式。

代码如下：

```
#将词语转为数据框形式，一列是词，一列是词语所在的句子ID
#最后一列是词语在该句子的位置
n_word = seg_word.apply(lambda x:len(x))    #每一条评论中词的个数
n_content = [[x+1]*y for x,y in zip(list(seg_word.index), list(n_word))]
#将嵌套的列表展开，作为词所在评论的id
index_content = sum(n_content,[])
seg_word = sum(seg_word,[])
word = [x[0] for x in seg_word]              #词
nature = [x[1] for x in seg_word]            #词性
content_type = [[x]*y for x,y in zip(list(reviews['content_
type']),list(n_word))]  #评论类型
content_type = sum(content_type, [])
result = pd.DataFrame({"index_content":index_content,
                       "word":word,
                       "nature":nature,
                       "content_type":content_type})
```

运行结果如图 10.11 所示。

（3）删除标点符号和停用词。

代码如下：

```
# 删除标点符号
result = result[result['nature']!='x']   #x 表示标点符号
# 删除停用词
stop_path = open(path+"/stoplist.txt",'r',encoding='UTF-8')
stop = stop_path.readlines()
stop = [x.replace('\n','')for x in stop]
word = list(set(word)-set(stop))
result = result[result['word'].isin(word)]
result.head()
```

```
In [9]:  # 将词语转为数据框形式，一列是词，一列是词语所在的句子ID，最后一列是词语在该句子的位置
n_word = seg_word.apply(lambda x: len(x))  # 每一评论中词的个数

n_content = [[x+1]*y for x,y in zip(list(seg_word.index), list(n_word))]

# 将嵌套的列表展开，作为词所在评论的id
index_content = sum(n_content, [])

seg_word = sum(seg_word, [])
# 词
word = [x[0] for x in seg_word]
# 词性
nature = [x[1] for x in seg_word]

content_type = [[x]*y for x,y in zip(list(reviews['content_type']), list(n_word))]
# 评论类型
content_type = sum(content_type, [])

result = pd.DataFrame({"index_content":index_content,
                       "word":word,
                       "nature":nature,
                       "content_type":content_type})

In [10]:  result.head()
Out[10]:
```

	index_content	word	nature	content_type
0	1	东西	ns	pos
1	1	收到	v	pos
2	1	这么久	r	pos
3	1	，	x	pos
4	1	都	d	pos

图 10.11　将词语转换成数据框形式

运行结果如图 10.12 所示。

```
In [11]:  # 删除标点符号
result = result[result['nature'] != 'x']  # x表示标点符号

# 删除停用词
stop_path = open(path+"/stoplist.txt", 'r',encoding='UTF-8')
stop = stop_path.readlines()
stop = [x.replace('\n', '') for x in stop]
word = list(set(word) - set(stop))
result = result[result['word'].isin(word)]
result.head()
Out[11]:
```

	index_content	word	nature	content_type
0	1	东西	ns	pos
1	1	收到	v	pos
2	1	这么久	r	pos
5	1	忘	v	pos
8	1	好评	v	pos

图 10.12　删除标点符号和停用词运行结果

（4）构造各词在对应评论的位置列。

代码如下：

```
# 构造各词语在对应评论的位置列
n_word = list(result.groupby(by = ['index_content'])['index_
content'].count())
index_word = [list(np.arange(0, y))for y in n_word]
# 词语在该评论中的位置
index_word = sum(index_word, [])
# 合并评论 id
result['index_word'] = index_word
result.head()
```

运行结果如图 10.13 所示。

```
In [12]: # 构造各词在对应评论的位置列
         n_word = list(result.groupby(by = ['index_content'])['index_content'].count())
         index_word = [list(np.arange(0, y)) for y in n_word]
         # 词语在该评论的位置
         index_word = sum(index_word, [])
         # 合并评论id
         result['index_word'] = index_word

         result.head()
Out[12]:
```

	index_content	word	nature	content_type	index_word
0	1	东西	ns	pos	0
1	1	收到	v	pos	1
2	1	这么久	r	pos	2
5	1	忘	v	pos	3
8	1	好评	v	pos	4

图 10.13 构造各词语在对应评论的位置列

4. 提取含名词的评论

由于本实验的目标是对产品特征的优缺点进行分析，类似“不错，很好的产品”“很不错，继续支持”等评论虽然表达了对产品的情感倾向，但是实际上无法根据这些评论提取出哪些产品特征是用户满意的。评论中只有出现明确的名词，如机构团体及其他专有名词时，才有意义，因此需要对分词后的词语进行词性标注。之后再根据词性将含有名词类的评论提取出来。代码如下：

```
# 提取含有名词类的评论，即词性含有 "n" 的评论
ind = result[['n' in x for x in result['nature']]]['index_content'].
unique()
result = result[[x in ind for x in result['index_content']]]
result.head()
```

运行结果如图 10.14 所示。

In [13]:
```
# 提取含有名词类的评论,即词性含有"n"的评论
ind = result[['n' in x for x in result['nature']]]['index_content'].unique()
result = result[[x in ind for x in result['index_content']]]
result.head()
```

Out[13]:

	index_content	word	nature	content_type	index_word
0	1	东西	ns	pos	0
1	1	收到	v	pos	1
2	1	这么久	r	pos	2
5	1	忘	v	pos	3
8	1	好评	v	pos	4

图 10.14　提取含名词评论的运行结果

5. 绘制词云

词云是一种可视化展示文本内容的工具，用于显示文本中出现次数较高的关键词。其主要思想是将文本中频繁出现的词汇以视觉化的方式展现出来，可以帮助人们很快地了解文本的主要内容和关键信息。

生成词云的基本原理是，首先需要解析文本中的关键词，统计其出现频率，然后利用排版算法将其按照一定的大小、颜色和形状等属性展示出来。Python 中的 wordcloud 库是一种常用的生成词云的工具，它提供了丰富的基于 Python 的实现方式，可以根据需要定制不同的词云样式。

绘制词云查看分词效果，词云会将文本中出现频率较高的"关键词"予以视觉上的突出。首先需要对词语进行词频统计，将词频按照降序排序，选择前 100 个词，使用 wordcloud 模块中的 WordCloud 绘制词云，查看分词效果。代码及运行结果如下：

```
import matplotlib.pyplot as plt
from wordcloud import WordCloud   # 导入 wordcloud 库
# 对词语进行词频统计
frequencies = result.groupby('word')['word'].count()
# 将词频按照降序排序
frequencies = frequencies.sort_values(ascending = False)
# 设置词云形状
backgroud_Image=plt.imread(path+'/pl.jpg')
# 自己上传中文字体到 kesci 中
font_path = 'd: /11/fenxi/msyhl.ttc'   # 设置词云字体样式
wordcloud = WordCloud(font_path=font_path,# 设置字体，不设置就会出现乱码
                      max_words=100,
                      background_color='white',
                      mask=backgroud_Image)    # 词云形状
# 使用 fit_words() 方法生成词云
my_wordcloud = wordcloud.fit_words(frequencies)
plt.imshow(my_wordcloud)    # 绘制图形
plt.axis('off')
plt.show()   # 显示绘制图形
# 保存结果
result.to_csv("./word.csv",index = False,encoding = 'utf-8')
```

运行结果如图 10.15 所示。

图 10.15　生成词云

如果换一张小猫的图片，如图 10.16（a）所示，即“backgroud_Image=plt.imread（path+'/cat.jpg'）”，则生成词云如图 10.16（b）所示。

由图可以看出，对评论数据进行预处理后，分词效果较为符合预期。其中，“安装”“师傅”“售后”“物流”“服务”等词出现频率较高，因此可以初步判断用户对产品的这几个方面比较重视。

(a) 小猫图　　(b) 词云图

图 10.16　生成小猫形状的词云

6. 词典匹配，评论数据情感倾向分析

匹配情感词情感倾向也称为情感极性。在某商品评论中，可以理解为用户对该商品表达自身观点所持的态度是支持、反对还是中立，即通常所指的正面情感、负面情感、中性情感。由于本案例主要是对产品的优缺点进行分析，因此只要确定用户评论信息中的情感倾向方向分析即可，不需要分析每一评论的情感程度。

对评论情感倾向进行分析首先要对情感词进行匹配，主要采用词典匹配的方法，本实验使用的情感词表是 2007 年 10 月 22 日知网发布的“情感分析用词语集（beta 版）”，主要使用“中文正面评价”“中文负面评价”“中文正面情感”“中文负面情感”词表等。将“中文正面评价”“中文正面情感”两个词表合并，并给每个词语赋予初始权重 1，作为本案例的正面评论情感词表。将“中文负面评价”“中文负面情感”两个词表合并，并给每个词语赋予初始权重 -1，作为本实验案例的负面评论情感词表。

一般基于词表的情感分析方法，分析的效果往往与情感词表内的词语有较强的相关性，如果情感词表内的词语足够全面，并且词语符合该案例场景下所表达的情感，那么情感分析的效果会更好。针对本案例场景，需要在知网提供的词表基础上进行优化，例如，“好评”“超值”“差评”“五分”等词只有在网络购物评论上出现，就可以根据词语的情感倾向添加至对应的情感词表内。将“满意”“好评”“很快”“还好”“还行”“超值”“给力”“支持”“超好”“感谢”“太棒了”“厉害”“挺舒服”“辛苦”“完美”“喜欢”“值得”“省心”等词添加进正面情感词表。将“差评”“贵”“高”“漏水”等词加入负面情感词表。读入正负面评论情感词表，正面词语赋予初始权重 1，负面词语赋予初始权重 -1。

代码及运行结果如下：

```
word = pd.read_csv("./word.csv")
# 读入正面、负面情感评价词
pos_comment = pd.read_csv(path+"/正面评价词语（中文）.txt",header=
None,sep="/n",
                                encoding = 'utf-8',engine='python')
neg_comment  = pd.read_csv(path+"/负面评价词语（中文）.txt",header=
None,sep="/n",
                                encoding = 'utf-8',engine='python')
pos_emotion  = pd.read_csv(path+"/正面情感词语（中文）.txt",header=
None,sep="/n",
                                encoding = 'utf-8',engine='python')
neg_emotion  = pd.read_csv(path+"/负面情感词语（中文）.txt",header=
None,sep="/n",
                                encoding = 'utf-8',engine='python')

# 合并情感词与评价词
positive = set(pos_comment.iloc[: ,0])|set(pos_emotion.iloc[: ,0])
negative = set(neg_comment.iloc[: ,0])|set(neg_emotion.iloc[: ,0])

# 正负面情感词表中相同的词语
intersection = positive&negative

positive = list(positive - intersection)
```

```
negative = list(negative - intersection)

positive = pd.DataFrame({"word":positive,
                         "weight":[1]*len(positive)})
negative = pd.DataFrame({"word":negative,
                         "weight":[-1]*len(negative)})
posneg=pd.concat([positive,negative])

# 将分词结果与正负面情感词表合并，定位情感词
data_posneg = posneg.merge(word, left_on = 'word',right_on = 'word',
                           how = 'right')
data_posneg = data_posneg.sort_values(by = ['index_content','index_
word'])
data_posneg.head()
```

运行结果如图 10.17 所示。

	word	weight	index_content	nature	content_type	index_word
0	东西	NaN	1	ns	pos	0
1	收到	NaN	1	v	pos	1
2	这么久	NaN	1	r	pos	2
3	忘	NaN	1	v	pos	3
4	好评	1.0	1	v	pos	4

图 10.17　运行结果

7. 修正情感倾向

情感倾向修正主要根据情感词前面两个位置的词语是否存在否定词而去判断情感值的正确与否，由于汉语中存在多重否定现象，即当否定词出现奇数次时，表示否定意思；当否定词出现偶数次时，表示肯定意思。按照汉语习惯，搜索每个情感词前两个词语，若出现奇数否定词，则调整为相反的情感极性。

本案例使用的否定词表共有 20 个否定词，分别为：不、没、无、非、莫、弗、毋、未、否、别、無、休、不是、不能、不可、没有、不用、不要、从没、不太。

读入否定词表，对情感值的方向进行修正。计算每条评论的情感得分，将评论分为正面评论和负面评论，并计算情感分析的准确率。

（1）修正情感倾向。

代码如下：

```
# 载入否定词表
notdict = pd.read_csv(path+"/not.csv")
# 构造新列，作为经过否定词修正后的情感值
data_posneg['amend_weight'] = data_posneg['weight']
```

```
data_posneg['id'] = np.arange(0,len(data_posneg))
# 只保留有情感值的词语
only_inclination = data_posneg.dropna().reset_index(drop=True)
index = only_inclination['id']
for i in np.arange(0,len(only_inclination)):
    # 提取第 i 个情感词所在的评论
    review = data_posneg[data_posneg['index_content'] == only_inclination['index_content'][i]]
    review.index = np.arange(0, len(review))
    # 第 i 个情感值在该文档的位置
    affective = only_inclination['index_word'][i]
    if affective == 1:
        ne = sum([i in notdict['term'] for i in review['word'][affective - 1]])%2
        if ne == 1:
            data_posneg['amend_weight'][index[i]]=-data_posneg['weight'][index[i]]
    elif affective > 1:
        ne = sum([i in notdict['term'] for i in review['word'][[affective - 1,
                  affective - 2]]])%2
        if ne == 1:
            data_posneg['amend_weight'][index[i]]=-data_posneg['weight'][index[i]]

# 更新只保留情感值的数据
only_inclination = only_inclination.dropna()
# 计算每条评论的情感值
emotional_value
only_inclination.groupby(['index_content'],as_index=False)['amend_weight'].sum()
# 去除情感值为 0 的评论
emotional_value = emotional_value[emotional_value['amend_weight']!= 0]
```

（2）查看情感分析效果。

代码及运行结果如下：

```
# 将情感值大于 0 的评论类型 (content_type) 赋值为 pos，小于 0 的赋值为 neg
emotional_value['a_type']=''
emotional_value['a_type'][emotional_value['amend_weight']>0]='pos'
emotional_value['a_type'][emotional_value['amend_weight']<0]='neg'
emotional_value.head()
```

运行结果如图 10.18 所示。

	index_content	amend_weight	a_type
0	1	5.0	pos
1	2	1.0	pos
2	4	4.0	pos
3	5	3.0	pos
4	6	2.0	pos

图 10.18 情感分析效果

```
# 查看情感分析结果
result=emotional_value.merge(word,
                              left_on = 'index_content',
                              right_on = 'index_content',
                              how = 'left')
result.head()
```

运行结果如图 10.19 所示。

	index_content	amend_weight	a_type	word	nature	content_type	index_word
0	1	5.0	pos	东西	ns	pos	0
1	1	5.0	pos	收到	v	pos	1
2	1	5.0	pos	这么久	r	pos	2
3	1	5.0	pos	忘	v	pos	3
4	1	5.0	pos	好评	v	pos	4

图 10.19 情感分析结果

```
# 从 result 中选择 'index_content' 'content_type' 'a_type' 这三列，
并去除重复的行
result=result[['index_content','content_type','a_type']].drop_
duplicates()
result.head()
```

运行结果如图 10.20 所示。

假定用户在评论时不存在“选了好评的标签，而写了差评内容”的情况，比较原评论的评论类型与情感分析得出的评论类型，绘制情感倾向分析混淆矩阵，查看词表的情感分析的准确率。

```
# 交叉表：统计分组频率的特殊透视表，用于计算一个或多个变量之间的分组频率
confusion_matrix = pd.crosstab(result['content_type'],result
```

```
['a_type'],margins=True)
confusion_matrix.head()
```

运行结果如图 10.21 所示。

	index_content	content_type	a_type
0	1	pos	pos
14	2	pos	pos
18	4	pos	pos
38	5	pos	pos
61	6	pos	pos

图 10.20　运行结果

a_type	neg	pos	All
content_type			
neg	487	175	662
pos	31	701	732
All	518	876	1394

图 10.21　运行结果

计算混淆矩阵中特定元素的值，查看词表的情感分析的准确率：

混淆矩阵是一种用于评估分类模型性能的工具，它显示了实际类别和预测类别之间的关系。矩阵中［0，0］代表全部差评，［1，1］代表全部好评，［2，2］代表全部评论。以此查看数据处理情感分析的准确率。

```
(confusion_matrix.iat[0,0] + confusion_matrix.iat[1,1])/
confusion_matrix.iat[2,2]
```

运行结果如图 10.22 所示。

```
In [44]:  (confusion_matrix.iat[0,0] + confusion_matrix.iat[1,1])/confusion_matrix.iat[2,2]
Out[44]: 0.8522238163558106
```

图 10.22　运行结果

（3）提取正负面评论信息，绘制词云。

代码如下：

```
# 提取正负面评论信息
ind_pos = list(emotional_value[emotional_value['a_type']
== 'pos']['index_content'])
ind_neg = list(emotional_value[emotional_value['a_type']
== 'neg']['index_content'])
posdata = word[[i in ind_pos for i in word['index_content']]]
negdata = word[[i in ind_neg for i in word['index_content']]]
# 绘制词云
import matplotlib.pyplot as plt
from wordcloud import WordCloud
```

```
# 正面情感词词云
freq_pos = posdata.groupby('word')['word'].count()
freq_pos = freq_pos.sort_values(ascending = False)
backgroud_Image=plt.imread(path+'/pl.jpg')
# 自己上传中文字体到 kesci
font_path = 'd:/11/fenxi/msyhl.ttc'
wordcloud = WordCloud(font_path=font_path,
                      max_words=100,
                      background_color='white',
                      mask=backgroud_Image)
pos_wordcloud = wordcloud.fit_words(freq_pos)
plt.imshow(pos_wordcloud)
plt.axis('off')
plt.show()
# 负面情感词词云
freq_neg = negdata.groupby(by = ['word'])['word'].count()
freq_neg = freq_neg.sort_values(ascending = False)
neg_wordcloud = wordcloud.fit_words(freq_neg)
plt.imshow(neg_wordcloud)
plt.axis('off')
plt.show()
```

运行结果如图 10.23、图 10.24 所示。

（4）保存结果。

```
# 输出结果，每条评论作为一行
posdata.to_csv("./posdata.csv",index = False,encoding = 'utf-8')
negdata.to_csv("./negdata.csv",index = False,encoding = 'utf-8')
```

图 10.23　正面情感词词云

图 10.24　负面情感词词云

由如图 10.23 所示的正面情感评论词云可知，“不错”“满意”“好评”等正面情感词出现的频数较高，并且没有掺杂负面情感词语，可以看出情感分析能较好地将正面情感评论抽取出来。

由如图 10.24 所示的负面情感评论词云可知，“差评”“垃圾”“不好”“太差”等负面情感词出现的频数较高，并且没有掺杂正面情感词语，可以看出情感分析能较好地将负面情感评论抽取出来。

实验十　电商产品评论数据情感分析与预测（下）

实验目的

（1）了解线性支持向量分类（LinearSVC）模型。

（2）了解 LDA 模型。

（3）使用 LinearSVC 模型进行情感倾向分类。

（4）使用 LDB 模型预测未来用户评论的情感趋势，识别潜在的情感变化或趋势。

实验内容

随着电子商务的迅速发展和网络购物的流行，人们对于网络购物的需求变得越来越高，并且也给电商企业带来巨大的发展机遇，与此同时，这种需求也推动了更多电商企业的崛起，引发了激烈的竞争。而在这种激烈竞争的大背景下，除了提高商品质量、压低价格外，了解更多消费者的心声对电商企业来说也变得越来越有必要。其中，一种非常重要的方式就是对消费者的情感趋势数据进行内在信息的分析。

通过对大量用户数据的挖掘和分析，还可以发现潜在的市场趋势和消费者需求，为产品研发和市场营销提供决策支持。同时，对于政策制定者来说，也可以通过对用户数据的分析，了解社会经济状况，制定相应的政策措施。

本实验基于线性支持向量分类（LinearSVC）模型、LDA 模型，针对实验九中生成的数据集进行训练和预测，以了解用户的需求、意见、购买原因及产品的优缺点等，最终提出改善产品的建议。

实验步骤

1. LinearSVC 模型情感倾向分类

线性支持向量分类（LinearSVC）是一种有监督机器学习算法，用于分类问题，其核心思想是通过一个线性的决策边界来区分不同的类别。该模型引入了支持向量机（SVM）的概念，利用线性函数将样本映射到高维空间，并在该空间中寻找具有最大间隔的超平面来实现类别之间的分离。

将数据集划分为训练集和测试集（8∶2）（训练集占 80%，测试集占 20%），通过 TfidfVectorizer 将评论文本向量化，再来训练 LinearSVC 模型，查看模型在训练集上的得分，预测测试集。

输入如下代码，其运行结果如图 10.25 所示。

```
reviews.head()
```

```
reviews.head()
```

	content	content_type
0	东西收到这么久，都忘了去好评，美的大品牌，值得信赖，东西整体来看，个人感觉还不错，没有出现什...	pos
1	安装师傅很给力，热水器也好用，感谢美的。	pos
2	还没安装，基本满意	pos
3	电热水器收到了，京东自营商品就是好，发货速度快，品质有保障，安装效果好，宝贝非常喜欢，冬天可...	pos
4	用了几次才来评价，对产品非常满意，加热快保温时间长，售后服务特别好，主动打电话询问送货情况帮...	pos

图 10.25　运行结果

输入如下代码，其运行结果如图 10.26 所示。

```
reviews['content_type'] = reviews['content_type'].map(lambda
x:1.0 if x=='pos' else 0.0)
reviews.head()
```

	content	content_type
0	东西收到这么久，都忘了去好评，美的大品牌，值得信赖，东西整体来看，个人感觉还不错，没有出现什...	1.0
1	安装师傅很给力，热水器也好用，感谢美的。	1.0
2	还没安装，基本满意	1.0
3	电热水器收到了，京东自营商品就是好，发货速度快，品质有保障，安装效果好，宝贝非常喜欢，冬天可...	1.0
4	用了几次才来评价，对产品非常满意，加热快保温时间长，售后服务特别好，主动打电话询问送货情况帮...	1.0

图 10.26　运行结果

输入如下代码，其运行结果如图 10.27 所示。

```
# 原始文本转化为 tf-idf 的特征矩阵
from sklearn.feature_extraction.text import TfidfVectorizer as TFIDF
from sklearn.svm import LinearSVC
from sklearn.calibration import CalibratedClassifierCV
from sklearn.model_selection import train_test_split

# 将有标签的数据集划分成训练集和测试集
train_X,valid_X,train_y,valid_y = train_test_split(reviews['content'],reviews['content_type'],test_size=0.2,random_state=42)
train_X.shape,train_y.shape,valid_X.shape,valid_y.shape
```

```
from sklearn.feature_extraction.text import TfidfVectorizer as TFIDF  # 原始文本转化为tf-idf的特征矩阵
from sklearn.svm import LinearSVC
from sklearn.calibration import CalibratedClassifierCV
from sklearn.model_selection import train_test_split

# 将有标签的数据集划分成训练集和测试集
train_X, valid_X, train_y, valid_y = train_test_split(reviews['content'], reviews['content_type'], test_size=0.2, random_state=42)
train_X.shape, train_y.shape, valid_X.shape, valid_y.shape

((1579,), (1579,), (395,), (395,))
```

图 10.27 运行结果

输入如下代码，其运行结果如图 10.28 所示。

```
# 模型构建
model_tfidf = TFIDF(min_df=5,max_features=5000,ngram_range=(1,3),use_idf=True,smooth_idf=True)
# 学习 idf vector
model_tfidf.fit(train_X)
# 把文档转换成 X 矩阵（该文档中该特征词出现的频次）
# 行是文档个数，列是特征词的个数
train_vec = model_tfidf.transform(train_X)
train_vec.toarray()
```

```
array([[0.81757399, 0.52795963, 0.22985082, ..., 0.        , 0.        ,
        0.        ],
       [0.        , 0.        , 0.        , ..., 0.        , 0.        ,
        0.        ],
       [0.        , 0.        , 0.        , ..., 0.        , 0.        ,
        0.        ],
       ...,
       [0.        , 0.        , 0.        , ..., 0.        , 0.        ,
        0.        ],
       [0.        , 0.        , 0.        , ..., 0.        , 0.        ,
        0.        ],
       [0.        , 0.        , 0.        , ..., 0.        , 0.        ,
        0.        ]])
```

图 10.28 运行结果

输入如下代码，其运行结果如图 10.29 所示。

```
# 模型训练
model_SVC = LinearSVC()
clf = CalibratedClassifierCV(model_SVC)
clf.fit(train_vec, train_y)
# 把文档转换成矩阵
valid_vec = model_tfidf.transform(valid_X)
# 验证
pre_valid = clf.predict_proba(valid_vec)
pre_valid[: 5]
```

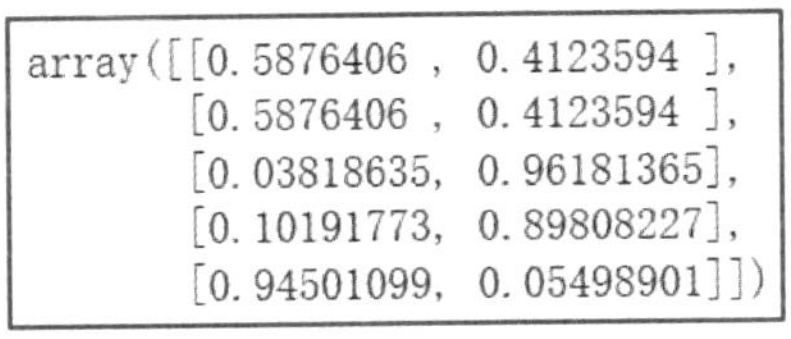

```
array([[0.5876406 , 0.4123594 ],
       [0.5876406 , 0.4123594 ],
       [0.03818635, 0.96181365],
       [0.10191773, 0.89808227],
       [0.94501099, 0.05498901]])
```

图 10.29　运行结果

输入如下代码，其运行结果如图 10.30 所示。

```
pre_valid = clf.predict(valid_vec)
print('正例:',sum(pre_valid == 1))
print('负例:',sum(pre_valid == 0))
```

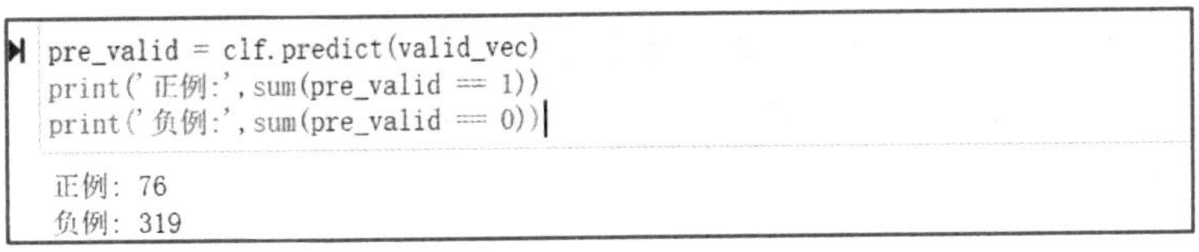

```
pre_valid = clf.predict(valid_vec)
print('正例:', sum(pre_valid == 1))
print('负例:', sum(pre_valid == 0))

正例: 76
负例: 319
```

图 10.30　运行结果

输入如下代码，其运行结果如图 10.31 所示。

```
from sklearn.metrics import accuracy_score
score = accuracy_score(pre_valid,valid_y)
print("准确率:",score)
```

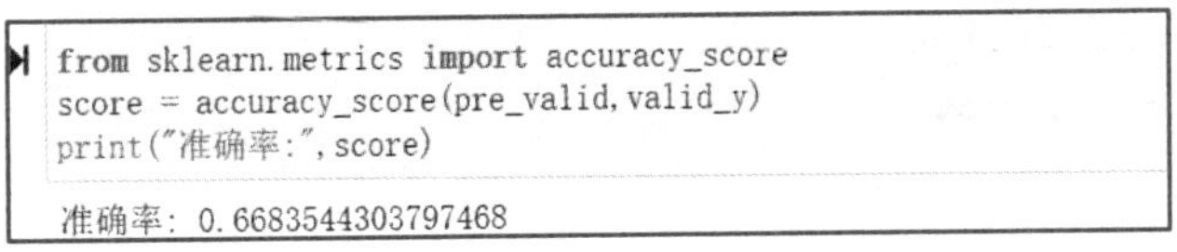

```
from sklearn.metrics import accuracy_score
score = accuracy_score(pre_valid, valid_y)
print("准确率:", score)

准确率: 0.6683544303797468
```

图 10.31　运行结果

2. LDA 模型数据情感倾向预测

LDA 是一种文档主题生成模型，包含词、主题和文档三层结构。

主题模型在自然语言处理等领域是用来在一系列文档中发现抽象主题的一种统计模型。判断两个文档相似性的传统方法是通过查看两个文档共同出现的单词的多少，如 TF（词频）、TF-IDF（词频 - 逆向文档频率）等，这种方法没有考虑文字背后的语义关联，例如，两个文档共同出现的单词很少甚至没有，但两个文档是相似的，因此在判断文档相似性时，需要使用主题模型进行语义分析并判断文档相似性。

如果一篇文档有多个主题，则一些特定的可代表不同主题的词语就会反复出现，此时，运用主题模型，能够发现文本中使用词语的规律，并且把规律相似的文本联系到一起，以寻求非结构化的文本集中的有用信息。例如，在美的电热水器的商品评论文本数据中，代表电热水器特征的词语如“安装”“出水量”“服务”等会频繁地出现在评论中，运用主题模型，把热水器代表性特征相关的情感描述性词语与对应特征的词语联系起来，从而深入了解用户对电热水器的关注点及用户对于某一特征的情感倾向。

LDA 模型（latent dirichlet allocation，LDA）是由 Blei 等人在 2003 年提出的生成式主题模型。所谓生成模型，就是说，我们认为一篇文章的每个词都是通过“以一定概率选择了某个主题，并从这个主题中以一定概率选择某个词语”这样一个过程得到。文档到主题服从多项式分布，主题到词服从多项式分布。LDA 模型也被称为 3 层贝叶斯概率模型，包含文档（d）、主题（z）、词（w）3 层结构，能够有效对文本进行建模，和传统的空间向量模型（VSM）相比，增加了概率的信息。通过 LDA 主题模型，能够挖掘数据集中的潜在主题，进而分析数据集的集中关注点及其相关特征词。LDA 模型采用词袋模型（bag of word，BOW）将每一篇文档视为一个词频向量，从而将文本信息转化为易于建模的数字信息。定义词表大小为 L，一个 L 维向量（1，0，0，…，0，0）表示一个词。由 N 个词构成的评论记为 $d=(w_1, w_2, \cdots, w_N)$。假设某一商品的评论集 D 由 M 篇评论构成，记为 $D=(d_1, d_2, \cdots, d_M)$。$M$ 篇评论分布着 K 个主题，记为 $Z_i=(i=1, 2, \cdots, K)$。记 a 和 b 为狄利克雷函数的先验参数，q 为主题在文档中的多项分布的参数，其服从超参数为 a 的 Dirichlet 先验分布，f 为词在主题中的多项分布的参数，其服从超参数 b 的 Dirichlet 先验分布。

（1）数据初始化。

代码如下：

```
import re
import itertools
import numpy
from gensim import corpora, models
# 载入情感分析后的数据
```

```
posdata = pd.read_csv("./posdata.csv",encoding = 'utf-8')
negdata = pd.read_csv("./negdata.csv",encoding = 'utf-8')

# 建立词典
pos_dict = corpora.Dictionary([[i] for i in posdata['word']])  # 正面
neg_dict = corpora.Dictionary([[i] for i in negdata['word']])  # 负面

# 建立语料库
pos_corpus = [pos_dict.doc2bow(j)for j in [[i] for i in posdata
['word']]]  # 正面
neg_corpus = [neg_dict.doc2bow(j)for j in [[i] for i in negdata
['word']]]   # 负面
```

（2）主题数寻优。

基于相似度的自适应最优 LDA 模型选择方法，确定主题数并进行主题分析。实验证明该方法可以在不需要人工调试主题数目的情况下，用相对少的迭代找到最优的主题结构。

具体步骤如下：

① 取初始主题数 k 值，得到初始模型，计算各主题之间的相似度（平均余弦距离）。

② 增加或减少 k 值，重新训练模型，再次计算各主题之间的相似度。

③ 重复步骤 2 直到得到最优 k 值。

代码如下：

```
# 余弦相似度函数
def cos(vector1, vector2):
    dot_product = 0.0;
    normA = 0.0;
    normB = 0.0;
    for a,b in zip(vector1, vector2):
        dot_product += a*b
        normA += a**2
        normB += b**2
    if normA == 0.0 or normB==0.0:
        return(None)
    else:
        return(dot_product / ((normA*normB)**0.5))

# 主题数寻优
```

```
def lda_k(x_corpus, x_dict):

    # 初始化平均余弦相似度
    mean_similarity = []
    mean_similarity.append(1)
    # 循环生成主题并计算主题间相似度
    for i in np.arange(2,11):
        # LDA 模型训练
        lda = models.LdaModel(x_corpus, num_topics = i,
        id2word = x_dict)
        for j in np.arange(i):
            term = lda.show_topics(num_words = 50)

        # 提取各主题词
        top_word = []
        for k in np.arange(i):
            top_word.append([''.join(re.findall('"(.*)"',i)) \
                for i in term[k][1].split('+')])  # 列出所有词
        # 构造词频向量
        word = sum(top_word,[])  # 列出所有的词
        unique_word = set(word)  # 去除重复的词
        # 构造主题词列表，行表示主题号，列表示各主题词
        mat = []
        for j in np.arange(i):
            top_w = top_word[j]
            mat.append(tuple([top_w.count(k) for k in unique_
            word]))
        p = list(itertools.permutations(list(np.arange(i)),2))
        l = len(p)
        top_similarity = [0]
        for w in np.arange(l):
            vector1 = mat[p[w][0]]
            vector2 = mat[p[w][1]]
            top_similarity.append(cos(vector1, vector2))

        # 计算平均余弦相似度
        mean_similarity.append(sum(top_similarity)/l)
        return(mean_similarity)

# 计算主题平均余弦相似度
pos_k = lda_k(pos_corpus, pos_dict)
neg_k = lda_k(neg_corpus, neg_dict)
```

```
# 绘制主题平均余弦相似度图形
from matplotlib.font_manager import FontProperties
font = FontProperties(fname='d:/11/fenxi/ 黑体 .ttf', size=14)
#font = FontProperties(size=14)
fig = plt.figure(figsize=(10,8))
ax1 = fig.add_subplot(211)
ax1.plot(pos_k)
ax1.set_xlabel(' 正面评论 LDA 主题数寻优 ', fontproperties=font)
ax2 = fig.add_subplot(212)
ax2.plot(neg_k)
ax2.set_xlabel(' 负面评论 LDA 主题数寻优 ', fontproperties=font)
```

运行结果如图 10.32 所示。

由图 10.32 可知，对于正面评论数据，当主题数为 2 或 3 时，主题间的平均余弦相似度就达到了最低。因此，对正面评论数据做 LDA，可以选择主题数为 3；对于负面评论数据，当主题数为 3 时，主题间的平均余弦相似度也达到了最低。因此，对负面评论数据做 LDA，也可以选择主题数为 3。

（3）评价主题分析结果。

根据主题数寻优结果，使用 Python 的 Gensim 模块对正面评论数据和负面评论数据分别构建 LDA 主题模型，设置主题数为 3，经过 LDA 主题分析后，每个主题下生成 10 个最有可能出现的词语以及相应的概率。

代码如下：

```
# LDA 主题分析
pos_lda = models.LdaModel(pos_corpus, num_topics = 3,
id2word = pos_dict)
neg_lda = models.LdaModel(neg_corpus, num_topics = 3,
id2word = neg_dict)
```

查看正面评论数据及相应概率的代码如下，运行结果如图 10.33 所示。

```
pos_lda.print_topics(num_words = 10)
```

查看负面评论数据及相应概率的代码如下，运行结果如图 10.34 所示。

```
neg_lda.print_topics(num_words = 10)
```

（4）可视化模型训练结果。

代码如下：

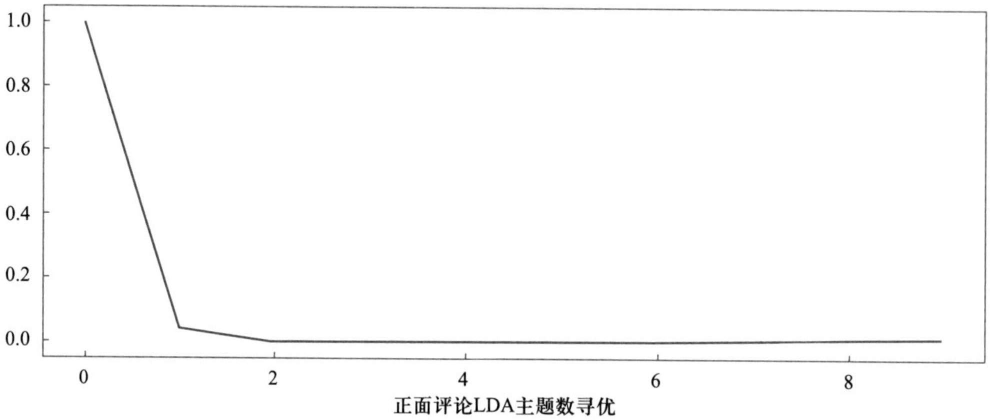

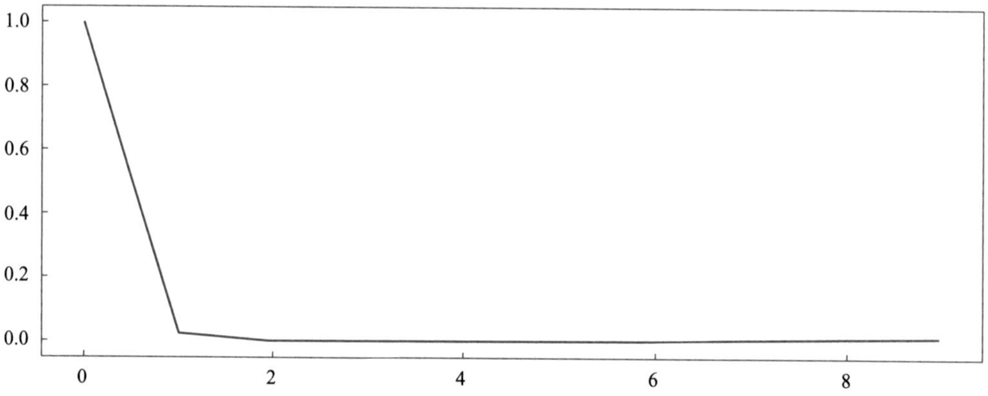

图 10.32 运行结果

```
# LDA主题分析
pos_lda = models.LdaModel(pos_corpus, num_topics = 3, id2word = pos_dict)
neg_lda = models.LdaModel(neg_corpus, num_topics = 3, id2word = neg_dict)
pos_lda.print_topics(num_words = 10)
```

```
[(0,
  '0.049*"差" + 0.045*"售后服务" + 0.044*"超级" + 0.028*"售后" + 0.024*"服务" + 0.018*"客服" + 0.016*"人员" + 0.014*"很快" + 0.013*"太" +
0.011*"值得"'),
 (1,
  '0.038*"师傅" + 0.025*"满意" + 0.023*"免费" + 0.022*"送货" + 0.015*"收费" + 0.011*"质量" + 0.011*"速度" + 0.009*"第二天" + 0.009*"上门"
+ 0.009*"想"'),
 (2,
  '0.172*"安装" + 0.033*"不错" + 0.018*"东西" + 0.016*"电话" + 0.015*"安装费" + 0.014*"装" + 0.012*"产品" + 0.012*"好评" + 0.012*"价格" +
0.010*"预约"')]
```

图 10.33 正面评论数据及相应的概率

```
neg_lda.print_topics(num_words = 10)
```

```
[(0,
  '0.122*"安装" + 0.026*"安装费" + 0.026*"装" + 0.024*"售后" + 0.020*"收" + 0.016*"坏" + 0.015*"太慢" + 0.014*"遥控器" + 0.013*"产品" +
0.012*"烧水"'),
 (1,
  '0.079*"差" + 0.049*"太" + 0.037*"评" + 0.030*"师傅" + 0.018*"打电话" + 0.018*"服务" + 0.018*"不好" + 0.014*"货" + 0.013*"上门" + 0.013
*"小时"'),
 (2,
  '0.034*"垃圾" + 0.024*"客服" + 0.022*"东西" + 0.018*"加热" + 0.016*"质量" + 0.014*"换" + 0.014*"慢" + 0.012*"遥控" + 0.012*"坑人" + 0.0
09*"失望"')]
```

图 10.34 负面评论数据及相应的概率

```
import pyLDAvis
import pyLDAvis.gensim
vis = pyLDAvis.gensim.prepare(pos_lda,pos_corpus,pos_dict)
# 需要的 3 个参数都可以从硬盘中读取
# 在 notebook 的 output cell 中显示
pyLDAvis.display(vis)
```

运行结果如图 10.35 所示。

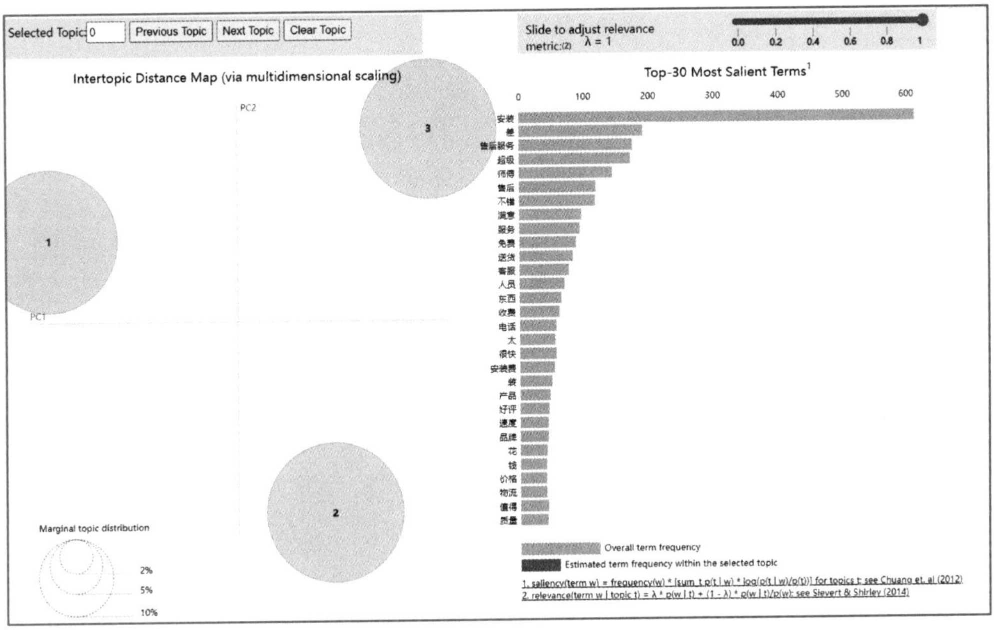

图 10.35　正面评论数据及相应的概率可视化

```
vis = pyLDAvis.gensim.prepare(neg_lda,neg_corpus,neg_dict)
# 需要的三个参数都可以从硬盘读取的，前面已经存储下来了


# 在 notebook 的 output cell 中显示
pyLDAvis.display(vis)
```

运行结果如图 10.36 所示。

综合以上对主题及其中的高频特征词的分析得出，美的电热水器有价格实惠、性价比高、外观好看、服务好等优势。相对而言，用户对美的电热水器的抱怨点主要体现在安装的费用高及售后服务差等方面。因此，用户的购买原因可以总结为以下几个方面：美的是大品牌值得信赖、美的电热水器价格实惠、性价比高。

根据对京东平台上美的电热水器的用户评价情况进行 LDA 主题模型分析，对美的品牌提出以下两点建议：

① 在保持热水器使用方便、价格实惠等优点的基础上，对热水器进行加热功能上的改进，从整体上提升热水器的质量。

② 提升安装人员及客服人员的整体素质，提高服务质量，注重售后服务。建立

安装费用收取的明文细则，并进行公布，以减少安装过程中乱收费的现象。适度降低安装费用和材料费用，以此在大品牌的竞争中凸显优势。

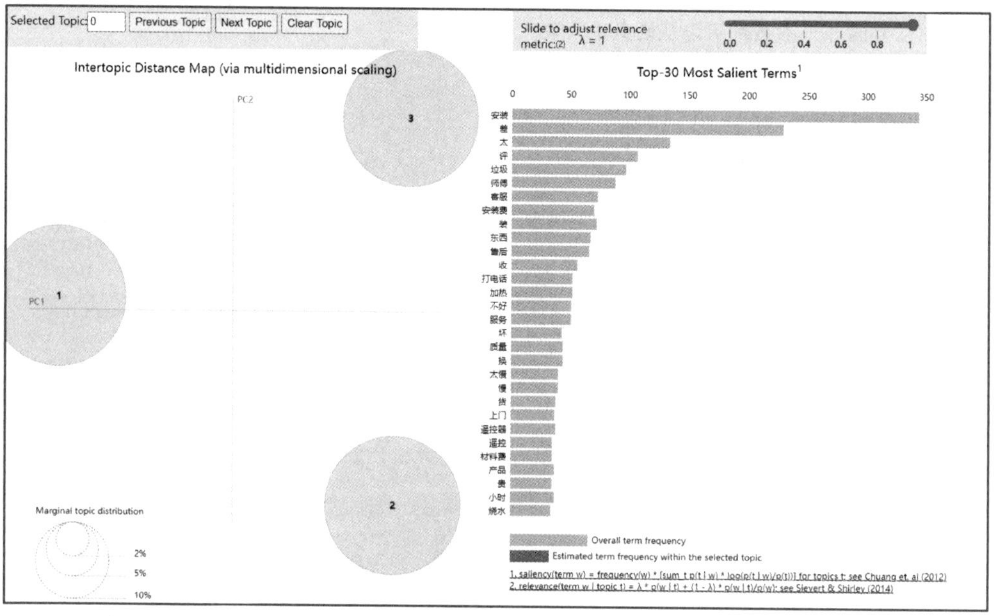

图 10.36　负面评论数据及相应的概率可视化

郑重声明